职业技能培训鉴定教材

ZHIYEJINENGPEIXUNJIANDINGJIAOCAI

数控机床调试与维修

（FANUC系统）

主编　王振刚

编者　吴成港　赵莹莹　孙千评

　　　乔庆文　何凤芝

中国劳动社会保障出版社

图书在版编目(CIP)数据

数控机床调试与维修：FANUC 系统/人力资源和社会保障部教材办公室，辽宁省劳动经济学校组织编写．—北京：中国劳动社会保障出版社，2015

职业技能培训鉴定教材

ISBN 978-7-5167-2254-1

Ⅰ.①数… Ⅱ.①人…②辽… Ⅲ.①数控机床-调试方法-职业培训-教材②数控机床-机械维修-职业培训-教材 Ⅳ.①TG659

中国版本图书馆 CIP 数据核字(2016)第 015091 号

中国劳动社会保障出版社出版发行

（北京市惠新东街 1 号　邮政编码：100029）

*

北京市白帆印务有限公司印刷装订　　新华书店经销

787 毫米×1092 毫米　16 开本　16.5 印张　361 千字

2016 年 3 月第 1 版　　2021 年 1 月第 3 次印刷

定价：48.00 元

读者服务部电话：（010）64929211/84209101/64921644

营销中心电话：（010）64962347

出版社网址：http://www.class.com.cn

前　言

为满足各级培训、鉴定部门和广大劳动者的需要，人力资源和社会保障部教材办公室、中国劳动社会保障出版社在总结以往教材编写经验的基础上，联合辽宁省劳动经济学校，依据国家职业技能标准和企业对各类技能人才的需求，研发了针对院校实际的职业技能培训鉴定教材，涉及汽车维修、FANUC 数控维修、机床切削加工操作工、焊工、汽车维修工（发动机方向）、数控车工、钳工等职业和工种。新教材除了满足地方、行业、产业需求外，也具有全国通用性。这套教材力求体现以下主要特点：

在编写原则上，突出以职业能力为核心。教材编写贯穿“以职业标准为依据，以企业需求为导向，以职业能力为核心”的理念，依据国家职业标准，结合企业实际，反映岗位需求，突出新知识、新技术、新工艺、新方法，注重职业能力培养。凡是职业岗位工作中要求掌握的知识和技能，均作详细介绍。

在使用功能上，注重服务于培训和鉴定。根据职业发展的实际情况和培训需求，教材力求体现职业培训的规律，反映职业技能鉴定考核的基本要求，满足培训对象参加各级各类鉴定考试的需要。

在编写模式上，采用分级模块化编写。纵向上，教材按照国家职业资格等级编写，各等级合理衔接、步步提升，为技能人才培养搭建科学的阶梯型培训架构。横向上，教材按照职业功能分模块展开，安排足量、适用的内容，贴近生产实际，贴近培训对象需要，贴近市场需求。

在内容安排上，增强教材的可读性。为便于培训、鉴定部门在有限的时间内把最重要的知识和技能传授给培训对象，同时也便于培训对象迅速抓住重点，提高学习效率，在教材中精心设置了“学习目标”等栏目，以提示应该达到的目标，需要掌握的重点、难点、鉴定点和有关的扩展知识。

本系列教材在编写过程中得到辽宁省劳动经济学校的大力支持和热情帮助，在此一并致以诚挚的谢意。

编写教材有相当的难度，是一项探索性工作。由于时间仓促，不足之处在所难免，恳切希望各使用单位和个人对教材提出宝贵意见，以便修订时加以完善。

人力资源和社会保障部教材办公室

目录

绪论

数控机床是一种综合应用了计算机技术、自动控制技术、精密测量技术和机床设计等先进技术的典型机电一体化产品，其控制系统复杂、价格昂贵，因此它对维修人员的素质、维修资料的准备、维修仪器的使用等方面提出了比普通机床更高的要求，这些要求主要包括以下几个方面。

『人员素质的要求』

维修人员的素质直接决定了维修效率和效果，为了迅速、准确判断故障原因，并进行及时、有效的处理，恢复机床的动作、功能和精度，作为数控机床的维修人员应具备以下方面的基本条件。

（1）具有较广的知识面

由于数控机床通常是集机械、电气、液压、气动等于一体的加工设备，组成机床的各部分之间具有密切的联系，其中任何一部分发生故障均会影响其他部分的正常工作。数控机床维修的第一步是要根据故障现象，尽快判断故障的真正原因与故障部位，这一点即是维修人员必须具备的素质，同时又对维修人员提出了很高的要求，它要求数控机床维修人员不仅要掌握机械、电气两个专业的基础知识和基础理论，而且还应该熟悉机床的结构与设计思路，熟悉数控机床的性能，只有这样，才能迅速找出故障原因，判断故障所在，此外，为了对某些电路与零件进行现场测绘，维修人员还应当具备一定的工程制图能力。

（2）善于思考

数控机床的结构复杂，各部分之间的联系紧密，故障涉及面广。而且在有些场合的故障所反映出的现象不一定是产生故障的根本原因。作为维修人员必须从机床的故障现象出发，通过分析故障产生的过程，针对各种可能产生的原因由表及里，透过现象看本质，迅速找出发生故障的根本原因并予以排除。

通俗地讲，数控机床的维修人员从某种意义上说应“多动脑，慎动手”，切忌草率下结论，擅自更换元器件，特别是数控系统的模块以及印制电路板。

（3）重视经验积累

数控机床的维修速度在很大程度上要依靠平时经验的积累，维修人员遇到过的问题、解决过的故障越多，其维修经验也就越丰富。数控机床虽然种类繁多，系统各异，但其基本的工作过程与原理却是相同的。因此，维修人员在解决了某故障以后，应对维修过程及处理方法进行及时的总结、归纳形成书面记录，以供今后同类故障维修参考。特别是对于自己难以解决，最终由同行技术人员或专家维修解决的问题，更应该细心观察，认真记录，以便于提高。如此日积月累，以达到提高自身水平与素质的目的。

（4）善于学习

作为数控机床维修人员不仅要注重分析与积累，还应当勤于学习，善于学习。数控机床，尤其是数控系统，其说明书内容通常都较多，有操作、编程、连接、安装调试、维修手册、功能说明、PLC 编程等。这些手册、资料少则数十万字、多则上千万字，要全面掌握系统的全部内容绝非一日之功。在实际维修时，通常也不可能有太多的时间对说明书进行全面、系统的学习。

因此，作为维修人员要像了解机床、系统的结构那样全面了解系统说明书的结构、内容、范围并根据实际需要，精读某些与维修有关的重点章节，理清思路、把握重点、详略得当，切忌大海捞针、无从下手。

（5）具备外语基础与专业外语基础

虽然目前国内生产数控机床的厂家已经日益增多，但数控机床的关键部分—数控系统还主要依靠进口，其配套的说明书、资料往往使用原文资料，数控系统的报警文本显示亦以外文居多。为了能迅速根据系统的提示与机床说明书中所提供信息，确认故障原因，加快维修进程，作为一个维修人员，最好能具备专业外语的阅读能力，提高外语水平，以便分析、处理问题。

（6）能熟练操作机床和使用维修仪器

数控机床的维修离不开实际操作，特别是在维修过程中，维修人员通常要进入一般操作者无法进行的特殊操作方式。如：进行机床参数的设定与调整，通过计算机以及软件联机调试，利用 PLC 编程器监控等。此外，为了分析判断故障原因维修过程中往往还需要编制相应的加工程序，对机床进行必要的运行试验与工件的试切削。因此，从某种意义上说，一个高水平的维修人员，其操作机床的水平应比操作人员更高，运用编程指令的能力应比编程人员更强。

『课程性质』

本课程是高职高专及数控机床维修与操作高级工系列教材中的一门专业实践课程。主要内容有：机床电气元件及控制电路原理、数控机床的安装与调试、FANUC 0i 数控系统的连接调试与维修、FANUC 0i 伺服系统的调试与维修、FANUC 0i 系统数控机床机械的拆装与维修等五大模块。

『课程的任务和要求』

本课程的主要任务是培养学生掌握 FANUC 0i 系统数控机床的维修技能，熟悉 FANUC 0i－TC/MC 数控系统、伺服驱动系统的电气工作原理和接口连接方法，结合数控车床、数控铣床的机械部件进行拆卸及装配训练，从而实现学生对数控机床常用故障诊断及维修技能的全面提高。

本课程的要求是：通过学习使学生掌握 FANUC 0i－TC/MC 数控系统与伺服系统的结构组成、功能特点、I/O 接口的定义及连接方法；熟悉数控机床机械系统的基本结构、装配方法及精度调整的技巧，能够完成数控机床电气控制线路的装配；掌握分析数控机床故障诊断与维修的基本方法，了解数控机床安装、调试、精度检测与验收的相关知识。

『教学中应注意的问题』

本课程的教学应以理论与实践一体化为主，理论教学以技能培训为宗旨，在教学环节中应注意培养学生的动手能力、分析问题和解决问题的能力。

教学中，任课教师应根据本校设备条件及学生认知能力的具体情况，有的放矢的实施教学。为达到本课程的教学要求，应保证实训教学的时间。

建议实训室最低配置数控车床装调维修实训设备，以便于实训模块的教学使用，同时有条件的学校可增加相应实训部件、维修工具和测量仪器的投入。本书应用的是亚龙集团的 YL－558 型教学实训设备。

项目一

维修概述

任务1 常见故障及其分类

一、按故障发生的部位分类

1. 主机故障

数控机床的主机通常指组成数控机床的机械、润滑、冷却、排屑、液压、气动与防护等部分。主机常见的故障主要有以下几类：

（1）因机械部件安装、调试、操作使用不当等引起的机械传动故障。

（2）因导轨、主轴等运动部件的干涉、摩擦过大等引起的故障。

（3）因机械零件的损坏、连接不良等引起的故障。

主机故障主要表现为传动噪声大、加工精度差、运行阻力大、机械部件动作不进行、机械部件损坏等。润滑不良，液压、气动系统的管路堵塞和密封不良是主机发生故障的常见原因。数控机床的定期维护、保养、控制和根除“三漏”现象是减少主机故障的重要措施。

2. 电气控制系统故障

根据所使用的元器件类型，电气控制系统故障通常分为“弱电”故障和“强电”故障两大类。

“弱电”部分是指控制系统中以电子元器件、集成电路为主的控制部分。数控机床的弱电部分包括 CNC、PLC、MDI/CRT 以及伺服驱动单元、输入输出单元等。“弱电”故障又有硬件故障与软件故障之分。硬件故障是指上述各部分的集成电路芯片、分立电子元件、接插件以及外部连接组件等发生的故障。软件故障是指在硬件正常情况下所出现的动作出错、数据丢失等故障，常见的有加工程序出错、系统程序和参数的改变或丢失、计算机运算出错等。

“强电”部分是指控制系统中的主回路或高压、大功率回路中的继电器、接触器、开关、熔断器、电源变压器、电动机、电磁铁、行程开关等元器件及其所组成的控制电路。“强电”故障虽然维修、诊断较为方便，但由于它处于高压、大电流工作状态，发生事故的概率要高于“弱电”部分，必须引起维修人员的足够重视。

二、按故障的性质分类

1. 确定性故障

确定性故障是指控制系统主机中的硬件损坏或只要满足一定的条件，数控机床必然会发生的故障。这类故障在数控机床上最为常见，由于它具有一定的规律，故维修起来比较方便。

确定性故障具有不可恢复性，故障一旦发生，如不对其进行维修处理，机床不会自动恢复正常，但只要找出发生故障的根本原因，维修完成后机床立即可以恢复正常。正确使用与精心维护是避免故障发生的重要措施。

2. 随机性故障

随机性故障是指数控机床在工作过程中偶然发生的故障。此类故障的发生原因较隐蔽，很难找出其规律性，故常称为“软故障”。随机性故障的原因分析与故障诊断比较困难，一般而言，故障的发生往往与部件的安装质量、参数的设定、元器件的质量、软件设计是否完善、工作环境的影响等诸多因素有关。

随机性故障有可恢复性，故障发生后，通过重新开机等措施，机床通常可恢复正常，但在运行过程中，又可能发生同样的故障。

加强数控系统的维护检查，确保电气箱的密封，可靠的安装、连接，正确的接地和屏蔽是减少、避免此类故障发生的重要措施。

三、按故障的显示形式分类

数控机床的故障显示报警可分为指示灯显示报警与显示器显示报警两种情况。

1. 指示灯显示报警

指示灯显示报警是指通过控制系统各单元上的状态指示灯（一般由 LED 发光管或小型指示灯组成）显示的报警。根据数控系统的状态指示灯，即使在显示器故障时，仍可大致分析判断出故障发生的部位与性质，因此，在维修、排除故障过程中应认真检查这些状态指示灯的状态。

2. 显示器显示报警

显示器显示报警是指可以通过 CNC 显示器显示出报警号和报警信息的报警。由于数控系统一般都具有较强的自诊断功能，如果系统的诊断软件以及显示电路工作正常，一旦系统出现故障，可以在显示器上以报警号及文本的形式显示故障信息。数控系统能显示的报警少则几十种，多则上千种，它是故障诊断的重要信息。

任务2　维修的基本步骤

数控机床发生故障时，操作人员应首先停止机床运行，保护现场，然后对故障进行记录，并及时通知维修人员。故障的记录可为维修人员排除故障提供第一手材料，应尽可能详细。记录内容最好包括下述几个方面：

一、故障发生时的情况记录

1. 发生故障的机床型号、采用的控制系统型号、系统的软件版本号等。

2. 故障的现象、发生故障的部位，以及发生故障时机床与控制系统的现象，如是否有异常声音、烟、味等。

3. 发生故障时系统所处的操作方式，如 AUTO（自动方式）、MDI（手动数据输入方式）、EDIT（编辑）、HANDLE（手轮方式）、JOG（手动方式）等。

4. 若故障在自动方式下发生，则应记录发生故障时的加工程序号、出现故障的程序段号、加工时采用的刀具号等。

5. 若发生加工精度超差或轮廓误差过大等故障，应记录被加工工件号，并保留不合格工件。

6. 在发生故障时若系统有报警显示，则记录系统的报警显示情况与报警号。通过诊断界面，记录机床故障时所处的工作状态。例如，系统是否在执行 M、S、T 等功能，系统是否进入暂停状态或是急停状态，系统坐标轴是否处于“互锁”状态，进给倍率是否为0%等。

7. 记录发生故障时各坐标轴的位置跟随误差的值。

8. 记录发生故障时各坐标轴的移动速度、移动方向、主轴转速、转向等。

二、故障发生的频繁程度记录

1. 故障发生的时间与周期，例如，机床是否一直存在故障，若为随机故障，则一天发生几次，是否频繁发生。

2. 故障发生时的环境情况，例如，是否总是在用电高峰期发生，故障发生时数控机床旁边的其他机械设备工作是否正常。

3. 若为加工零件时发生的故障，则应记录加工同类工件时发生故障的概率。

4. 检查故障是否与进给速度、换刀方式或螺纹切削等特殊动作有关。

三、故障的规律性记录

1. 在不危及人身安全和设备安全的情况下，是否可以重演故障现象。

2. 检查故障是否与机床的外界因素有关。

3. 如果故障是在执行某固定程序段时出现，可利用 MDI 方式单独执行该程序段，检查是否还存在同样故障。

4. 若机床故障与机床动作有关，在可能的情况下，应检查在手动情况下执行该动作是否也有同样的故障。

5. 机床是否发生过同样的故障，周围的数控机床是否也发生同一故障等。

四、故障时的外界条件记录

1. 发生故障时的周围环境温度是否超过允许温度，是否有局部的高温存在。

2. 故障发生时周围是否有强烈的振动源存在。

3. 故障发生时系统是否受到阳光的直射。

4. 检查故障发生时电气柜内是否有切削液、润滑油、水进入。

5. 故障发生时输入电压是否超过系统允许的波动范围。

6. 故障发生时车间内或线路上是否有使用大电流的装置正在进行启动、制动。

7. 故障发生时机床附近是否有吊车、高频机械、焊机或电加工机床等强电磁干扰源。

8. 故障发生时附近是否正在安装、修理、调试机床，是否正在修理、调试电气和数控装置。

任务3　维修前的检查

维修人员在进行故障维修前，应根据故障现象与故障记录，认真对照系统、机床使用说明书进行各项检查以便确认故障原因。

一、机床的工作状况检查

1. 机床的调整状况如何，机床工作条件是否符合要求。

2. 加工时所使用的刀具是否符合要求，切削参数选择是否合理、正确。

3. 自动换刀时，坐标轴是否到达换刀位置，程序中是否设置了刀具偏移量。

4. 系统的刀具补偿量等参数设定是否正确。

5. 系统的坐标轴间隙补偿量是否正确。

6. 系统的设定参数（包括坐标旋转、比例缩放因子、镜像轴、编程尺寸单位选择等）是否正确。

7. 机床的工件坐标系位置、零点偏置值的设置是否正确。

8. 安装是否合理，测量手段、方法是否正确、合理。

9. 零件是否存在因温度、加工而产生变形的现象。

二、机床运转情况检查

1. 在机床自动运转过程中是否改变或调整过操作方式，是否插入了手动操作。

2. 机床是否处于正常加工状态，工作台、夹具等装置是否处于正常工作位置。

3. 机床操作面板上的按钮、开关位置是否正确，机床是否处于锁住状态，倍率开关是否设定为“0”。

4. 机床各操作面板上、数控系统上的“急停”按钮是否处于急停状态。

5. 电气柜内的熔断器是否有熔断，自动开关、断路器是否有跳闸。

6. 机床操作面板上的方式选择开关位置是否正确，进给保持按钮是否被按下。

三、机床和系统之间连接情况的检查

1. 检查电缆是否有破损，电缆拐弯处是否有破裂、损伤现象。

2. 电源线与信号线布置是否合理，电缆连接是否正确、可靠。

3. 机床电源进线是否可靠接地，接地线的规格是否符合要求。

4. 信号屏蔽线的接地是否正确，端子板上接线是否牢固、可靠，系统接地线是否连接可靠。

5. 继电器、电磁铁以及电动机等电磁部件是否装有噪声抑制器。

四、CNC装置的外观检查

1. 是否在电气柜门打开的状态下运行数控系统，有无切削液或切削粉末进入柜内，空气过滤器清洁状况是否良好。

2. 电气柜内部的风扇、热交换器等部件的工作是否正常。

3. 电气柜内部系统、驱动器的模块、印制电路板是否有灰尘、金属粉末等污染。

4. 在使用纸带阅读机的场合，检查纸带阅读机是否有污物；阅读机上的制动电磁铁动作是否正常。

5. 电源单元的熔断器是否熔断。

6. 电缆连接器插头是否完全插入、拧紧。

7. 系统模块、线路板的数量是否齐全，模块、线路板安装是否牢固、可靠。

8. 机床操作面板 MDI/CRT 单元上的按钮有无破损，位置是否正确。

9. 系统的总线设置和模块设定端的位置是否正确。

总之，维修时记录、检查的原始数据、状态越多，记录越详细，维修就越方便，用户最好根据本厂的实际情况，编制一份故障维修记录表，在系统出现故障时，操作者要及时填入各种原始材料，供维修时参考。

任务 4　故障诊断的基本方法

数控机床发生故障时，为了进行故障诊断，找出产生故障的根本原因，维修人员应遵循以下原则。

一、充分调查故障现场

调查故障现场是维修人员取得维修第一手材料的重要手段。首先要查看故障记录单，同时应向操作者调查、询问出现故障的全过程，充分了解发生的故障现象，以及曾采取的措施等。此外，维修人员还应对现场做细致的检查，观察系统的外观、内部各部分是否有异常之处，在确认数控系统通电无危险的情况下方可通电，通电后再观察系统有何异常、CRT 显示的报警内容等。

二、认真分析故障的原因

数控系统虽有各种报警指示灯或自诊断程序，但不可能诊断出发生故障的确切部位。而且同一故障、同一报警可以有多种原因，在分析故障的原因时，一定要开阔思路，尽可能考虑各种因素。分析故障时，维修人员也不应局限于 CNC 部分，而是要对机床强电、机械、液压、气动等方面都做详细的检查，并进行综合判断，达到确诊和最终排除故障的目的。

对于数控机床发生的大多数故障，总体上说可采用以下几种方法来进行故障诊断。

1. 直观法

直观法是一种最基本、最简单的方法。维修人员通过对故障发生时产生的各种光、声、味等异常现象的观察、检查，可将故障缩小到某个模块，甚至一块印制电路板。直观法要求维修人员具有丰富的实践经验以及综合判断能力。

2. 系统自诊断法

充分利用数控系统的自诊断功能，根据 CRT 上显示的报警信息及各模块上的发光二极管等器件的指示，可判断出故障的大致起因。进一步利用系统的自诊断功能，还能显示系统与各部分之间的接口信号状态，找出故障的大致部位。系统自诊断法是故障诊断过程中最常用、最有效的方法之一。

3. 参数检查法

数控系统的机床参数是保证机床正常运行的前提条件，它们直接影响着数控机床的性能。

参数通常存放在系统存储器中，一旦电池不足或受到外界的干扰，可能导致部分参数的丢失或变化，使机床无法正常工作。通过核对、调整参数，有时可以迅速排除故障。特别是对于机床长期不用的情况，参数丢失的现象经常发生，因此，检查和恢复机床参数是维修中行之有效的方法之一。另外，数控机床经过长期运行之后，由于机械运动部件磨损、电气元器件性能变化等原因，也需对有关参数进行重新调试。

4. 功能测试法

所谓功能测试法是通过功能测试程序，检查机床的实际动作，判别故障的一种方法。将系统的功能（如直线定位，圆弧插补、螺纹切削、固定循环、用户宏程序等）用手工编程方法编制一个功能测试程序，并通过运行测试程序，来检查机床执行这些功能的准确性和可靠性，进而判断出故障发生的原因。对于长期不用的数控机床或者机床第一次开机时，不论动作是否正常，都应使用本方法进行一次检查以判断机床的工作状况。

5. 部件交换法

部件交换法是在故障范围大致确认，并在确认外部条件完全正确的情况下，利用同样的印制电路板、模块、集成电路芯片或元器件替换有疑点部分的方法。部件交换法是一种简单、易行、可靠的方法，也是维修过程中最常用的故障判别方法之一。交换的部件可以是系统的备件，也可以用机床上现有同类型部件替换，通过部件交换可以逐一排除故障可能的原因，把故障范围缩小到相应的部件上。必须注意的是：在备件交换之前应仔细检查、确认部件的外部工作环境，如在线路中存在短路、过电压等情况时，切不可以轻易更换备件。此外，备件（或交换板）应完好，且与原板的各种设定状态一致。

在交换 CNC 装置的存储器板或 CPU 板时，通常还要对系统进行某些特定的操作，如存储器的初始化操作等并重新设定各种参数，否则系统不能正常工作。这些操作步骤应严格按照系统的操作说明书、维修说明书进行。

6. 测量比较法

数控系统的印制电路板制造时，为了调整、维修的便利通常都设置有检测用的测量端子。维修人员利用这些测量端子，可以测量、比较正常的印制电路板和有故障的印制电路板之间的电压或波形的差异，进而分析、判断故障原因及故障所在位置。通过测量比较法，还可以纠正因印制电路板的调整、设定不当而造成的“故障”。

测量比较法使用的前提是：维修人员应了解或实际测量正确的印制电路板的关键部位、易出故障部位的正常电压值及正确的波形，才能进行比较分析，而且这些数据应随时做好记录并作为资料积累。

7．原理分析法

这是根据数控系统的组成及工作原理，从原理上分析各点的电平和参数，并利用万用表、示波器或逻辑分析仪等仪器对其进行测量、分析和比较，进而对故障进行系统检查的一种方法。原理分析法要求维修人员有较高的水平，对整个系统或各部分电路有清楚、深入的了解才能采用。对于具体的故障，也可以通过测绘部分控制线路的方法，通过绘制原理图进行维修。本书提供了部分原理图，可以供维修参考。

除了以上介绍的故障检测方法外，还有插拔法、电压拉偏法、敲击法、局部升温法等，这些检查方法各有特点，维修人员可以根据不同的故障现象加以灵活应用，以便对故障进行综合分析，逐步缩小故障范围，排除故障。

任务5　系统干扰及其预防

干扰是造成数控系统“软”故障，且容易被忽视的一个重要的方面。消除系统的干扰可以从以下几个方面着手：

一、正确连接机床、系统的地线

项目 1

数控机床必须采用点接地法，切不可为了省事，在机床的各部位就近接地，造成多点接地环流。接地线的规格一定要按系统的规定，导线线径必须足够大。在需要屏蔽的场合必须采用屏蔽线。屏蔽线必须按系统要求连接，以避免干扰。数控机床对接地的要求通常较高，车间、厂房的进线必须有符合数控机床安装要求的完整接地网络。它是保证数控机床安全、可靠运行的前提条件，必须引起足够的重视。

二、防止电磁干扰

数控机床强电柜内的接触器、继电器等电磁部件都是干扰源。交流接触器的频繁通/断、交流电动机的频繁启动、停止，主电路与控制回路的布线不合理，都可能使 CNC 的控制电路产生尖峰脉冲、浪涌电压等干扰，影响系统的正常工作。因此，对电磁干扰必须采取以下措施，予以消除。

1．在交流接触器线圈的两端、交流电动机的三相输出端上并联 RC 吸收器。

2．在直流接触器或直流电磁阀的线圈两端，加入续流二极管。

3．在 CNC 的输入电源线间加入浪涌吸收器与滤波器。

4．伺服电动机的三相电枢线采用屏蔽线（SIEMENS 驱动常用）。

通过以上办法一般可有效抑制干扰，但要注意抗干扰器件应尽可能靠近干扰源，其连接线的长度原则上不应大于 200 mm。

三、抑制或减小供电线路上的干扰

在某些电力不足或频率不稳的场合，电压的冲击欠压、频率和相位漂移、波形的失真、共模噪声及常模噪声等将影响系统的正常工作，应尽可能减小线路上的此类干扰。

防止供电线路干扰的具体措施一般有以下几点：

1. 对于电网电压波动较大的地区，应在输入电源上加装电子稳压器。
2. 线路的容量必须满足机床对电源容量的要求。
3. 避免数控机床和电火花设备频繁启动、停止的大功率设备共用同一干线。
4. 安装数控机床时应尽可能远离中频炉、高频感应炉等变频设备。

项目二

常用机床电气元器件

任务1 项目分析

机床的控制线路是由各种低压电气元器件组成的，而电器的故障往往是引起电路故障的主要原因。作为从事机械加工和机床维修工作的技术人员，必须熟悉常用低压电器的结构、工作原理和常见故障的维修。

任务2 项目资讯

一、低压电器及电力拖动系统

1. 低压电器的作用

低压电器是指电气工程上在交流 1 200 V、直流 1 500 V 级以下的电路中起通断、保护、控制或调节作用的电器产品。

2. 电力拖动系统组成

主电路由电动机、接触器主触点（用于接通、断开、控制电动机）等电气元件组成。

大电流控制电路由接触器线圈、继电器等电气元件组成。

二、低压开关

低压开关主要用于隔离、转换以及接通和分断电路，多数也可以作为机床电路的电源开关、局部照明电路的控制，还可以用来直接控制小容量电动机的启动、停止和正反转。

低压开关一般为非自动切换电器，常用的主要类型有刀开关、组合开关和低压断路器等。

1. 刀开关

刀开关又称闸刀开关，是一种结构简单且应用广泛的低压电器。其代表产品有 HK 系列瓷底胶盖刀开关和 HH 系列铁壳开关，常见刀开关的外形如图 2—1 所示。

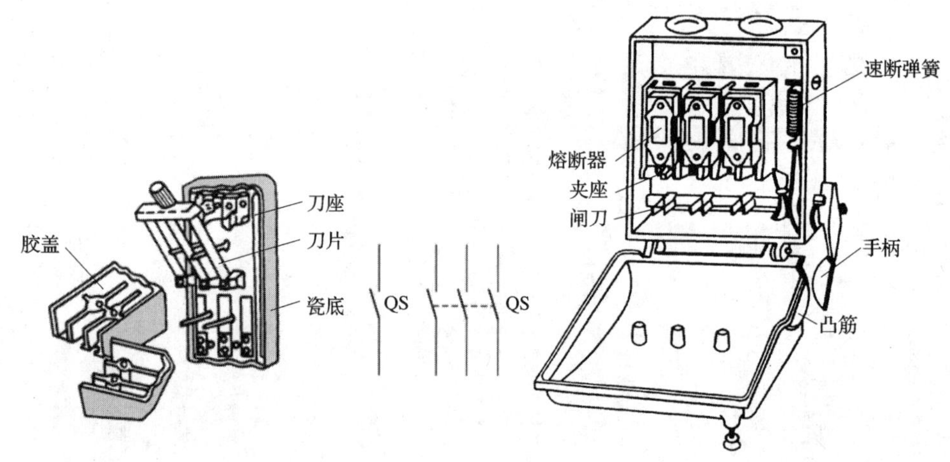

图 2—1 常见刀开关的外形

（1）HK 系列瓷底胶盖刀开关。HK 系列瓷底胶盖刀开关又称为开启式负荷开关，不设专门的灭弧装置，仅利用胶盖的遮护来防电弧灼伤人手，因此不宜带负载操作，适用于接通或断开有电压而无负载电流的电路。其结构简单、操作方便、价格便宜，在一般的照明电路和功率小于 5.5 kW 的电动机控制电路中可采用。操作时动作应迅速，使电弧较快熄灭，既能避免灼伤人手，也能减少电弧对动触刀和静触座的灼损。

安装 HK 系列刀开关时，手柄要向上，不得倒装或平装，否则在分断状态手柄有可能松动落下引起误合闸，造成人身安全事故。接线时进线和出线不能接反，电源线接在上端，负载接在熔丝下端；否则，在更换熔丝时会发生触电事故。

（2）HH 系列铁壳开关。铁壳开关又称为封闭式负荷开关，因其外壳为铁质壳，俗称为铁壳开关。铁壳开关的灭弧性能、操作及通断负载的能力和安全防护性能都优于 HK 系列瓷底胶盖刀开关，但其价格比瓷底胶盖刀开关高。

HH 系列铁壳开关的操作机构具有以下两个特点：一是采用弹簧储能分合闸方式，其分合闸的速度与手柄的操作速度无关，从而提高了开关通断负载的能力；二是设有联锁装置，保证开关在合闸状态下开关盖不能开启，开关盖开启时又不能合闸，充分发挥外壳的防护作用，并保证了更换熔丝等操作的安全。

刀开关的符号如图 2—2a 所示，型号意义如图 2—2b 所示。

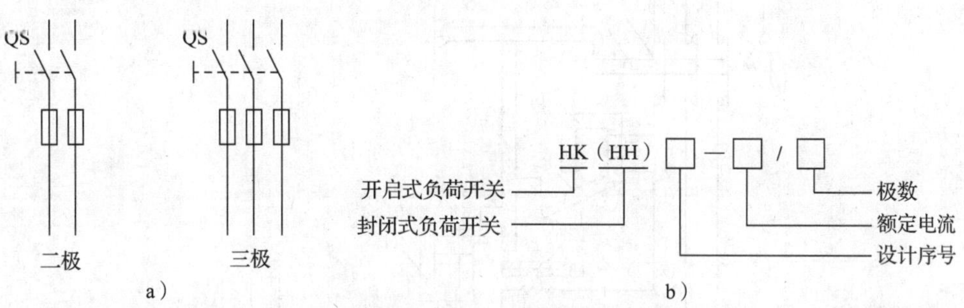

图 2—2　刀开关的符号和型号意义

a）图形、文字符号　b）型号意义

2. 组合开关

组合开关又称转换开关，它实际上是一种特殊的刀开关，只不过一般刀开关的操作手柄是在垂直于安装面的平面内向上或向下移动，而组合开关的操作手柄则是在平行于其安装面的平面内向左或向右转动。它具有多触点、多位置、体积小、性能可靠、操作方便、安装灵活等优点，多用在机床电气控制线路中作为电源引入开关，也可以用作不频繁的接通和断开电路、换接电源、负载以及控制 5 kW 及以下容量异步电动机的正反转和星—三角启动。LW2 型组合开关的外形和符号如图 2—3 所示。

组合开关按操作机构可分为无限位型和有限位型两种，其结构略有不同。

3. 低压断路器

低压断路器又称自动空气断路器，它的应用十分广泛，可用来保护电网的各种电气设备，在现代机床控制中被广泛用作电源的引入开关，也可用来控制不频繁启动的电动

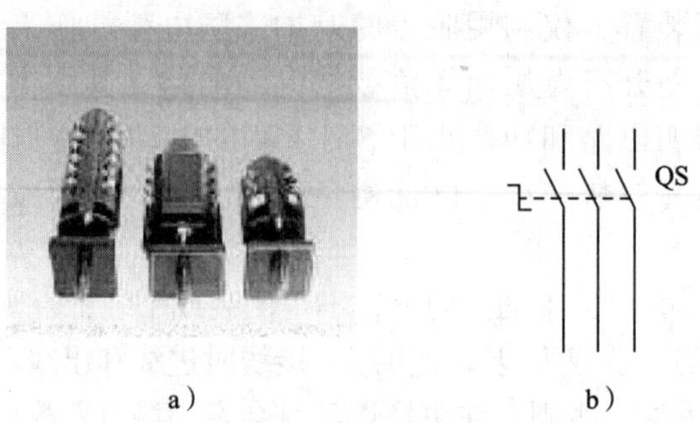

a）　　b）

图 2—3　LW2 型组合开关

a）外形　b）符号

机。它不但能带负载接通和分断电路，而且对所控制的电路有短路、过载、欠压和漏电保护等作用。

常用的低压断路器为塑壳式，如 DZ5 系列和 DZ10 系列。DZ5 系列为小电流系列，其额定电流为 10 ~ 50 A；DZ10 系列为大电流系列，其额定电流有 100 A、250 A 和 600 A 三种。以 DZ5 - 20 型断路器为例，其结构及符号如图 2—4 所示。

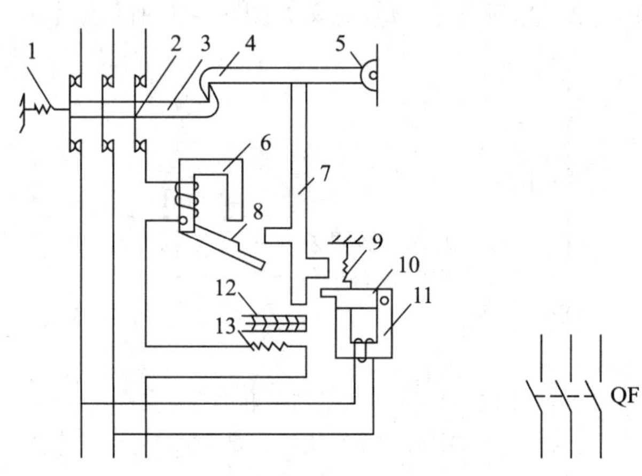

图 2—4　DZ5 - 20 型断路器的结构及符号

1—主弹簧　2—主触头　3—锁链　4—搭钩　5—轴　6—电磁脱扣器　7—杠杆　8—电磁脱扣器衔铁　9—弹簧　10—欠压脱扣器衔铁　11—欠压脱扣器　12—双金属片　13—热元件

DZ5 - 20 型低压断路器的结构采用立体布置，操作机构在中间，外壳顶部有红色分断按钮和绿色停止按钮，通过储能弹簧连同杠杆机构实现开关的接通和分断。壳内底座下部为热脱扣器，由热元件和双金属片构成，作过载保护；上部为自由脱扣器，由电流线圈和铁芯组成，起短路保护作用；主触点系统在操作机构的下面，由动触点和静触点组成，用以接通和分断主电路，并采用栅片灭弧。另外，还有动合触点各一对，可用作信号指示或控制电路。主触点接线柱伸出壳外，便于接线。

低压断路器的型号意义和图形符号如图 2—5 所示。

由于低压断路器比较复杂，所以故障原因较多，其常见故障及排除方法见表 2—1。

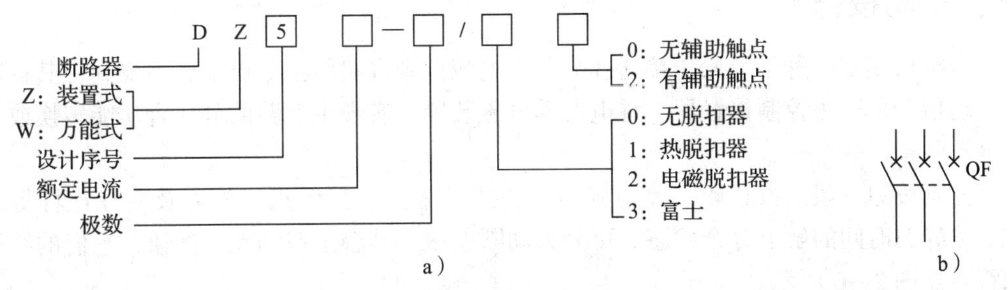

图 2—5 低压断路器的型号意义和图形符号

a）型号意义 b）符号

表 2—1 **低压断路器的常见故障及排除方法**

故障现象	原因分析	排除方法
手动操作低压断路器不能闭合	欠电压脱扣器无电压或线圈损坏	检查线路施加电压或更换线圈
	储能弹簧变形导致闭合力减小	更换储能弹簧
	反作用弹簧力过大	重新调整弹簧反力
启动电动机时开关立即断裂	过流脱扣器整定值太小	调整整定值
	脱扣器某些零件损坏，如橡皮膜等损坏	更换脱扣器或损坏零件
	脱扣器反力弹簧断裂或脱落	更换弹簧或重新装上
工作时，低压断路器温升太高	触点压力过低	调整触点压力或更换弹簧
	触点表面过分磨损或接触不良	更换触点或清理接触面
	两导电零件连接螺钉松动	拧紧
	触点表面油污氧化	清除油污或氧化层
断路器闭合后经一定时间自行分断	过电流脱扣器延时整定值不对	重新调整
	热元件或延时电路元件变化	更换
辅助触点不通	辅助触点的动触桥卡死或脱落	拨正或重新装好动触桥
	辅助触点的传动杆断裂或滚轮脱落	更换传动杆或更换辅助触点
	触点不接触或氧化	调整触点，清理氧化膜
低压断路器经常自行分断	漏电动作电流变化	送回厂家重新校正
	线路漏电	排除漏电原因

任务3 主令电器

主令电器在机床控制系统中是专门“发布”命令的一类电器，主要用来接通和分断控制电路。主令电器应用十分广泛，种类繁多，常用的有控制按钮、行程开关和主令控制器等。随着电子技术的普及和自动化程度的提高，目前，主令电器正向着无触点方向发展，无触点接近开关已开始在电力拖动系统中应用。

一、控制按钮

控制按钮是一种手动操作接通或分断小电流控制电路的主令电器，主要利用其远距离手动指令信号去控制接触器、继电器等电磁装置，实现主电路的分、合功能转换或实现电器联锁。

控制按钮一般由按钮帽、复位弹簧、桥式动触点、静触点、外壳及支柱连杆等组成。按静态时间的触点分合状态，可分为动断按钮、动合按钮和复合按钮，它们的结构和符号如图 2—6 所示。

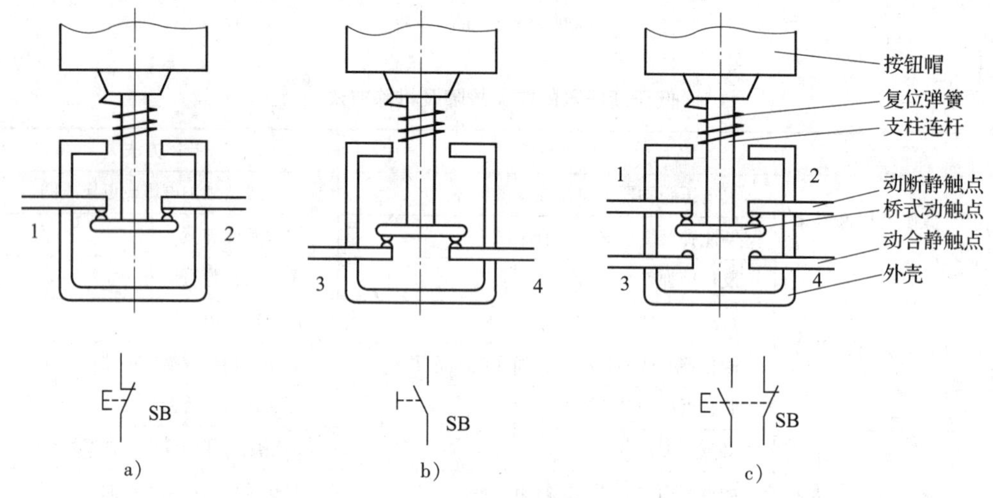

图 2—6　控制按钮

a）动断按钮（停止按钮）　b）动合按钮（启动按钮）　c）复合按钮

控制按钮根据其使用要求、安装形式、操作方式不同，分为许多种类型，常见的控制按钮外形如图 2—7 所示。

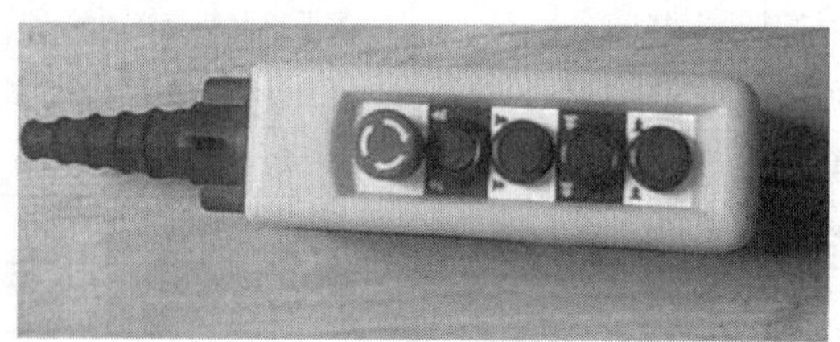

图 2—7　常见的控制按钮外形

在机床中常用的控制按钮有 LA18 系列、LA19 系列、LA20 系列。LA18 系列采用积木式结构，触点数量可以根据需要拼接；LA19 系列与 LA18 系列结构基本相同，但 LA19 系列中有将按钮与信号灯两种元件组合为一体的产品；LA20 系列的结构也是组合式的，它除带有信号灯外，还有两个或三个元件组合成一体的开启式或保护式产品。

按钮帽操纵部分除常见的直上、直下的操纵形式外，还有旋钮式、钥匙式、紧急式、保护式和防爆式等。按钮帽通过不同的颜色和符号标志来区分功能及作用，红色代表停止，绿色或黑色代表启动。

控制按钮的型号意义如下：

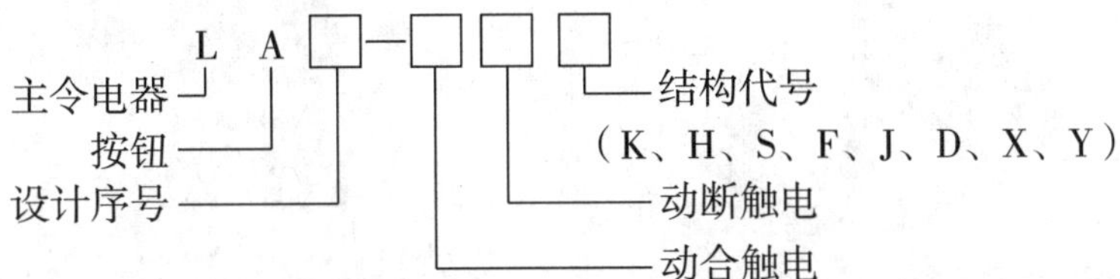

结构代号含义如下：K—开启式；H—保护式；S—防水式；F—防腐式；J—紧急式；D—带指示灯式；X—旋钮式；Y—钥匙式。

使用按钮时，应注意保持按钮清洁，避免油污及水汽浸入按钮内部。按钮常见故障及排除方法见表 2—2。

表 2—2　　按钮常见故障及排除方法

故障现象	原因分析	排除方法
按下按钮时，动合触点不通	触点氧化	擦拭触点
	按钮受热变形，动触点不能接触静触点	更换按钮
	机械机构卡死	清除按钮内的杂物
松开按钮时，动断触点不通	触点氧化或有污物	擦拭触点
	弹簧弹力不足	更换或修理弹簧
按下按钮时，动断触点不断开	污物过多造成短路	擦拭清除按钮内的杂物
	胶木烧焦形成短路	更换按钮
按下按钮时，发生触电感觉	接线松动，搭接在按钮外壳上	重新接线，排除搭线现象
	按钮内污物过多	擦洗按钮，清除污物
松开按钮时，动合触点不断开	污物过多造成短路	擦洗按钮，清除污物
	复位弹簧弹力不足	更换或处理弹簧
	胶木烧焦形成短路	更换按钮
按钮过热	通过按钮的电流过大	重新设计电路
	环境温度过高	加强散热措施
	指示灯电压过高	降低指示灯电压

项目 2

二、行程开关

行程开关又称位置开关或限制开关，其触点的动作不是靠手去操纵，而是利用机械设备的某些运动部件的碰撞来完成操作。行程开关是一种将机械行程信号转换成电信号的开关器件，广泛应用于顺序控制、自动往返控制以及定位、限位、安全保护等自动控制系统中。

行程开关按结构可分为按钮式（自动式）、滚轮式（旋转式）、微动式三种，其常见外形如图 2—8 所示。

a）　　b）

图 2—8　行程开关的外形

1. 按钮式行程开关

按钮式行程开关有 LX1 和 JLXK1 等系列，其内部结构如图 2—9 所示。这种行程开关的动作过程同按钮一样，动作简单，维修容易。但它的缺点是触点分合速度取决于生产机械的移动速度，当生产机械的移动速度低于 0.4 m/min 时，触点分断太慢，易受电弧烧损，从而减少触点的使用寿命。

2. 滚轮式行程开关

滚轮式行程开关有 LX2 和 LX19 等系列，滚轮式行程开关又分为单滚轮自动复位式和双滚轮（羊角式）非自动复位式两种。

单滚轮式行程开关的内部结构如图 2—10 所示。当撞块向左撞击滚轮时，上下转臂绕支点以逆时针方向转动，滑轮在自左向右的滚动中，压平横板，待滚过横板的转轴时，横板在弹簧的作用下突然转动，使触点瞬间切换，复位弹簧在撞块离开后带动触点自动复位。

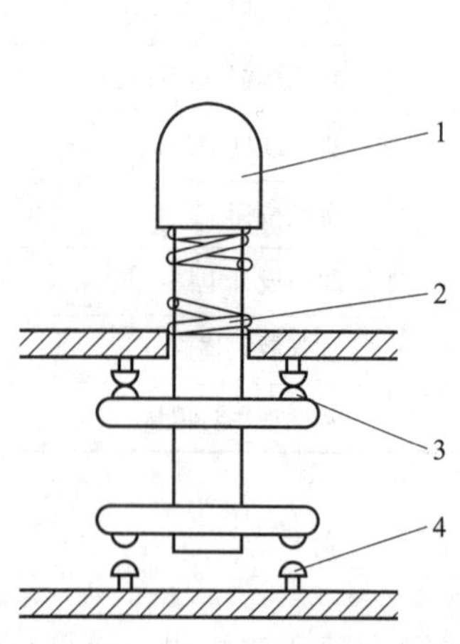

图 2—9　按钮式行程开关的内部结构

1—按钮　2—弹簧　3—动触点　4—静触点

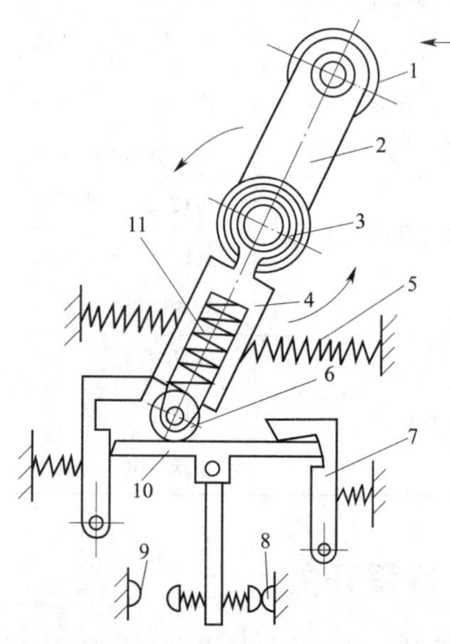

图 2—10　单滚轮式行程开关的内部结构

1—滚轮　2—上转臂　3—盘形弹簧　4—下转臂　5—弹簧　6—滑轮　7—压板　8—动断触点　9—动合触点　10—横板　11—压缩弹簧

双滚轮式行程开关的动作过程为：当机械运动挡块碰压其中一个滚轮时，杠杆便转动一定角度，使触点瞬时切换，挡块继续移动离开滚轮后，杠杆和触点不会自动复位，此时只有靠运动机械反向移动，当挡块从相反方向碰压另一个滚轮时，触点才能恢复原始位置。

3. 微动式行程开关

微动式行程开关是具有瞬时动作和微小行程的灵敏开关。常用的型号有 LX31、LXW—11 等系列，LX31 系列的内部结构如图 2—11 所示。

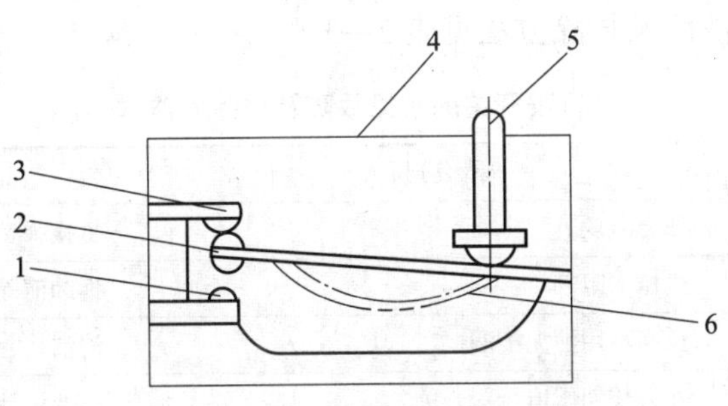

图 2—11 LX31 系列微动开关

1—常开触点 2—动触点 3—常闭触点 4—外盒 5—推杆 6—弹簧片

LX31 系列单断电微动开关，采用弓片状弹簧的瞬动结构，当开关推杆在机械力的作用下压下一定距离时，由于弓弹簧的瞬动作用使桥式动触点瞬时动作。当外力失去后，推杆在复位弹簧的作用下迅速复位，触点恢复原状。

LXW—11 系列双断点微动开关采用弯曲的弹性铜片，推杆在很小的范围内移动时都可以使触点弹簧片翻转而瞬间改变状态。由于采用了瞬动机构，将使触点换接速度不受推杆压下速度的影响，动作速度快，灵敏度高。

行程开关型号意义如下：

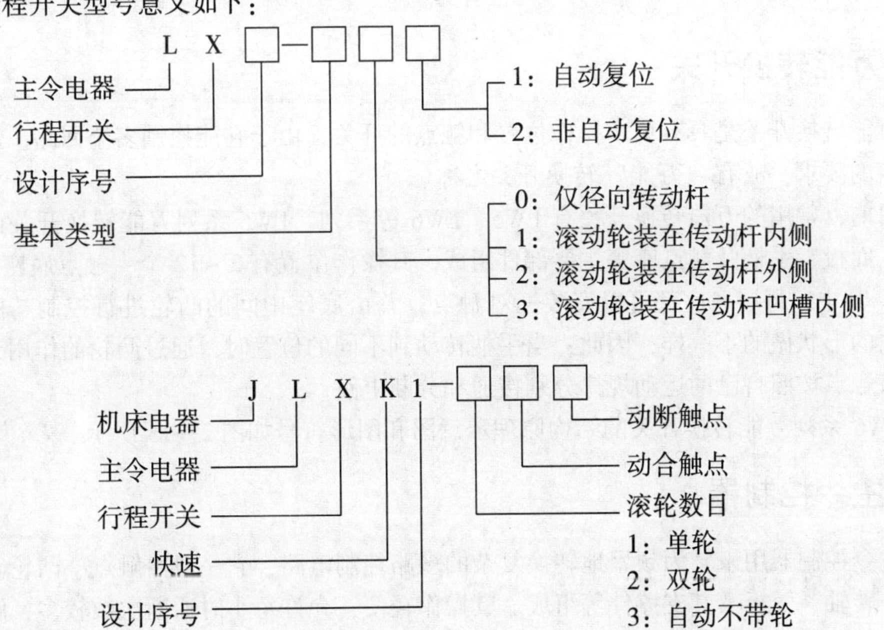

行程开关在电气原理图中的符号如图 2—12 所示。

行程开关在电气控制线路中，一般作为位置控制或限位保护的电器，如果出现故障会危及设备和人身安全。由于行程开关经常受到撞块的碰撞，使安装螺钉容易松动造成位移，因此，应注意经常检查。另外在安装时要注意行程开关在不工作时应处于不受外力的释放状态。行程开关的常见故障及排除方法见表 2—3。

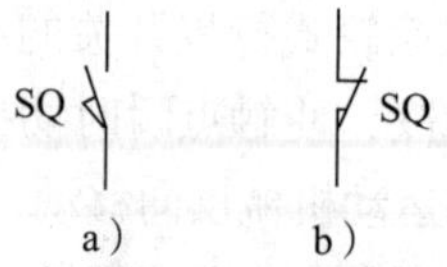

SQ　SQ
a）　b）

图 2—12　行程开关的图形符号
a）常开触点　b）常闭触点

表 2—3　　行程开关的常见故障及排除方法

故障现象	原因分析	排除方法
行程开关动作后不能复位	弹力减弱	更换弹簧
	机械卡阻	拆卸清除
	长期不用油泥干涸	清洁
	外力长期压迫行程开关	改变设计方法
杠杆偏转但触点不动作	工作行程不到	调整行程开关位置
	触点脱落或偏斜	修理触点系统
	异物卡住	清理异物
	连接线脱落	紧固连接线
行程开关可以复位，但动断触点不闭合	触点被杂物卡住	清理杂物
	触点损坏	更换触点
	弹簧失去弹力	更换弹簧
	弹簧卡住	重新装配

三、万能转换开关

万能转换开关是具有更多操作位置和触点的开关，由于它能控制多个回路，适应复杂线路的要求，故有“万能”转换开关之称。

目前，常用的万能转换开关有 LW5、LW6 等系列。LW6 系列万能转换开关由操作机构、面板、手柄及触点座等主要部件组成，其操作位置有 2 ~ 12 个，触点底座有 1 ~ 10 层，其中，每层底座都可以安装三对触点，并由底座中间的凸轮进行控制。由于每层凸轮的形状做的不一样，因此，当手柄转动到不同的位置时，通过凸轮的作用，可以使各对触点按照自己的运动规律分别接通和分断电路。

LW6 系列万能转换开关的结构原理示意图和图形符号如图 2—13 所示。

四、主令控制器

主令控制器用来较为频繁地转换复杂的多路控制电路，它一般由触点、凸轮、定位机构、转轴、面板及其支撑件等组成。其操作轻便，允许每小时通断次数较多，触点为双断点的桥式结构，适用于按顺序操作多个控制回路。

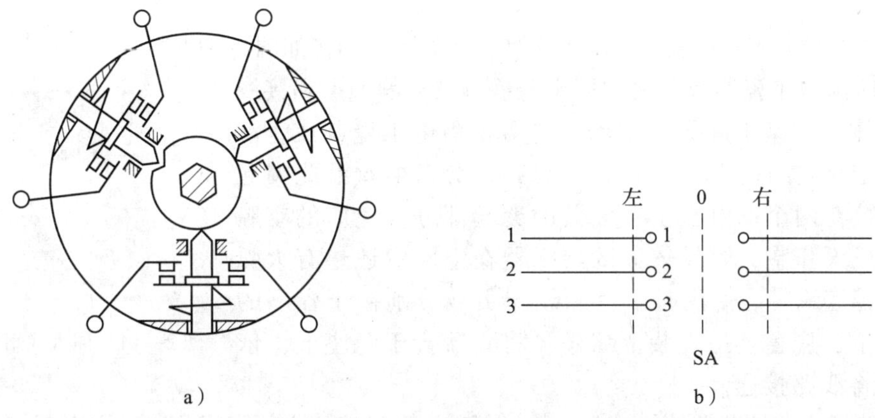

图 2—13　万能转换开关的结构原理和图形符号

a）结构原理　b）图形符号

主令电器控制器在安装使用前，应操作手柄数次，以检查是否有卡滞现象及杂物影响，不使用时，手柄应停在零位。主令控制器的常见故障及排除方法见表 2—4。

表 2—4　　主令控制器的常见故障及排除方法

故障现象	原因分析	排除方法
触点发热严重	被控负荷太重	减少负荷
	触点接触不良	擦拭触点表面
	触点弹簧弹力不足	更换弹簧
操作时有卡滞现象	定位机构损坏	修理或更换定位机构
	控制器内有异物	清除异物
	减速机构损坏	修理减速机构
接触不良	凸轮块磨损严重	更换凸轮
	触点氧化	清除氧化层
	触点弹簧力不足	更换弹簧

任务 4　熔断器

熔断器在电力拖动系统中用作短路保护的器件。使用时，熔断器应串联在保护的电路中，当电路发生短路故障时，通过熔断器的电流达到或超过某一规定值，以其自身产生的热量使熔体熔断而自动切断电路，起到保护作用。

熔断器的种类很多，按结构形式可分为插入式熔断器、螺旋式熔断器、封闭式熔断器、快速熔断器和自复式熔断器等类型。

一、插入式熔断器

常用的插入式熔断器是 RC1A 系列，其外形与结构如图 2—14 所示。

瓷座由电工瓷制成，两端固定着静触点，静触点和接线座为一体，瓷座中间为一空腔。瓷盖也由电工瓷制成，动触点固定在它的两端，中间有一突起部分，熔丝沿此突起部分跨接在两个动触点上，瓷盖的突起部分与瓷座的空腔共同形成灭弧室，容量较大的熔断器在空腔中还垫有灭弧用的石棉编织带。使用时，电源线与负载分别接于瓷座的接线座上，瓷盖动触点装上熔丝，将瓷盖合于瓷座上，依靠熔丝将线路接通。

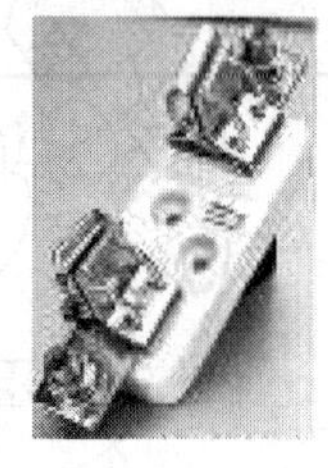

图 2—14　插入式熔断器

由于插入式熔断器结构简单、价格便宜、更换熔体方便，因此广泛应用于 380 V 及以下的配电线路末端作为电力、照明负荷的短路保护。尽管容量较大的熔断器在灭弧室中垫有石棉编织带，但其灭弧效果仍然有限，故分断能力较小，一般只用于 100 A 以下的电路中。

二、螺旋式熔断器

常用的螺旋式熔断器是 RL1 系列，如图 2—15 所示。

螺旋式熔断器的熔断管是一个装有熔丝的瓷管，在熔丝周围填充石英砂，作为灭弧用，熔丝焊在瓷管两端的金属盖上，其中一金属盖中间凹处有一个标有颜色的熔断器指示器，当熔丝熔断时，指示器便被反作用弹簧弹出自动脱落，显示熔丝已熔断。透过瓷帽上的圆形玻璃窗口可以清楚地看见，此时只需要更换同规格的熔断管即可。使用时将熔断管有熔断指示器的一端插入瓷帽中，再将瓷帽连同熔断管一起旋入瓷座内，使熔丝通过瓷管上端金属盖与上接线座连通，瓷管下端金属盖与下接线座连通。

图 2—15　螺旋式熔断器

在装接使用时，电源线应接在下接线座，负载线应接在上接线座，这样在更换熔断管时（旋出瓷帽），金属螺纹壳的上接线座便不会带电，保证维修者安全。

螺旋式熔断器具有分断能力较高、结构紧凑、体积小、安装面积小、更换熔体方便、熔丝熔断后有明显指示等优点，因此广泛应用于机床控制线路、配电屏及振动较大的场所。

三、封闭式熔断器

封闭式熔断器主要用于负载电流较大的电力网络或配电系统中，熔体采用密封式结构，一是可防止电弧的飞出和熔化金属滴出；二是在熔断过程中，密闭管内将产生大量的气体，气体的压力达到 300 ~ 800 MPa 时，电弧因受到剧烈压缩而很快熄灭。

封闭式熔断器有无填料式和有填料式两种，常用的型号为 RT14 系列、RM10 系列、RSO 系列，它们的外形及结构如图 2—16 所示。

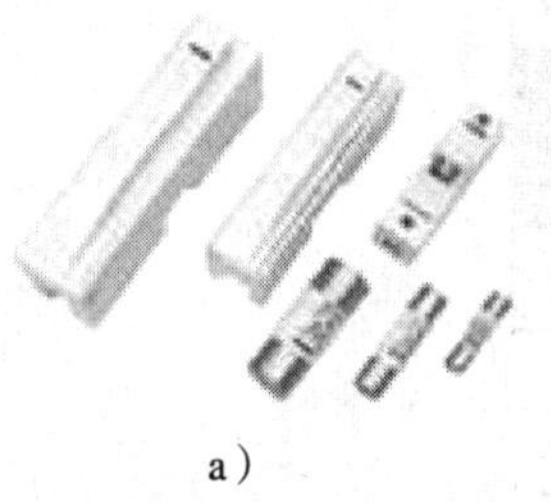
a）

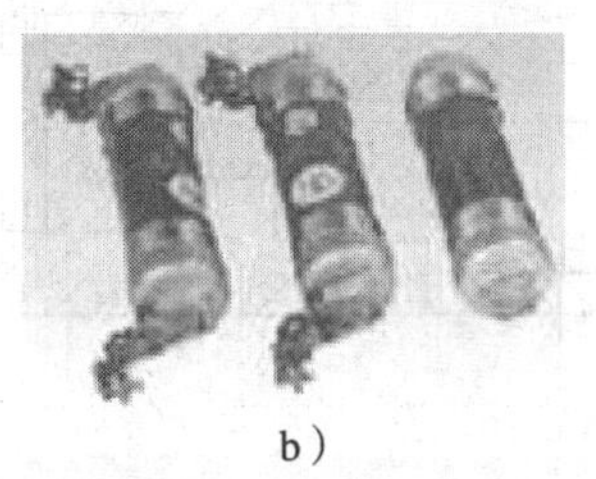
b）

c）

图 2—16　封闭式熔断器
a）RT14 系列圆筒形帽熔断器　b）RM10 系列无填料封闭管式熔断器
c）RSO 系列有填料封闭管式快速熔断器

无填料封闭式熔断器的熔管，当熔体熔断产生电弧时，电弧热量能使熔管局部分解出一种混合气体，这种气体有助于冷却电弧，促使电弧迅速熄灭。熔体是变截面的锌片，发生短路时，熔体在细处熔断，生成的金属蒸气少，同时又在多处熔断，拉长电弧，使电弧易于熄灭。

有填料封闭式熔断器的熔管用高频电工瓷制成，管内填满石英填料，在熔体熔断时起迅速灭弧的作用。熔体是两片网状纯铜片，中间用锡焊接，构成“锡桥”，用以降低熔体的熔化温度。围成笼状后焊接在刀型夹头上，装入管内用金属板封闭。当熔体熔断后，需要把熔体从熔座上取下来，这需要一定的力量，一般配有专门的插拔器。

四、快速熔断器

快速熔断器是在 RL1 系列螺旋式熔断器的基础上，为保护硅半导体元件而设计的，其结构与 RL1 系列完全相同。常用的型号有 RLS 系列和 RSO 系列，RLS 系列主要用于小容量硅元件及其成套装置的短路保护，RSO 系列主要用于大容量晶闸元件的短路保护。

五、自复式熔断器

前面介绍的几种熔断器虽能起到短路保护作用，但是熔体一旦熔断就不能再继续使用，必须更换新的熔体，这样会给使用带来不便，而且延缓供电时间。为解决这一矛盾，我国已经研制成功一种新型熔断器，即自复式熔断器。这类熔断器的熔体应用非线性电阻元件制成（如金属钠、特殊合金等），其结构如图 2—17 所示。

常温下金属钠是电的良导体，而在短路时，流过金属钠的电流剧增，在高温的作用下，金属钠迅速气化，体积膨胀，推动活塞向外移动，同时电阻剧增，限制了短路电流的进一步增大。待电流减小使金属钠冷却后，活塞在惰性气体氩气的推动下，将钠又推到瓷芯中，重新恢复导电状态，以备下次使用。

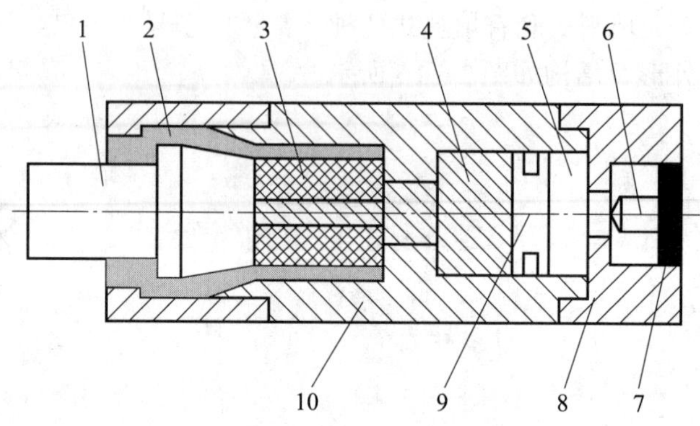

图 2—17　自复式熔断器

1—进线端子　2—特殊玻璃　3—瓷芯　4—熔体　5—氩气　6—螺钉

7—软铅　8—出线端子　9—活塞　10—瓷管

自复式熔断器的优点是动作快，能反复使用，无须备用熔体。缺点是它不能真正分断电路，只能利用高阻闭塞电路，故常与自动开关串联使用，以提高组合分断性能。

熔断器的型号意义以及符号如图 2—18 所示。

项目 2

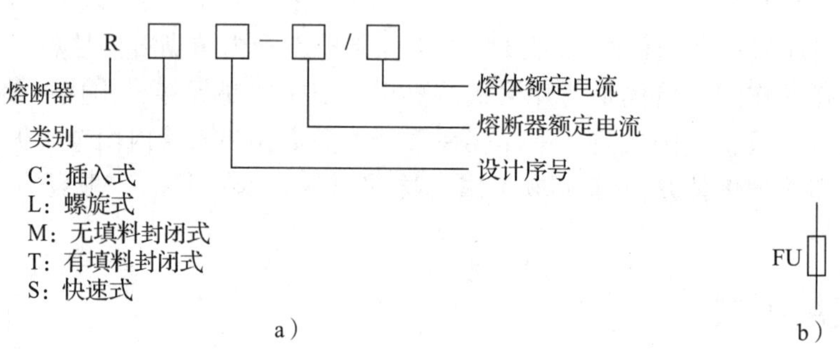

图 2—18　熔断器的型号意义和符号

a）型号意义　b）符号

熔断器的熔体熔断后应予以更换，但应首先查明原因，排除故障后再更换熔体。更换熔体应在断电情况下进行，并检查熔体的规格与负载的性质以及线路电流是否适应。熔断器常见故障及排除方法见表 2—5。

表 2—5　　熔断器常见故障及排除方法

故障现象	原因分析	排除方法
熔体熔断频繁	熔体规格太小	更换较大熔体
	熔丝安装时受损	更换新熔丝
熔体未熔断，但电路不通	熔体两端未接好	重新连接
	螺母未拧紧	重新拧紧
	端线引出不良	重新连接

任务5　接触器

接触器是机床电路及自动控制电路中的一种自动切换电路，可以用于远距离频繁地接通和断开交、直流主电路及控制大容量电动机，也可用于控制其他电力负载，如电热设备、电焊机、电容器组等。接触器不仅能遥控通断电路，还具有欠电压、零电压释放保护功能，操作频率高，使用寿命长，工作可靠，结构简单经济，因此在电气控制中应用十分广泛。

接触器按主要接触点通过电流的种类可分为交流接触器和直流接触器两种，其中交流接触器应用最为广泛，直流接触器则应用范围较小。

一、交流接触器

交流接触器的种类很多，常用的有我国自行设计生产的 CJ10 及 CJ20 等系列，还有引进德国 BBC 公司制造技术生产的 B 系列、德国 SIEMENS 公司的 3TB 系列。另外，有些比较先进的接触器，如 CJK1 系列真空接触器和 CJW－200A/N 型晶体闸管接触器也开始在电力拖动系统中应用。

1. 交流接触器的结构

交流接触器主要由电磁结构、触点系统、灭弧装置及辅助部件等组成，其结构如图 2—19 所示。

a）

b）

图 2—19　交流接触器

a）CJ10 系列交流接触器　b）CJ20 系列交流接触器

（1）电磁结构。电磁结构包括铁芯、衔铁、线圈三部分。

交流接触器的铁芯与衔铁按结构形式可分为单 E 形、单 U 形和双 E 形等，为减少交变磁场在铁芯中产生的涡流和磁滞损耗，防止铁芯过热，一般用硅钢片叠压铆成。

交流接触器衔铁的动作方式，对于额定电流为 40 A 及以下的采用直动式；对于额定电流为 60 A 及以上的，多采用衔铁绕轴转动的拍合式，其结构如图 2—20 所示。

交流接触器的衔铁吸合过程中，一方面受到线圈产生的电磁吸力的作用，另一方面受到复位弹簧的弹力及其他机械阻力的作用，只有电磁吸力大于这些阻力时，衔铁才能被吸合。由于交流电磁线圈中的电流是交变的，所以它产生的电磁吸力也是脉动的。电流为零时，电磁吸力也为零，交流电每变化一个周期，衔铁将释放两次，若交流电源频

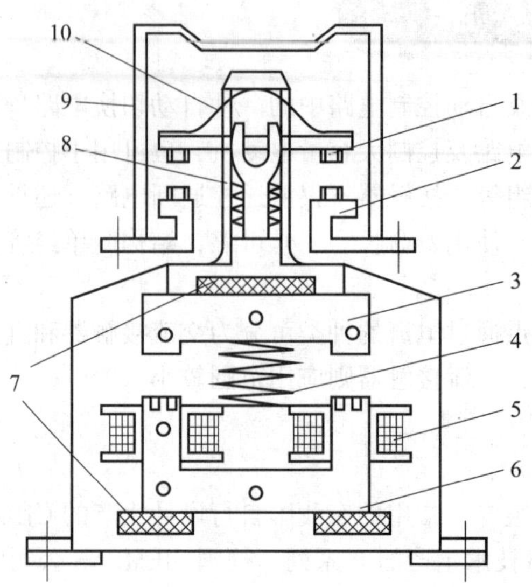

图 2—20　CJ20 系列交流接触器的结构

1—动触点　2—静触点　3—衔铁　4—缓冲弹簧　5—电磁线圈　6—铁芯

7—垫毡　8—触头弹簧　9—灭弧罩　10—触头压力弹簧

率为 50 Hz，则电磁吸力为 100 Hz 的脉动吸力，于是在工作时，衔铁将会振动，并产生较大噪声。为了解决这一问题，在铁芯和衔铁的两端各开一个槽，在槽内嵌装一个用铜、康铜或镍铬合金制成的短路环（又称减振环或分磁环），磁通被分为两部分，一部分为不通过短路环的 Φ_1，另一部分为通过短路的 Φ_2。由于电磁感应，使 Φ_1 与 Φ_2 间有一个相位差，它们不会同时为零，因此它们产生的电磁吸力也没有同时为零的时刻，如果配合较合适的话，电磁吸力将始终大于反作用力，使衔铁牢牢地吸合，这样就消除了振动和噪声。一般短路环包围铁芯端面的 2/3。

交流接触器的线圈是利用绝缘性能较好的电磁线绕制而成，是电磁机构动作的能源，一般并接在电源上，为了减少分流作用，降低对电路的影响，需要阻抗较大，因此线圈匝数多、导线细。对于交流接触器，除了线圈发热外，铁芯和线圈之间留有涡流和磁滞损耗，铁芯也会发热，并且占主要部分。为了改善线圈和铁芯的散热情况，在铁芯和线圈之间有散热间隙，而且把线圈做成有骨架的矮胖型。

（2）触点系统。交流接触器触点是接触器的执行部件，接触器就是通过触点的动作来分合被控电路的。交流接触器的触点一般采用双断点桥式触点。动触点桥一般用纯铜片冲压而成，并具有一定的刚度，触点块用银基或银基合金制成，镶焊在触点桥的两端；静触点桥一般用黄铜板冲压而成，一端镶焊触点块，另一端为接线座。动、静触点的外形及结构如图 2—21 所示。

按通断能力触点分为主触点和辅助触点。主触点用于通断电流较大的主电路，体积较大，一般由 3 对动合触点组成；辅助触点用于通断电流较小的控制电路，体积小，一般由两对动合触点和两对动断触点组成。

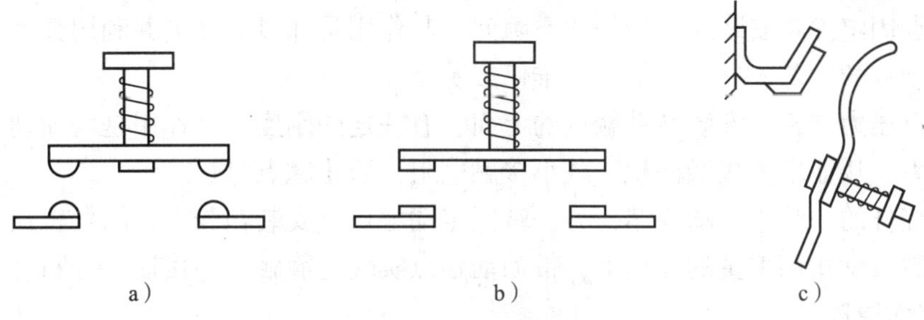

图 2—21 动、静触点的外形及结构

a）点接触式 b）面接触式 c）指式

（3）灭弧装置。交流接触器在断开大电流电路或高电压电路时，在高热和强电场的作用下，触点表面的自由电子大量溢出形成炽热的电子流，即电弧。电弧的产生一方面会烧蚀接触触点，缩短其使用寿命；另一方面还使切断电路的时间延长，甚至造成弧光短路或引起火灾。因此，希望在断开电路时，触点间的电弧能迅速熄灭。为使电弧迅速熄灭，可采用将电弧拉长、使电弧冷却、把电弧分割成若干短弧等方法，灭弧装置就是基于这些原理设计的。

容量较小的交流接触器（如 CJ0－10 型）采用的是双断点桥式触点，本身就具有自动灭弧功能，不用任何附加装置便可使电弧迅速熄灭。

当触点断开电路时，在断口处产生电弧，静触点和动触点在弧区内产生磁场，根据左手定则，电弧电流将受到指向外侧方向的电磁场力的作用，从而使电弧向外侧移动，使电弧温度降低，有助于电弧熄灭。

对容量较大的接触器，如 CJ0－20 型采用灭弧罩灭弧，CJ0－40 型采用金属栅片灭弧装置。

灭弧罩由陶土材料制成，其结构如图 2—22 所示。安装时灭弧罩将触点罩住，当电弧发生时，电弧进入灭弧罩内，依靠灭弧罩对电弧进行降温，因此使电弧容易熄灭，也防止电弧飞出。金属灭弧栅片由镀铜或镀锌的铁片制成，形状一般为人字形，栅片插在灭弧罩内，各栅片之间相互绝缘。当触点分断产生电弧时，电弧周围产生磁场，电弧在磁场力的作用下进入栅片，被分割成许多串联的短弧，每个栅片就成了电弧的电极，电极电压低于燃弧电压，同时栅片将电弧的热量散发，加速了电弧的熄灭。

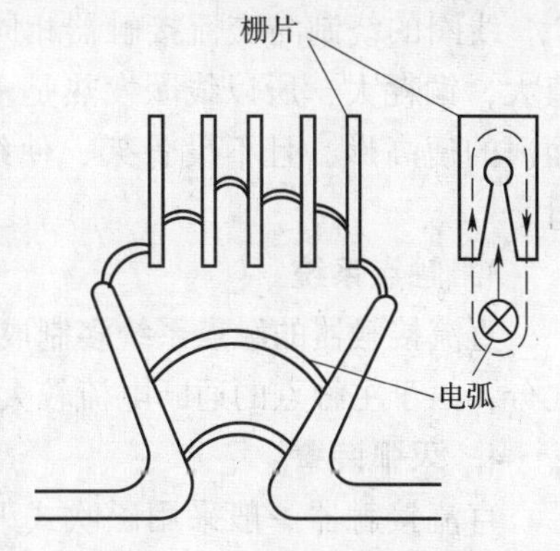

图 2—22 灭弧罩的结构

（4）辅助部件。交流接触器的辅助部件包括反作用弹簧、缓冲弹簧、动触点固定弹簧、动触点压力弹簧片及传动杆等。

反作用弹簧安装在铁芯和线圈之间，其作用是在线圈断电后，促使铁芯迅速释放，各触点恢复原始状态。

缓冲弹簧安装在静铁芯与线圈之间，是一个刚度较大的弹簧，静铁芯固定在胶木底盖上。其作用是缓冲动铁芯在吸合时对静铁芯的冲击力，保护外壳免受冲击，以防损坏。

动触点固定弹簧安装在传动杆的空隙间。其作用是通过活动夹并利用弹力将动触点固定在传动杆的顶部，有利于触点的维修或更换。

动触点压力弹簧片安装在动触点的上面，有一定的刚度。其作用是增加动、静触点之间的压力，从而增大接触面积，减小接触电阻，防止触点过热。

传动杠杆的一端固定动铁芯，另一端固定动触点，安装在胶木壳的导轨上。其作用是在动铁芯或反作用弹簧的作用下，带动动触点实现与静触点的接通或分断。

2. 工作原理

当电磁线圈通电后，线圈流过的电流产生磁场，使静铁芯产生足够的吸力，克服反作用弹簧和动触点压力弹簧的反作用力，将动铁芯吸合，同时带动传动杆使动触点和静触点的状态发生改变，其中三对动合主触点闭合，触点两侧的两对动断辅助触点断开，两对动合辅助触点闭合。当电磁线圈断电后，由于铁芯电磁吸力消失，动铁芯在反作用弹簧的作用下释放，各触点也随之恢复原始状态。

交流接触器的线圈电压在 85% ~105% 额定电压时，都能保证可靠工作。电压过高，磁路趋于饱和，线圈电流将显著增大；电压过低，电磁吸力不足，动铁芯吸合不上，线圈电流往往达到额定电流的十几倍。因此，线圈电压过高或过低都会造成线圈过热而燃烧。

二、直流接触器

直流接触器是一种频繁地操作和控制直流电动机的控制电器，主要用于远距离接通或分断额定电压 440 V、额定电流 600 A 及以下的直流电路。目前普遍采用的是 CZ0 系列和 CZ18 系列，它们的结构及工作原理与交流接触器基本相同。

1. 铁芯与衔铁

由于直流接触器的线圈通过的是直流电，铁芯不会产生涡流和磁滞损耗，也不会发热，因此铁芯和衔铁采用整块铸钢或软铁制成即可。直流接触器正常工作时，衔铁没有产生振动和噪声的条件，铁芯的两端面也不需要嵌装短路环。但在磁路中为保证衔铁的可靠释放，常垫以非磁性垫片，以减小剩磁的影响。

2. 线圈

线圈的绕制与交流接触器相同，但线圈的匝数比交流接触器多，因此线圈的电阻值大，铜耗大，所以线圈发热是主要的。为增大线圈的散热面积，通常把线圈制成高而薄的瘦高形，且不设骨架，使线圈与铁芯的间隙很小，以借助铁芯来散发部分热量。

3. 触点系统

直流接触器的触点系统多制成单极的，只有小电流才制成双极的。触点也有主、辅之分，由于主触点的通断电流较大，多采用滚动线接触的指形触点。

4. 灭弧装置

直流接触器一般采用磁吹式灭弧装置。磁吹式灭弧装置中的磁吹线圈利用扁铜线弯成，通过绝缘套套在铁芯上，和静触点相串联。该线圈生产的磁场由导磁夹板引向触点周围，其方向由右手螺旋定则确定（为图中×所示），触点间的电弧也产生磁场（其方向为图中⊗和⊙所示）。磁场在电弧下方方向相同（叠加），在弧柱上方方向相反（相减），所以电弧下方的磁场强于上方的磁场，电弧将从磁场强的一边被拉向磁场弱的一边，于是电弧向上运动被吹离触点，经引弧角引进灭弧罩中，使电弧很快熄灭。

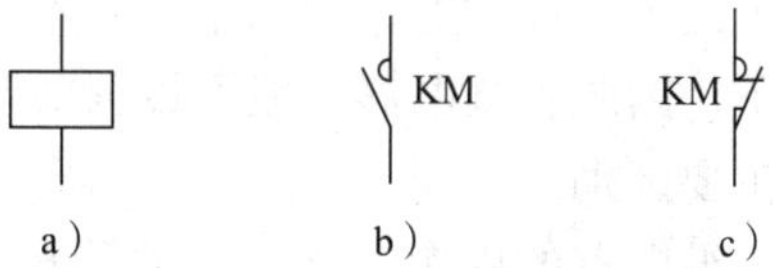

图 2—23 接触器的符号

a）线圈 b）常开触点 c）常闭触点

接触器的符号如图 2—23 所示。

接触器的常见故障及排除方法见表 2—6。

表 2—6 **接触器的常见故障及排除方法**

故障现象	原因分析	排除方法
衔铁吸不上	线圈断线或烧毁	修理或更换线圈
	衔铁或机械部分被卡住	清除卡阻物
	机械部分生锈或歪斜	去锈或更换零件
断电时衔铁不释放	反作用弹簧力小	更换弹簧
	衔铁或机械部分被卡住	清除卡阻物
	触点熔焊在一起	更换触点并找出原因
	铁芯使用寿命结束，剩磁增大	更换铁芯
触点熔焊	触点断开容量不够	更换较大容量接触器
	触点开断次数过多	更换触点
触点过热或灼伤	触点弹簧压力过小	调高弹簧压力
	触点上有油污	清除油污
	触点断开，接触器容量不够大	更换较大容量接触器
线圈过热或烧毁	线圈额定电压与电源电压不符	更换线圈或调整电压
	线圈由于机械损伤或附有导电灰尘而部分短路	修复或更换线圈并保持清洁
	运动部分被卡住	排除卡阻现象
有噪声	极面磨损过度而不平	修正极面
	电磁系统歪斜	调整机械部分
	短路环断裂（交流）	重焊或调整短路环
	衔铁与机械部分的连接销脱落	装好连接销

任务 6 继电器

继电器是机床控制线路的基本元件之一，其输入信号可以是电压、电流等电量，也可以是温度、速度、压力等非电量。当输入量变化到某一设定值时，继电器即动作，使输出量发生预定的变化，从而接通或断开被控制电路。因此从宏观而言，继电器是一种传感器件，是控制电路与外界联系的桥梁。

继电器主要用来感知信号，不用来直接控制大电流的主电路。它的触点一般用在控制电路中，控制电路的功率一般不大，所以继电器的分断能力很小，一般在 5 A 或 5 A 以下。因此，继电器一般不设灭弧装置，触点的结构也比较简单，这是继电器与接触器的主要区别。

继电器的用途广泛，种类繁多。按输入信号的不同可分为电压继电器、电流继电器、速度继电器、时间继电器、压力继电器等。按工作原理不同可分为电磁式继电器、电动式继电器、感应式继电器、电子式继电器等。

一、电磁式继电器

电磁式继电器是应用最早的一种继电器，属于有触点自动切换断电器，其结构基本与电磁式接触器相似。按继电器反映的参数又可分为中间继电器、电流继电器、电压继电器等。

中间继电器是将一个输入信号变成多个输出信号的继电器，它的输入信号为线圈的通电和断电，输出信号是各触点的动作。中间继电器的触点对数较多，并且没有主、辅之分，各对触点允许通过的电流大小相同。常用的中间继电器有 JZ7 系列和 JZ14 系列，其外形如图 2—24 所示。

图 2—24　中间继电器

使用中间继电器的目的有两个，一是放大信号，当外界信号太弱，不足以直接驱动接触器时，需要中间继电器对信号进行放大；二是扩展触点数目，电路比较复杂、联锁部分较多、接触器上的触点不够用时，可用接触器上的一对触点控制中间继电器，就等于扩展了接触器的触点数目。

过电流继电器在正常工作时，线圈中流过负载电流，衔铁不吸合；当通过线圈的电流超过某一整定值时，衔铁吸合，带动触点动作，切断电路，从而起到过载保护作用。过电流继电器是利用它的动断触点来完成这一任务的。通常交流过电流继电器的吸合电流调整为电路额定电流的 110% ~400%，直流过电流继电器的吸合电流调整为电路额定电流的 70% ~300%。

欠电流继电器在电路正常时，衔铁处于吸合状态，当电路中的负载电流降低到某一整定值时，衔铁释放，从而利于其触点切断电路。欠电流继电器是利用它的动合触点来完成这一任务的。欠电流继电器一般用在直流电动机控制线路中，例如在直流电动机的电驱动励磁回路中，如果励磁电流减小，根据直流电动机的机械特性其转速将要上升，当励磁电流趋于零时，根据理论分析，其转速将趋于无穷大，会引起直流电动机转速猛增，即“飞车现象”，这样会发生严重的设备事故。为了杜绝这种现象的发生，在直流电动机的电枢励磁回路中串入欠电流继电器，一旦电枢励磁回路中的电流下降到某数值时，欠电流继电器动作，切断电源，从而起到欠电流保护作用。因此现今的产品中，只有直流欠电流继电器，而没有交流欠电流继电器。直流欠电流继电器的吸合电流为线圈额定电流的 30% ~65%，释放电流为线圈额定电流的 10% ~20%。

电流继电器的动作值可通过弹簧进行调整。旋紧弹簧，反作用力增大，吸合电流和释放电流都提高；反之，旋松弹簧反作用力减小，吸合电流和释放电流都降低。

交流接触器、中间继电器本身也具有欠电压和过电压保护功能，故在机床控制线路中，常用交流接触器或中间继电器代替过电压和欠电压继电器进行过电压或欠电压保护。

二、时间继电器

从得到信号开始经过一定延时才输出信号的继电器称为时间继电器。它被广泛用来控制生产过程中按时间原则制定的工艺程序。时间继电器的种类很多，按其工作原理可分为空气阻尼式、电动式、电子式、电磁式等；按延时方式可分为通电延时型和断电延时型两种。常用时间继电器的外形如图 2—25 所示。

图 2—25　常用的时间继电器

1. 空气阻尼式时间继电器

空气阻尼式时间继电器又称气囊式时间继电器，它是利用气囊的空气通过小孔节流的原理来获得延时动作的。常用的是 JS7 - A 系列，其动作原理如图 2—26 所示。

两种通电延时时间继电器的组成元件是通用的，只要改变电磁机构的安装方向，便可获得两种不同的延时方式。当衔铁位于静铁芯和延时机构中间时为通电延时型；当静铁芯位于衔铁和延时机构中间时为断电延时型。

下面以通电延时型时间继电器为例说明其工作原理，当线圈通电后，衔铁吸合，活塞杆在塔形弹簧作用下带动活塞及橡皮膜向上移动，橡皮膜下方空气室内的空气变得稀薄，形成负压，活塞杆只能缓慢移动，其移动速度由进气孔的气隙大小来决定。经过一段延时后，活塞杆通过杠杆压动微动开关，使其触点动作，起到通电延时作用。由线圈通电到触点动作的一段时间即为时间继电器的延时时间，其长短可以通过螺钉调节进气孔的气隙大小来改变。

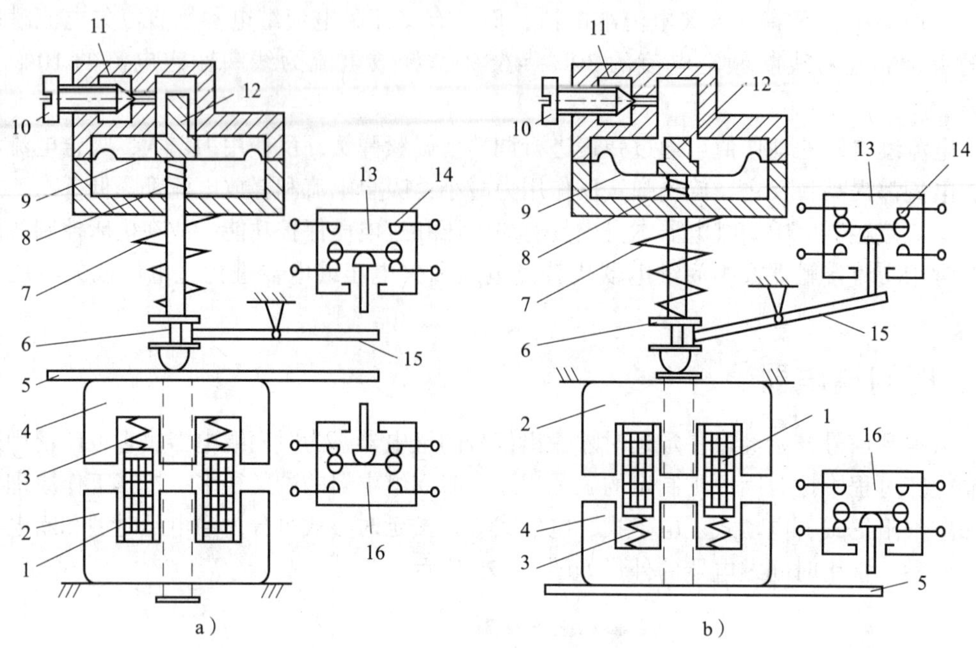

图 2—26　空气阻尼式时间继电器的动作原理

1—线圈　2—静铁芯　3、7、8—弹簧　4—衔铁　5—推板　6—顶杆　9—橡皮膜　10—螺钉　11—进气孔　12—活塞　13、16—微动开关　14—延时触头　15—杠杆

当线圈断电时，衔铁释放，橡皮膜下方的空气通过活塞肩部所形成的单向阀迅速排出，使活塞杆、杠杆、微动开关等复位。

断电延时型时间继电器的工作原理与通电延时型时间继电器相似，只是由于电磁的安装方向不同，当衔铁吸合时推动活塞复位，排出空气，触点迅速复位；当衔铁释放时，在空气阻尼作用下，实现断电延时。

在线圈通电和断电时，微动开关在推板的作用下都能瞬时动作，其触点即为时间继电器的瞬动触点。

空气阻尼时间继电器的优点是延时范围较大（0.4 ~ 180 s），且不受电压和频率波动的影响，可以做成通电和断电两种延时形式，结构简单，寿命长，价格低廉。其缺点是延时误差大［±（10% ~ 20%）］，无调节刻度指示难以精确地整定延时值，延时值易受周围环境温度、尘埃的影响。对延时精度要求较高的场合，不宜采用这种时间继电器。

2．电动式时间继电器

电动式时间继电器是由同步电动机带动减速齿轮以获得延时的时间继电器。目前应用较普遍的为 JS17 系列。它适用于交流 50 Hz、额定电压 500 V 及以下的自动控制线路中。

当同步电动机接通电源后，经减速齿轮带动齿轮 z_2、z_3 绕轴空转，但轴并不传动。若需延时，接通离合电磁铁的线圈回路，使离合电磁铁动作，将齿轮 z_3 刹住，这样齿轮 z_2 在继续转动过程中，还同时沿着齿轮 z_3 的伞形齿以轴为圆心同轴一起做圆周运动，一旦固定在轴上的凸轮随转轴转动到适当位置时，即预先延时整定的位置，将推动脱扣机构，使延时触点动作，并用一动断触点来切断同步电动机的电源。当需要继电器复位时，可将离合电磁铁的线圈电源切断，这时所有机构将在复位游丝的作用下返回动作前的状态，为下次延时做准备。

延时长短可通过改变整定装置中定位指针的位置，即改变凸轮的初始位置来实现，但定位指针的调整对于通电延时型时间继电器应在离合磁铁线圈断电情况下进行。

由于电动式时间继电器应用的是机械延时原理，所以延时范围宽，其延时的整定偏差较小，一般在最大整定值的 ±1% 范围内。其主要缺点是机械结构复杂、成本高、不适宜频繁操作等。

3. 电子式时间继电器

电子式时间继电器也称为晶体管式时间继电器，除了执行继电器外，均由电子元件组成，具有机械结构简单、延时范围广、精度高、返回时间短、消耗功率小、耐冲击、调节方便和寿命长等优点。

JS 系列电子式时间继电器产品品种齐全，具有延时时间长（用 100 μF 的电容可获得 1 h 延时）、线路较简单、延时调节方便、性能较稳定、延时误差小、触点容量较大等优点。但也存在延时易受温度与电源波动的影响、抗干扰能力差、修理不便、价格高等缺点。

时间继电器的图形符号如图 2—27 所示。

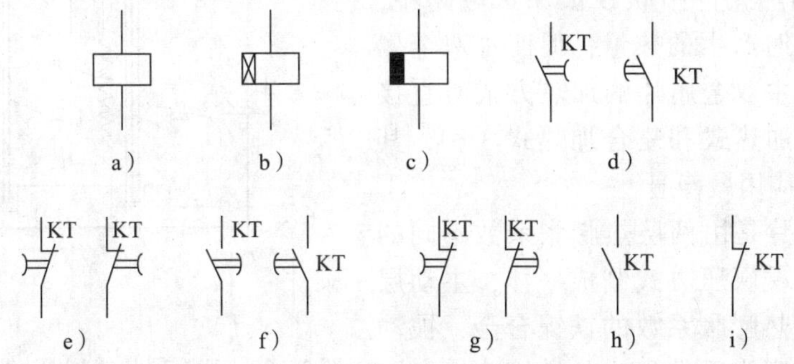

图 2—27　时间继电器的图形符号

a）线圈一般符号　b）通电延时线圈　c）断电延时线圈　d）延时闭合常开触点　e）延时断开常闭触点　f）延时断开常开触点　g）延时闭合常闭触点　h）瞬时常开触点　i）瞬时常闭触点

三、热继电器

在电力拖动系统中，当三相电动机出现延长时间过载运行、缺相运行时，会导致电动机绕组严重过热乃至烧坏。因此，当电动机出现以上情况时，应立即切断电源，从而保护电动机。热继电器在电路中主要是对三相交流电动机进行过载保护、断相保护、电流不平衡保护及其他电气设备发热状态的控制。常用的热继电器有 LR0 系列和 JR16 系列。

热继电器的形式有多种，其中以双金属片式用得最多。双金属片式热继电器由加热元件、双金属片、温度补偿机构、动作机构、触点系统、电流整定装置和复位机构等组成，如图 2—28 所示。其工作原理如图 2—29 所示。

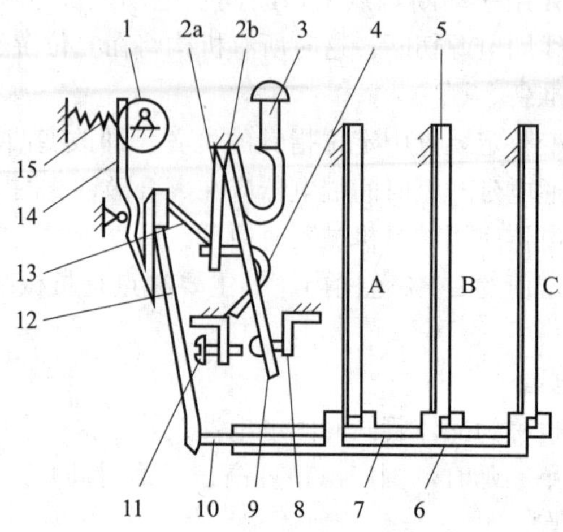

图 2—28　双金属片式热继电器的结构

1—电流调节凸轮　2a、2b—簧片　3—手动复位按钮　4—弓簧　5—主双金属片　6—外导板　7—内导板　8—常闭静触点　9—动触点　10—杠杆　11—复位调节螺钉　12—补偿双金属片　13—推杆　14—连杆　15—压簧

加热元件一般用康铜、镍铬合金材料制成，使用时加热元件串联在被保护电路中，利用电流通过时产生的热量，促使主双金属片受热弯曲。主双金属片的加热方式有直接加热式、间接加热式和复合加热式 3 种，其中间接加热式应用最普遍。

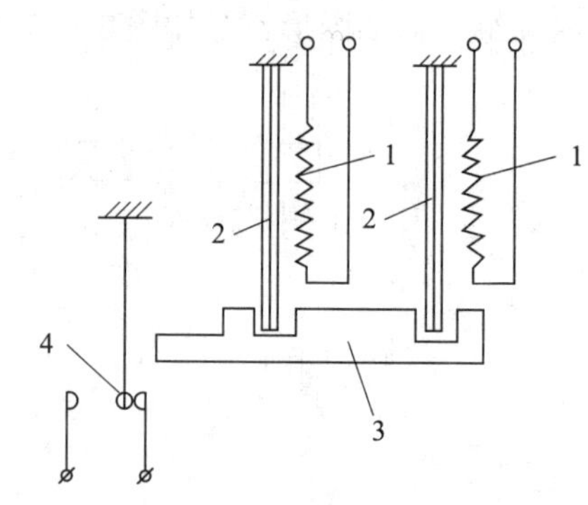

图 2—29　双金属片式热继电器的工作原理

1—热元件　2—双金属片　3—导板　4—触头

主双金属片是由两层热膨胀系数不同的金属片通过机械碾压方式制成一体，主动层材料采用较高热膨胀系数的铁镍合金，被动层材料采用热膨胀系数很小的铁镍合金。因此，双金属片在受热后将向被动层方向弯曲。

温度补偿机构也为双金属片，它能使热继电器的动作在 -30 ~ 40℃的范围内基本上不受周围介质温度变化的影响，其受热弯曲方向与主金属片的弯曲方向相同。

动作补偿机构大多利用杠杆传递及弹簧跳跃式机构完成触点的动作。触点系统多为弓簧跳跃式动作。电流整定装置是通过调整推杆间隙，改变推杆移动距离，达到电流整定的调节。复位机构有手动和自动两种形式，可根据使用要求自由调整选择。

发热元件串联接入被保护电路中，在正常情况下，热元件产生的热量虽能使主双金属片弯曲，但还不足以使继电器动作。当电动机过载时，热元件产生的热量增大，使主双金属片弯曲位移增大，经过一段时间后，主双金属片向左弯曲到一定程度，推动导板，并通过补偿双金属片与推杆推动片簧，推到一定位置后，弓簧的作用方向改变，使片簧向左移动，将触点串联接于接触器的线圈回路，断开后使接触器的线圈失电，接触器的动合主触点断开，切断电动机的电源，从而保护了电动机。

凸轮是热继电器的电流整定装置，它是一个偏心轮，旋转调节凸轮的位置，将使杠杆的位置改变，同时使补偿双金属片与导板的距离改变，也就改变了继电器动作所需要的主双金属片的挠度，即调整了热继电器的动作电流。

补偿双金属片用来补偿周围介质温度的变化。当周围介质温度变化时，主双金属片与补偿双金属片同时向一个方向弯曲，使导板与补偿双金属片之间的推动距离保持不变，这样继电器的动作特性将不受周围介质温度变化的影响。

热继电器可用调节螺钉将触点调成自动复位式或手动复位式。若要手动复位，则将调节螺钉向左拧出，此时触点动作后就不会自动恢复原位，必须将手动复位按钮按下，强迫片簧退回原位，片簧立即向右动作，使触点闭合。若需自动复位，则将调节螺钉向右旋入一定位置即可。

三相电动机缺相运行是造成三相异步电动机绕组烧坏的主要原因之一。如果热继电器保护的电动机是星形连接，当线路发生一相断电时，另外两相电流将增大很多，由于线电流等于相电流，流过热继电器的电流和流过电动机绕组的电流同样增大，普通的三相热继电器可以对此做出保护。如果电动机绕组是三角形连接，发生断相时，由于电动机的线电流和相电流不等，流过热继电器的电流与流过电动机绕组的电流增加比例不同，而热继电器的发热元件串联在电动机的电源线中，是按电动机的额定线电流来整定的，整定值较大。当故障线电流还未达到动作电流，热继电器未动作时，在电动机绕组内部，电流较大的那一相绕组的故障电流已经超过它的额定电流，便有过热烧坏的危险，所以三角形接法的电动机必须采用断相保护的热继电器。

热继电器的型号意义以及在电气原理图中的图形符号如图 2—30 所示。

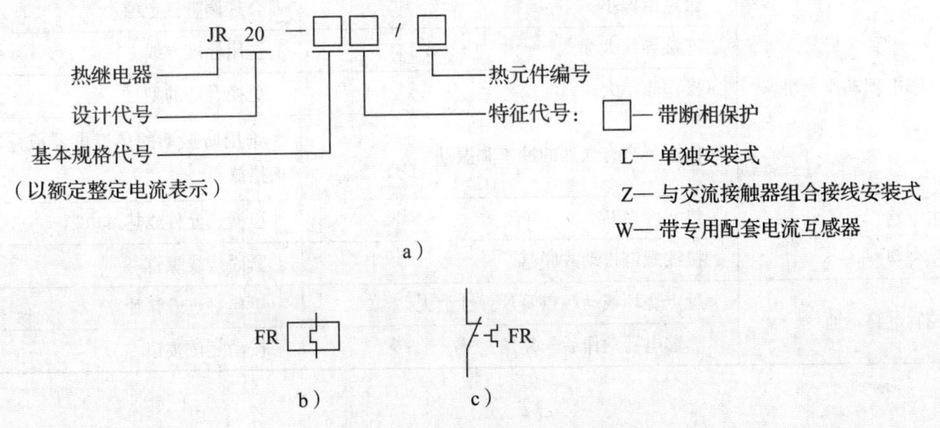

图 2—30　热继电器的型号意义和符号

a）型号意义　b）热元件　c）常闭触点

四、各种继电器的常见故障及排除方法

电磁继电器的结构与接触器相似，出现的故障也基本与接触器相同。

机床控制系统中常见的时间继电器多为空气阻尼式，其主要故障是延时不准确。其原因一是在使用时或经过拆卸后，空气室密封不严，或者橡皮膜老化，以及弹簧疲劳等，这样会使动作延时缩短，甚至不产生延时；二是有灰尘进入空气室，使空气通道受到堵塞，甚至堵塞了进气孔，则延时会变长。出现以上故障时应拆开空气室进行清洗或更换零件。

热继电器的常见故障及排除方法见表2—7。

表2—7　　热继电器的常见故障及排除方法

故障现象	原因分析	排除方法
热元件烧断	负载侧短路，电流过大	排除故障，更换热继电器
	操作频率过高	更换合适参数的热继电器
热继电器不动作	额定电流值选用不合适	按保护容量合理选择额定电流
	整定值偏大	合理调整整定值
	动作触点接触不良	清除接触不良因素
	热元件烧断或脱焊	更换热继电器
	动作机构卡阻	消除卡阻因素
	导轨脱出	重新放入导轨并调试
热继电器动作不稳定，时快时慢	内部机构某些部件松动	将松动部件紧固
	在检修中弯折了双金属片	用两倍电流预试几次，或将双金属片拆下来热处理，以去除内应力
	通电电流波动太大	检查电源电压
热继电器动作太快	额定值偏小	合理调整额定值
	连接导线太细	选用标准导线
	操作频率太高	更换合适的型号
	使用场合有强烈的冲击和振动	选用防振动的热继电器或采取防振措施
主电路不通	热元件烧断	更换热元件或热继电器
	接线螺钉松动或脱落	紧固接线螺钉
控制电路不通	触点烧坏或动触点簧片弹性消失	更换触点或簧片
	热继电器动作后未复位	按动复位按钮

任务7　项目实施应用

交流接触器的修理和调整。

一、训练目的

了解交流接触器的内部结构。

掌握交流接触器常见故障的调整与维修。

项目 2

二、仪器设备

交流接触器（CJ10－20 型）一个；电工工具一套；万用表（MF－50 型）一个；校验板一块（配有“3×25W”Y 形接法的灯箱、接合开关、熔断器、按钮等）；导线若干。

三、训练内容

1. 触点系统的故障维修及调整。
2. 电磁系统的故障维修。
3. 装配。
4. 自检。
5. 通电校验。

四、注意事项

1. 拆卸时，应备有盛放零件的容器，以免失落零件。
2. 拆卸过程中不允许硬撬，以免损坏电器。
3. 用锉刀修正铁芯端面时，应沿与铁芯硅钢片相平行的方向进行锉削，以减小涡流损耗。
4. 通电校验时，接触器应固定在校验板上，并有教师监护，以确保用电安全。

项目三

基本电气控制电路

任务1 项目分析

机床的控制线路是由各种低压电气元器件组成的，而电器的故障往往是引起线路故障的主要原因。作为从事机械加工和机床维修工作的技术人员，必须熟悉常用低压电器的结构、工作原理和常见故障的维修。

任务2 项目资讯

电气控制电路简介

电气控制系统是由电动机和各种控制电器组成的。为了表达电气控制系统的设计意图，分析系统的工作原理，方便安装、调试、检修以及技术人员之间的相互交流，电气控制图必须采用一定的格式和统一的图形、文字符号来表达。国家为此制定了一系列标准，用来规范电力拖动控制系统的各种技术资料。

电气控制系统图包括电气原理图、电气元件位置图及电气安装接线图。

1. 电气原理图

用图形符号和文字符号（包括接线符号）表示电路各个电气元件连接关系和电气工作原理的图称为电气原理图。电气原理图习惯上又称电气控制电路图。由于电气原理图结构简单、层次分明、适用于研究和分析电路工作原理，在设计部门和生产现场得到广泛的应用。CW6132 型普通车床电气原理图如图 3—1 所示。

绘制电气原理图时应遵循以下原则：

（1）电气原理图中所有电气元件的图形、文字符号必须采用国家规定的统一标准。

（2）电气元件采用分离画法。同一电气元件的各部件可以不画在一起，但必须用统一文字符号标注。对于几个同类电器，在表示名称的文字符号之后加上数字序号以示区别。

（3）所有按钮或触头都要按照没有外力作用或线圈未通电时的状态画出。

（4）电气控制电路按通过电流的大小分为主电路和控制电路。主电路包括从电源到电动机的电路，是大电流通过的部分，画在电气原理图的左边。主电路标号一般由文字符号和数字组成，文字符号用以标明主电路中的元器件或线路的主要特征，数字标号用以区别电路不同线段；控制电路通过的电流较小，由按钮、电气元件线圈、接触器辅助触头和继电器触头等组成，画在电气原理图的右边。

（5）控制电路的电源电路绘成水平线，主电路则应垂直于电源线画出。

（6）控制电路应垂直地绘在两条或者几条水平电源线之间。耗能元件应直接接在下面电源线一侧，而控制触头应接在另一电源线上。

（7）为方便阅图，图中自左至右、从上而下表示动作顺序，并尽可能减少线条数量、避免线条交叉。

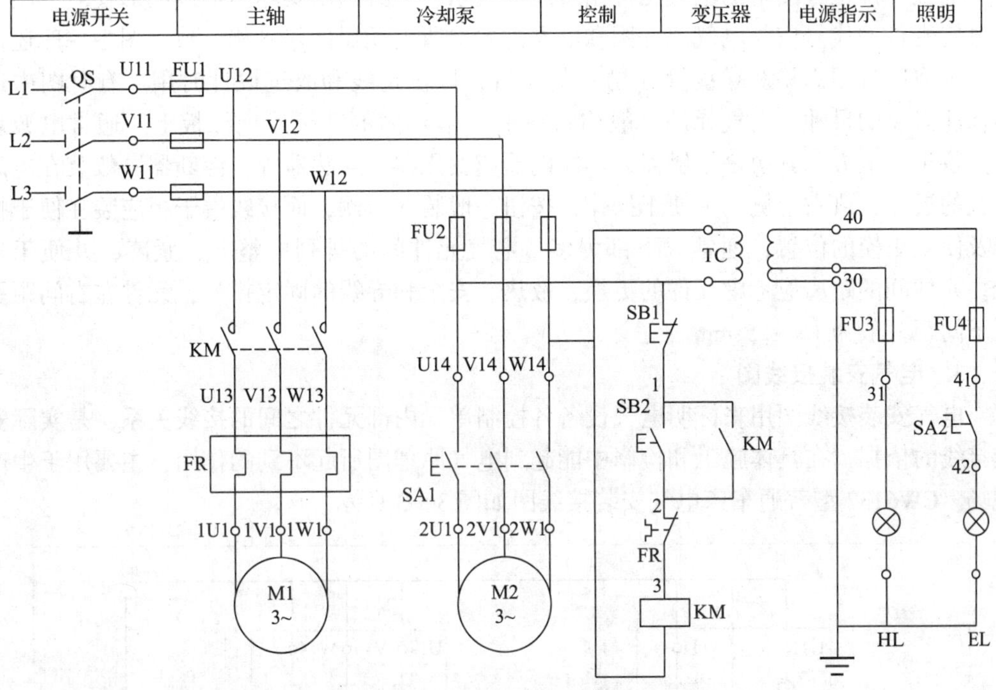

图 3—1　CW6132 型普通车床电气原理图

2. 电气元件位置图

电气元件位置图反映各电气元件的实际安装位置，各电气元件的位置根据元件布置合理、连接导线经济以及检修方便等原则安排。控制系统的各控制单元电气元件位置图应分别绘制。CW6132 型普通车床电气元件位置图如图 3—2 所示。

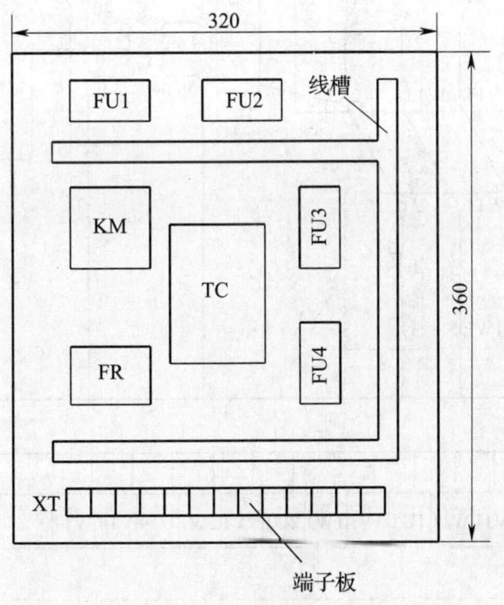

图 3—2　CW6132 型普通车床电气元件位置图

电气元件位置图中的电气元件用实线框表示，不必画出实际图形或图形代号。图中各电气元件的代号应与电气原理图和电器清单上所列元器件代号相一致。图中一般还留有一定空间备用面积及导线管（槽）的位置，以供走线和改进设计时用。有时图中还需标注必要的尺寸。电气元件一般均布在柜（箱）内的铁板或绝缘板上。通常电源总开关位于左上方，其次是接触器、热继电器或变压器、互感器等。熔断器一般装在电源开关的近旁，或右上侧，为便于操作，按钮一般装在右侧，而接线端子板应装在便于接线及便于更换的位置，通常以下部为多。电气元件间的排列应整齐、紧凑，并便于接线。元件间的距离应考虑元件的更换、散热、安全和导线的固定排列，元件左右间距及上下间距一般为 15 ~ 25 mm。

3. 电气安装接线图

电气安装接线图用来标明电气设备各控制单元内部元件之间的接线关系，是实际安装接线的依据，在具体施工和检修中能起到电气原理图所起不到的作用，主要用于生产现场。CW6132 型普通车床电气安装接线图如图 3—3 所示。

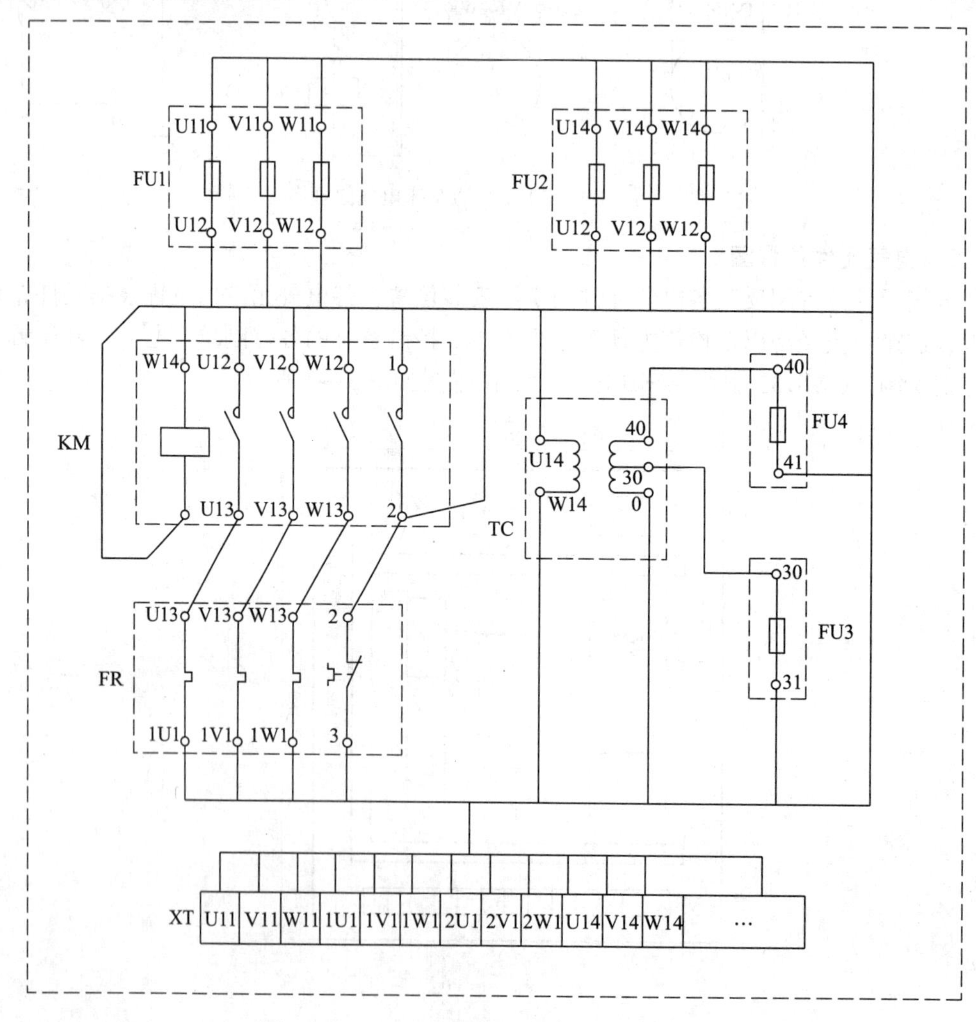

图 3—3　CW6132 型普通车床电气安装接线图

绘制电气安装接线图时应遵循以下原则：

（1）各电气元件用规定的图形和文字符号绘制，同一电气元件的各部分必须画在一起，其图形、文字符号及端子板的编号必须与电气原理图一致。各电气元件的位置必须与电气元件位置图中的位置相对应。

（2）不在同一控制柜、控制屏等控制单元上的电气元件之间的连接必须通过端子板进行。

（3）电气安装接线图中走线方向相同的导线用线束表示，连接导线应注明导线规格（数量、截面积等）；若采用线管走线时，须留有一定的备用导线，线管还应标明尺寸和材料。

（4）电气安装接线图中的导线走向一般不表示实际走线途径，施工时由操作者根据实际情况选择最佳走线方式。

任务3 电动机控制的一般原则

各种生产机械的电气控制电路都是在电动机基本控制电路的基础上，根据生产工艺过程的控制要求设计的，而生产过程必须伴随着一些物理量的变化，如行程、时间、速度、电流等。这就需要某些电器能准确地测量和反映这些物理量的变化，并根据这些量的变化对电动机实现自动控制。电动机控制的一般原则有行程控制原则、时间控制原则、速度控制原则和电流控制原则。

一、行程控制原则

根据生产机械运动部件的行程或位置，利用位置开关来控制电动机的工作状态称为行程控制原则。行程控制原则是生产机械电气自动化中应用最多和作用原理最简单的一种方式。

二、时间控制原则

利用时间继电器按一定的时间间隔来控制电动机的工作状态称为时间控制原则。例如，在电动机的减压启动、制动及变速过程中，利用时间继电器按一定的时间间隔改变电路的接线方式以自动完成电动机的各种控制要求。其中，换接时间的控制信号由时间继电器发出，换接时间的长短则根据生产工艺要求或者电动机的启动、制动和变速过程的持续时间来调整时间继电器的动作时间。

三、速度控制原则

根据电动机的速度变化，利用速度继电器等来控制电动机的工作状态称为速度控制原则。反映速度变化的电器有多种，直接测量速度的电器有速度继电器、小型测速发电机；间接测量电动机速度的电器，对于直流电动机可用其感应电动势来反映，通过电压继电器来控制；对于交流绕线转子异步电动机可用转子频率来反映，通过频率继电器来控制。如图3—4所示为电动机低速脉动控制电路，属于速度控制。其工作原理如下：

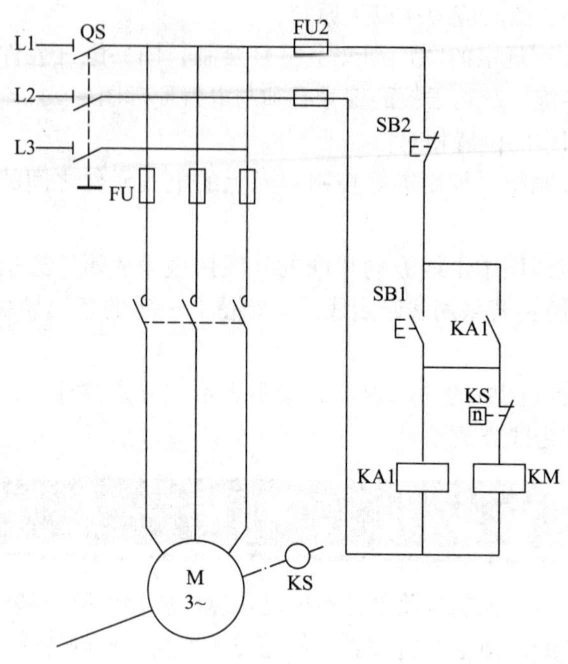

图 3—4　电动机低速脉动控制电路

先合上电源开关 QS，当按下脉动控制按钮 SB1 时，中间继电器 KA1、接触器 KM 得电动作，电动机启动运转。当电动机转速上升到速度继电器 KS 的动作转速时，KS 常闭触头分断，使 KM 失电，电动机断电。而当电动机转速自然下降到速度继电器 KS 的复位转速时，KS 常闭触头又恢复闭合，使 KM 又得电，电动机再次启动。这样不断重复实现了电动机低速下的脉动旋转。

四、电流控制原则

根据电动机主回路电流的大小，利用电流继电器来控制电动机的工作状态称为电流控制原则。图 3—5 所示为机床横梁夹紧机构的自动控制电路，它是按行程控制原则和电流控制原则进行控制的。其中，位置开关 SQ 用于夹紧与放松的检查，电流继电器 KA 用于根据电动机电流大小来检查夹紧力的大小。

图 3—5 所示电路的工作原理如下：先合上电源开关 QS。横梁在放松状态下，夹紧机构的滑块 3 移到左端的极限位置，此时限位开关 SQ 处于被压状态，触头 SQ1－1 闭合，SQ1－2 分断。这时按下夹紧按钮 SB1，接触器 KM1 线圈得电，其触头动作，夹紧电动机 M 启动正转，通过减速机构驱动滑块右移，在电动机启动瞬间，大的启动电流会使电流继电器 KA 动作，其常闭触头分断。由于常开触头 SQ1－1 因受压闭合，所以 KA 触头的分断并不影响 KM1 的得电动作。当滑块右移一段距离后，SQ 复位，这时电动机已启动完毕，KA 的常闭触头已恢复闭合，KM1 线圈经 KA 常闭触头、KM1 常用触头仍保持得电，滑块继续右移，使杠杆 1、2 转动，开始夹紧过程。随着夹紧力的增大，电动机定子绕组电流相应增加，当增加到电流继电器 KA 的整定

电流时，KA 动作，其常闭触头分断，KM1 线圈失电触头复位，电动机停转，夹紧即自动停止。需要放松时，按下放松按钮 SB2，接触器 KM2 线圈得电，其触头动作，电动机 M 反转，滑块 3 左移，同时杠杆 1、2 回转，夹紧机构自动放松。直到滑块 3 左移压动 SQ 后，SQ1－2 分断，KM2 线圈失电，触头复位，电动机自动停转，放松结束。

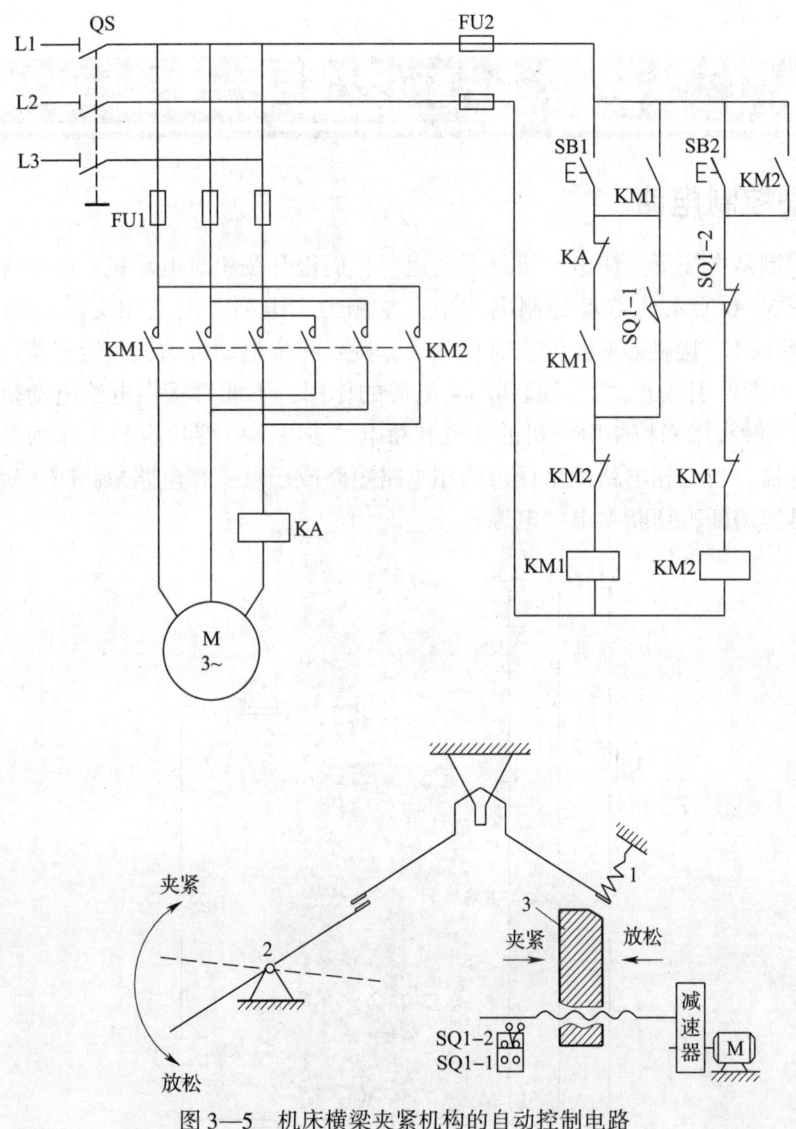

图 3—5　机床横梁夹紧机构的自动控制电路

1、2—杠杆　3—滑块

在图 3—5 中的夹紧控制电路里，与 KA 常闭触头串接的 KM1 常开辅助触头有两个作用：一是避免夹紧动作完成以后，再按下 SB1 时，KM1 再次得电动作；二是当 SQ 的常开触头调整不当时，可以避免电动机反复启动，造成 KM1 主触头烧毛或熔焊的现象。假设未串接 KM1 常开触头，当按下 SB1 时，KM1 得电动作，电动机正转，驱动滑块右移。若 SQ 位置调整不当，滑块 3 虽移出 SQ，SQ 触头复位，SQ1－1 断开，但电动机主电路的启动电流尚未降到 KA 的释放值，则 KA 的常闭触头仍断开，导致 KM1 线圈又得电动作，而启动电动机又会使 KA 动作，电动机又停止，需再次按下 SB1，直至夹紧机构夹紧。如此反复启动，电动机启动电流过大就会引起 KM1 主触头烧毛或熔焊现象。而有了 KM1 常开触头，若出现 SQ 位置调整不当，当滑块移出 SQ 停止后，再次按下 SB1 时，由于 KM1 常开触头分断，KM1 无法得电动作，只有调整了 SQ 的位置后，方可重新启动电动机。

任务4　点动与连续运行控制电路

一、点动控制电路

点动控制是指按下按钮电动机就通电运行，而松开按钮时电动机就断电停止的控制方法。在图 3—6 所示的点动控制电路中，左侧为主电路，由三相交流电源经刀开关 QS、熔断器 FU1、接触器 KM 的三对主触头，接到异步电动机的三相定子绕组上。刀开关 QS 作为电源的引入开关，只起到隔离电源的作用，不能直接供电给电动机。接触器 KM 的三对主触头用来控制电动机的通电和断电。主电路中熔断器 FU1 作为整个电路的短路保护电器，当三相电路发生任意两相电路短路或任意一相电路短路时，短路电流将使熔断器迅速熔断，切断主电路电源。

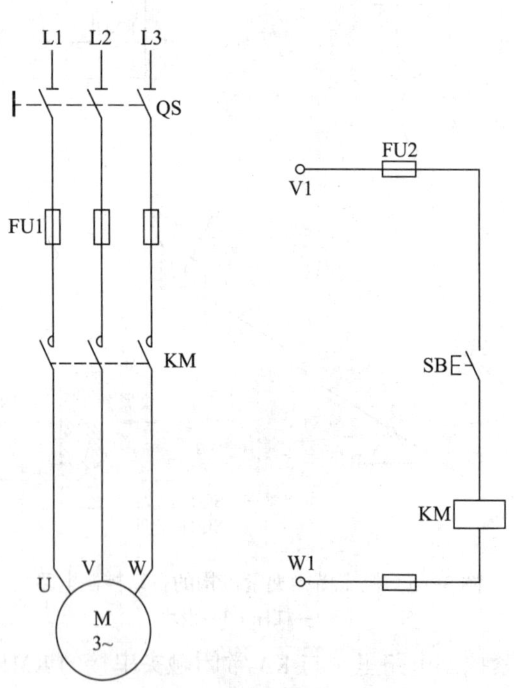

图 3—6　点动控制电路

电路的右侧部分为控制电路，由熔断器 FU2、按钮 SB、接触器线圈 KM 组成，其中接触器线圈 KM 属耗能元件，接在最下边。按钮 SB 接在接触器线圈 KM 上边，由它来控制接触器线圈的得电与失电。熔断器 FU2 对控制电路实现短路保护。

点动控制电路的工作原理如下（合上 QS 之后）：

1. 启动

按下 SB 使其常开触头闭合→线圈 KM 得电→主触头 KM 闭合→电动机 M 启动运转。

2. 停止

松开 SB 使其常开触头分断→线圈 KM 失电→主触头 KM 分断→电动机 M 断电停止。

3. 保护

用熔断器 FU1、FU2 作短路保护。

因点动控制电路的电动机是最短时间运行，所以此电路没有过载保护。

二、连续运行控制电路

在操作点动控制电路时，操作人员的手始终不能离开按钮，不能从事其他的工作，所以要求电动机启动后能连续运转时，就要采用接触器自锁控制电路。电动机的自锁控制是指在按下启动按钮启动电动机后，松开启动按钮，电动机仍然能通电连续运转。这里介绍的电动机连续运行控制是利用接触器自身的常开辅助触头来实现的，所以也称为接触器自锁控制。图 3—7 所示为接触器控制电动机单方向连续运行控制电路。

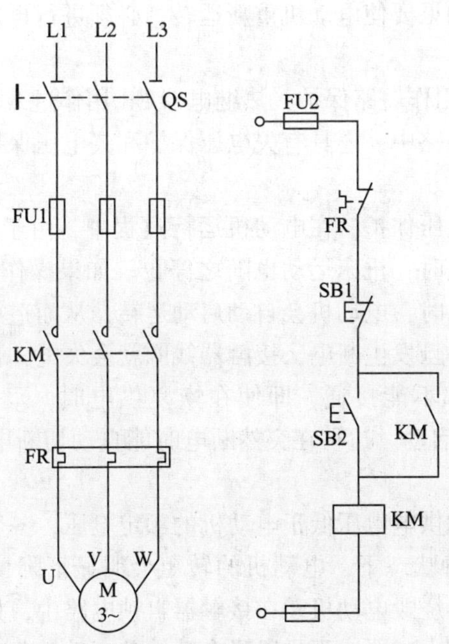

图 3—7 连续运行控制电路

在连续运行控制电路中，主电路和点动控制电路相似。由于接触器自锁，自锁控制电路中的电动机需长时间运转，因此在电路中增设了热继电器 FR，其作用是过载保护。

如果电动机在运转过程中遇到频繁启动、停止操作，负载过重或断相运行时，会引起电动机定子绕组中的负载电流长时间超过额定工作电流，热继电器就能自动切断控制电路，进而切断主电路，迫使电动机停止运行。

比较电动机点动控制电路和连续运行控制电路，连续运行控制电路中增加了一个常闭的停止按钮 SB1，在常开的启动按钮 SB2 两端并联一个接触器 KM 的辅助常开触头。

接触器自锁控制电路的工作原理如下（合上 QS）：

1. 启动

按下 SB2 使其常开触头闭合，线圈 KM 得电，主触头 KM 闭合，常开辅助触头 KM 闭合，电动机 M 启动运转。

当松开 SB2，其常开触头恢复分断后，因为接触器 KM 的常开辅助触头已经闭合，并且将 SB2 短路，使控制电路仍然保持接通状态，接触器 KM 继续得电，所以电动机 M 能够连续运转，实现自锁控制。接触器 KM 的常开辅助触头起到了自锁作用，称为自锁触头，也称为自保触头。

简单来说，按下启动按钮后，依靠接触器自身的辅助触头来使线圈保持通电的现象称为自锁或自保，而能起自锁作用的触头称为自锁触头。

2. 停止

按下 SB1 使其常闭触头分断，接触器 KM 的线圈失电，主触头分断，自锁触头分断，电动机 M 断电停止运行。

在松开 SB1 使其常闭触头恢复闭合后，自锁触头 KM 已经分断，停止了自锁，接触器线圈已不可能得电。如果要使电动机重新运转，必须进行再次启动。

3. 保护

熔断器 FU1 和 FU2 用作短路保护；热继电器 FR 用作过载保护。

在接触器自锁控制电路中，还具有失电压保护和欠电压保护作用，这两种保护作用是由接触器 KM 来实现的。

失电压保护也称零电压保护。在电动机运行过程中，由于某种原因线路突然断电，电动机被迫停止运行，此时，机床运动也随之停止。如果操作人员未能及时切断电源，当故障排除后又重新供电时，电动机会自动启动运转，从而造成设备和人身事故。在接触器自锁控制电路中，一旦发生断电，接触器线圈就会失电，自锁触头和主触头一起分断，控制电路和主电路都不能接通，即使在恢复供电时，只要不重新按下启动按钮 SB2，电动机就不会自行启动。这种在突然断电时能自动切断电动机电源的保护称为失电压保护。

欠电压是指电动机的供电电压低于电动机的额定电压，一般指供电电压降低到额定电压的 85% 以下。在这种状态下，电动机的转矩会明显下降，随之转速也降低，电动机不能正常工作，甚至会烧毁电动机。在接触器自锁电路中，如果电源电压降低到一定值时，接触器的电磁吸引力减弱，不足以吸合动铁芯，动铁芯在反作用弹簧的作用下释放，使主触头和自锁触头断开，切断主电路和控制电路，迫使电动机断电停止运行，以达到欠电压保护的目的。

在点动控制电路中也是用接触器控制电动机，所以点动控制电路也具有失电压保护和欠电压保护作用。

三、点动与连续控制电路

电气设备工作时通常需要进行点动调节，所以要求电动机既能点动又能连续运行控制，如图 3—8 所示的电路是用中间继电器来实现既能点动又能连续控制的。

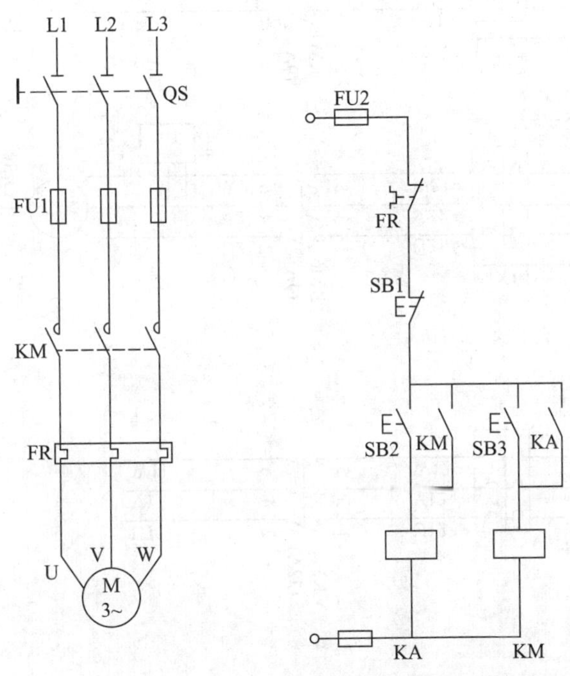

图 3—8 既能点动又能连续控制的电路

点动控制时，按下按钮 SB3，接触器线圈 KM 得电，其主触头 KM 闭合，电动机启动；松开按钮 SB3 时，接触器 KM 的线圈失电，其主触头断开，电动机停止。

若需要连续运行时，按下按钮 SB2，中间继电器 KA 线圈得电，自锁触头闭合，同时其常开触头闭合，使接触器 KM 的线圈得电，主触头闭合，电动机连续运行；按下停止按钮 SB1，接触器 KM 的线圈失电，其主触头断开，电动机停止运行。

任务 5 常用电气控制电路实例

以宝鸡机床厂生产的 TK1640 型数控车床为例，其主轴采用变频调速、三挡无级变速，机床配有四工位刀架，有可满足不同需要的加工；有可开闭的半防护门，确保操作人员的安全。

一、主回路分析

图 3—9 所示为 380 V 强电回路。图中 QF1 为电源开关，QF2、QF3、QF4、QF5 分别为伺服强电、主轴强电、冷却电动机、刀架电动机的空气开关，作用是接通电源及短

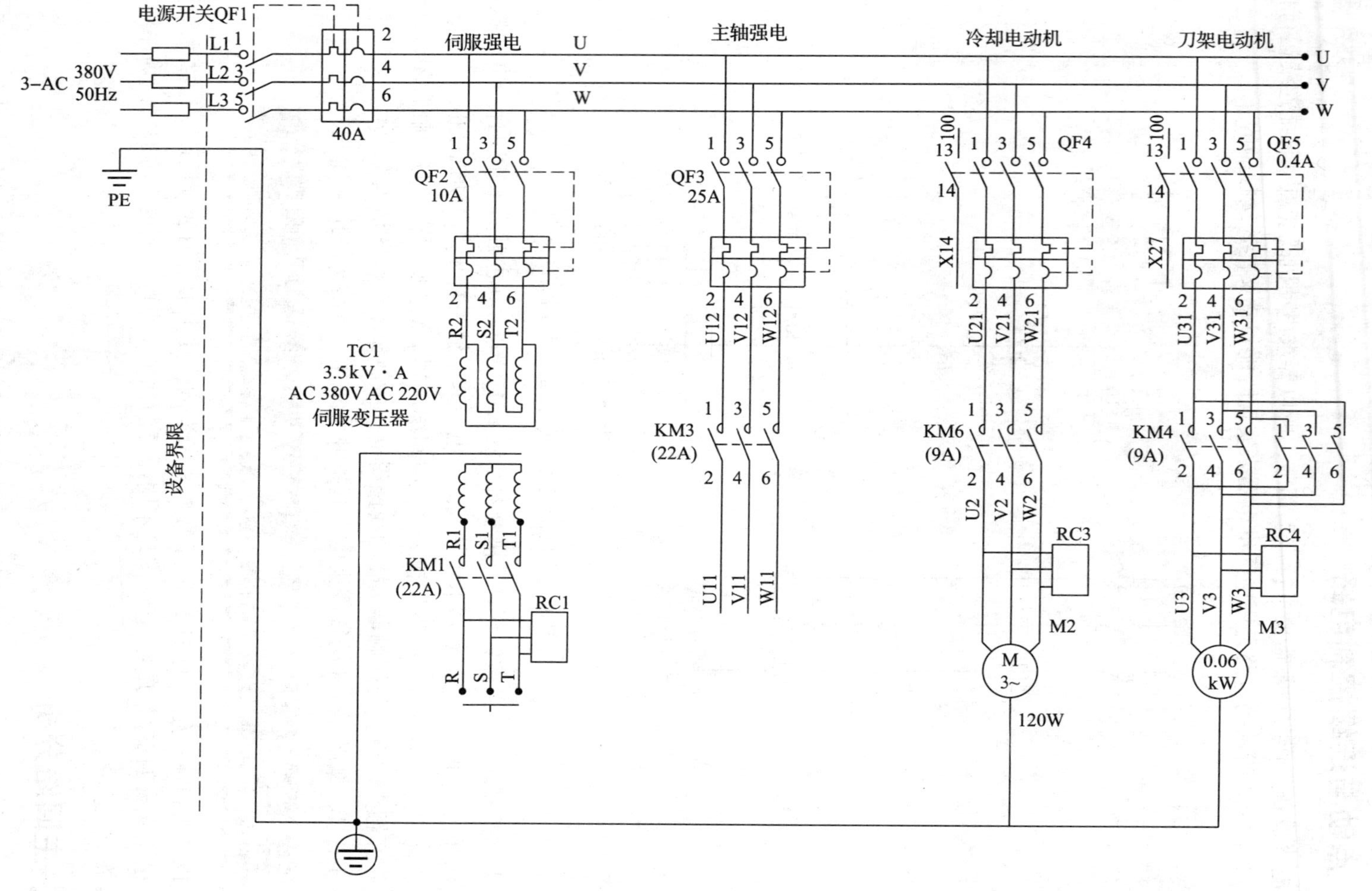

图 3—9　380 V 强电回路

路、过电流时起保护作用。其中 QF4、QF5 带辅助触头，该触点输入 PLC，作为报警信号，并且该空气开关的保护电流可调，可根据电动机的额定电流来调节空气开关的设定值，起过电流保护作用。KM3、KM1、KM6 分别为主轴电动机、伺服电动机、冷却电动机交流接触器，由它们的主触点控制相应的电动机；KM4、KM5 为刀架正反转交流接触器，用于控制刀架的正、反转。TC1 为三相伺服变压器，将交流 380 V 变为交流 220 V 供给伺服电源模块；RC1、RC3、RC4 为阻容吸收，当相应的电路断开后，吸收伺服电源模块、冷却电动机、刀架电动机中的能量，避免产生过电压而损坏器件。

二、电源电路分析

图 3—10 所示为电源回路图，图中 TC2 为控制变压器，原方位 AC380 V，副方位 AC110 V、AC24 V，其中 AC110 V 为交流接触器线圈和强电柜风扇提供电源；AC24 V 为电柜门指示灯、工作灯提供电源；AC220 V 通过低通滤波器为伺服模块、电源模块、24 V 电源提供电源；VC1 为 24 V 电源，将 AC220 V 转换为 AC24 V 电源，为世纪星数控系统、PLC 输入/输出、24 V 继电器线圈、伺服模块、电源模块、吊挂风扇提供电源；QF6、QF7、QF8、QF9、QF10 空气开关为电路的短路保护。

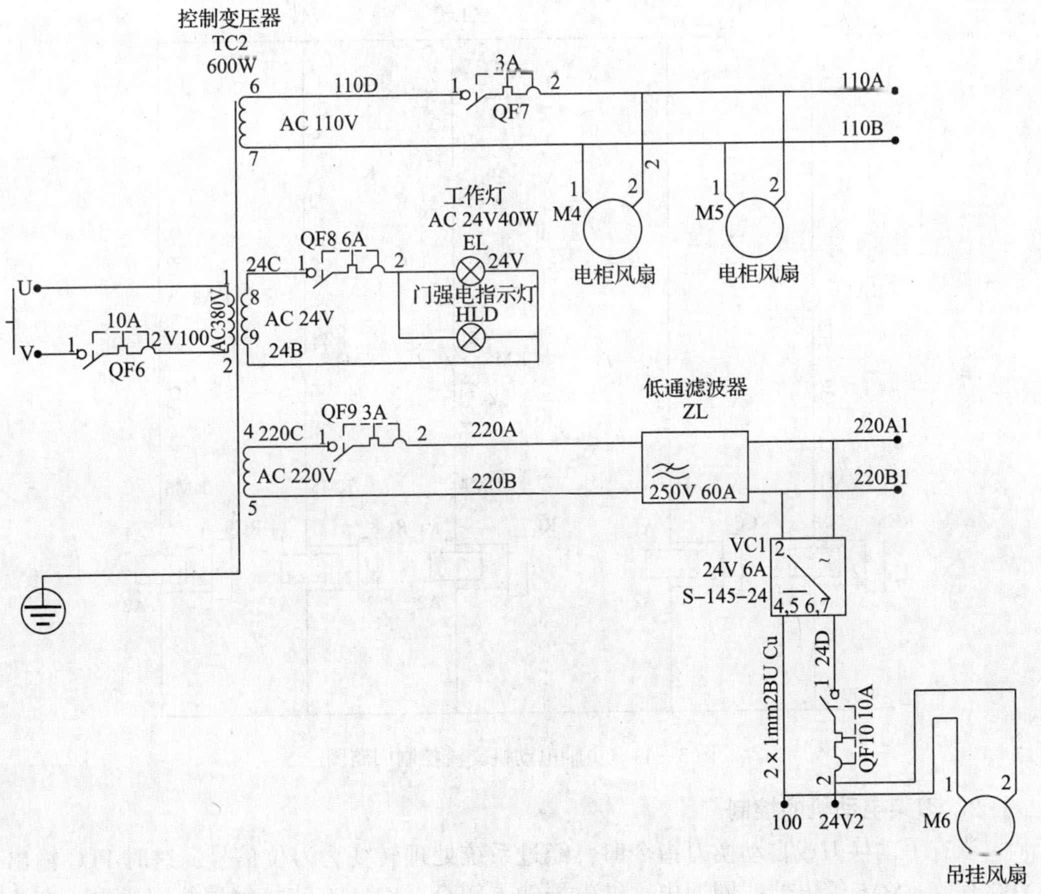

图 3—10　电源回路图

三、控制电路分析

1. 主轴电动机的控制

图 3—11 和图 3—12 所示分别为主轴电动机交流控制回路图和直流控制回路图。图 3—11 所示为强电回路，先将 QF2、QF3 空气开关合上，当机床未压限位开关、伺服未报警、急停未压下、主轴未报警时，KA2、KA3 继电器线圈通电，继电器触点吸合，并且 PLC 输出点 Y00 发出伺服允许信号，KA1 继电器线圈通电，继电器触点吸合，KM1 交流接触器线圈通电，交流接触器触点吸合，KM3 主轴交流接触器线圈通电，交流接触器主触点吸合，主轴变频加上 AC380 V 电压，若有主轴正转或主轴反转及主轴转速指令时（手动或自动），PLC 输出主轴正转 Y10 或主轴反转 Y11 有效，主轴 AD 输出对应于主轴转速的直流电压值（0 ~ 10 V），主轴按指令值的转速正转或反转；当主轴速度到达指令值时，主轴变频器输出主轴速度到达信号给 PLC 输入 X31（未标出），主轴转动指令完成。主轴的启动时间、制动时间由主轴变频器内部参数设定。

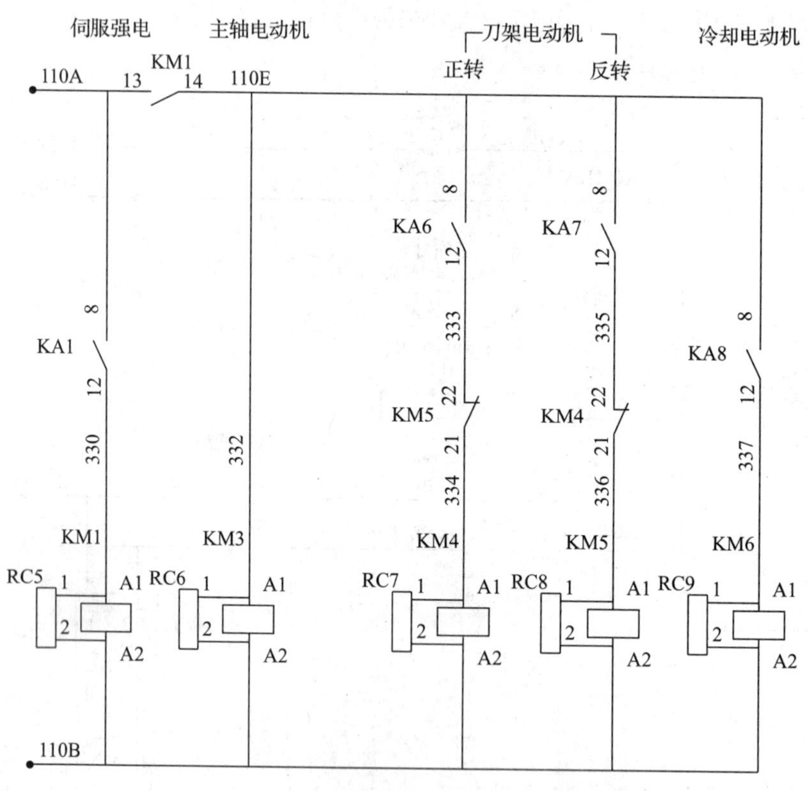

图 3—11　主轴电动机交流控制回路图

2. 刀架电动机的控制

当有手动换刀或自动换刀指令时，经过系统处理转变为刀位信号，这时 PLC 输出 Y06 有效，KA6 继电器线圈通电，继电器触点闭合，KM4 交流接触器线圈通电，交流接触器主触点吸合，刀架电动机正转，当 PLC 输入点检测到指令刀具所对应的刀位信号时，PLC 输出 Y03 有效撤销、刀架电动机正转停止；PLC 输出 Y07 有效，KA7 继电器线圈通电，继电器触点闭合，KM5 交流接触器线圈通电，交流接触器主触点吸合，刀架电动机反转，延时一定时间后（该时间由参数设定，并根据现场情况调整），PLC 输出 Y07 有效撤销，KM5 交流接触器主触点断开，刀架电动机反转停止，选刀完成。为了防止电源短路，在刀架电动机正转、继电器线圈、接触器线圈回路中串入了反转继电器、接触器常闭触点。注意刀架转位选刀只能一个方向转动，取刀架电动机正转。刀架电动机反转只为刀架定位。

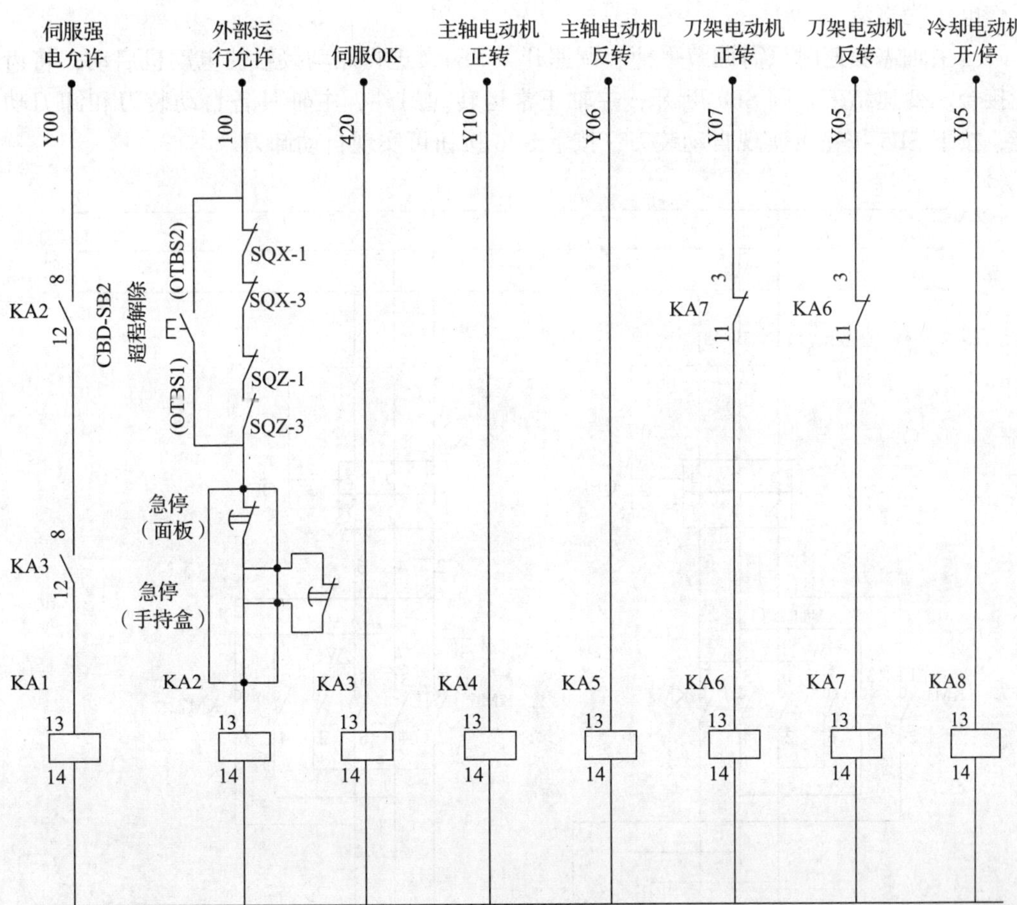

图 3—12　主轴电动机直流控制回路图

3. 冷却电动机控制

当有手动或自动冷却指令时，这时 PLC 输出 Y05 有效，KA8 继电器线圈通电，继电器触点闭合，KM6 交流接触器线圈通电，交流接触器主触点吸合，冷却电动机旋转，带动冷却泵工作。

四、数控无级调速镗铣床的电路分析

1. 主轴电路分析

（1）主轴工作过程。数控无级调速镗铣床主轴电动机及装卸刀电动机如图 3—13

所示，控制电路如图 3—14 ~ 图 3—16 所示。按下启动按钮 SB3 启动机床，电源 110 V →停止按钮 SB2→启动按钮 SB3→XT7→XT3→交流接触器 KA1 线圈吸合，23 - 24 常开触点吸合并自动保持。这是由于 KA1 的接触器吸合，13 - 14 之间通电，选择开关接通 KM1（正转）或 KM2（反转），同时 KM3 吸合，短接电阻器，故电动机按所选方向运转。

当主轴停止时只需按下停止按钮 SB2，可切断主轴启动接触器 KA1。同时 SB2 常开触点接通，主轴制动电磁离合器工作，迫使主轴在制动状态下停转（制动电磁离合器工作电压为直流 24 V）。

当主轴需变速时只需调节手柄、调速开关 SB4，进行点动接触使电动机启动，将齿轮接合。变速结束，则 SB4 断开，主轴正常运转。另外，主轴具备自动装刀和卸刀功能，按下 SB5 按钮可实现自动装刀，按下 SB6 按钮可实现自动卸刀。

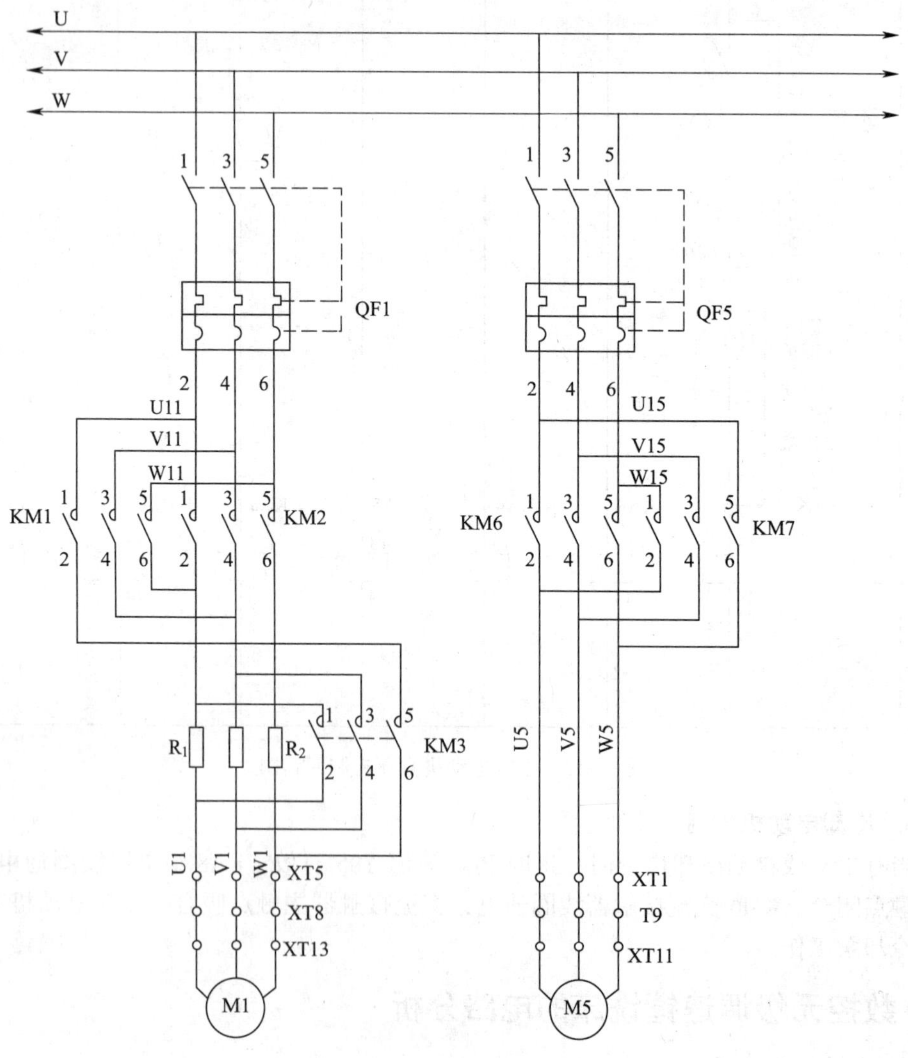

图 3—13　主轴电动机及装卸刀电动机

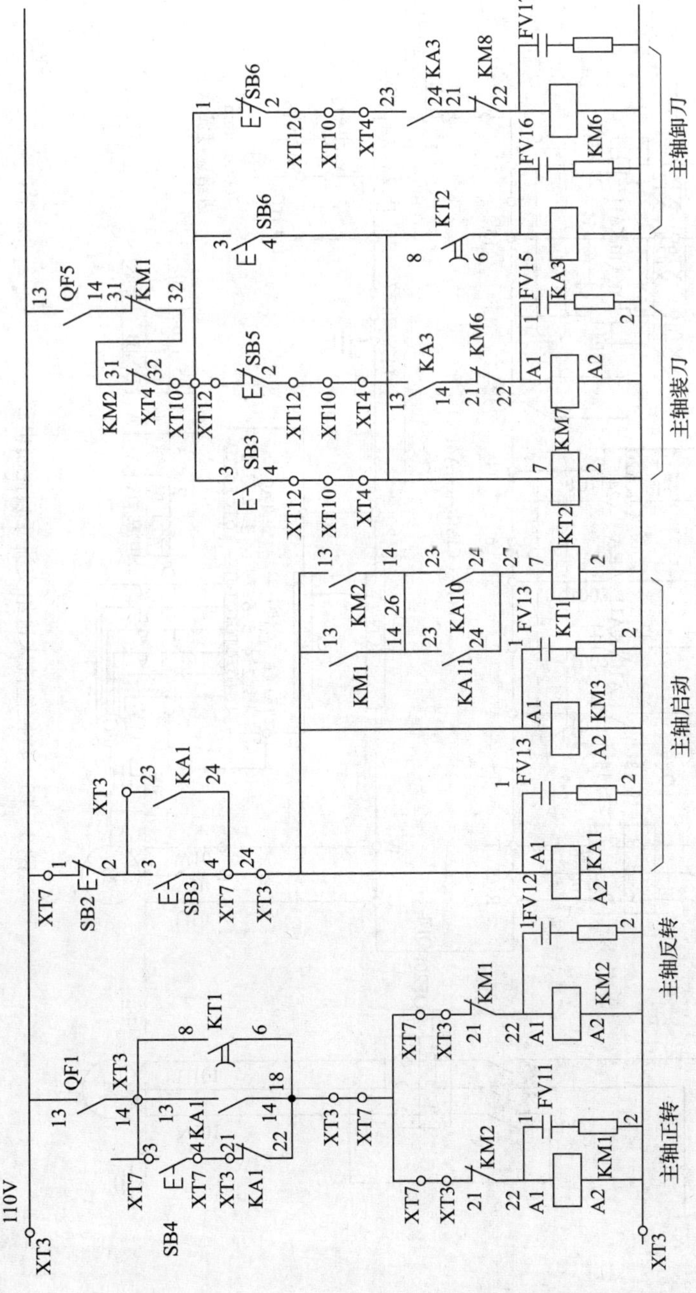

图 3—14　主轴启动及装卸刀控制电路

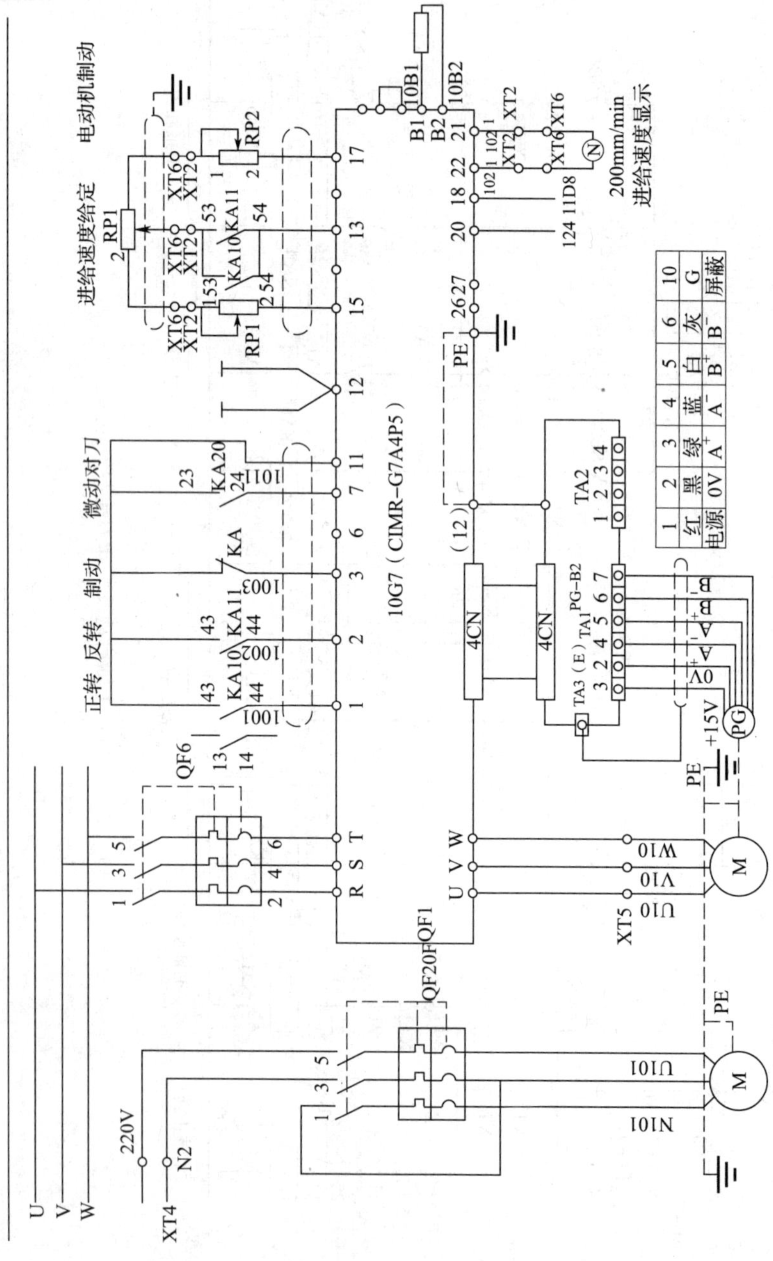

1	2	3	4	5	6	10
红	黑	绿	蓝	白	灰	G
电源	0V	A^+	A^-	B^+	B^-	屏蔽

图 3—15　数控镗铣床进给交流变频控制电路

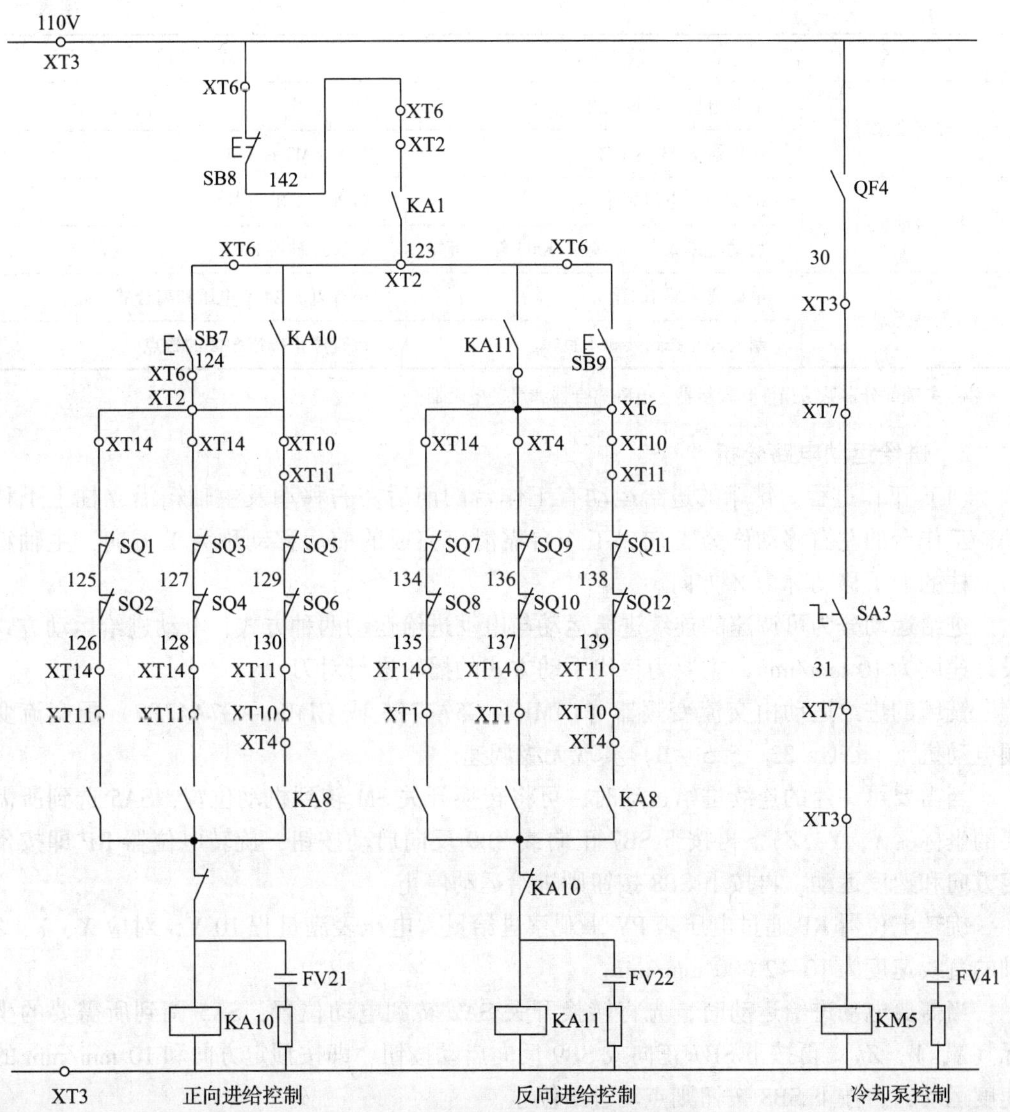

图 3—16　进给控制及冷却控制电路

（2）主轴系统常见故障。主轴系统常见故障见表 3—1。

表 3—1　　　　**主轴系统常见故障**

故障现象	故障原因	故障处理
主轴不转	按钮和开关接触不良	更换按钮和开关
	开关接线有断头	连接电线断头
	接触器 KA1、KM1 或 KM2 不工作	检查控制回路和接触器
	机械受卡	排除机械原因
	电动机故障	检查电动机

续表

故障现象	故障原因	故障处理
主轴速度太低	电源电压太低或断相	检查电源
	接触器 KM3 不工作	检查 KM3 控制电路
主轴一启动就跳闸	R1 或 R2 电阻短路	检查启动电阻器
	启动电流太大，接触器 KM3 触点熔焊	更换接触器 KM3
主轴无制动	电磁离合器不工作	检查直流 24 V 电压和离合器电路
	制动停止按钮接触不良	检查停止按钮 SB2 的触点

注：主轴部分常见易损件有接触器、电磁离合器和启动电阻器。

2. 进给运动电路分析

（1）工作过程。铣床的进给运动有工作台的前后左右移动及主轴箱沿立柱上下移动，工作台的左右移动称为 *X* 向，工作台靠滑座完成的前后移动称为 *Y* 方向，主轴箱沿立柱的上下移动称为 *Z* 方向。

进给运动分为可调速的连续进给运动与电动进给运动两种方式，电动进给运动方式设计速度为 10 mm/min，主要为替代手动方式的摇轮进行对刀。

铣床的进给运动由交流变频器（GIMK－G5A47P5 或 GIMK－G7A47P5）配交流变频电动机（YPNC－33－5.5－B）实现无级调速。

当需要可调速的连续进给运动时，可将转换开关 SM 转到机动位置，SA5 选到所需要的坐标（*X*，*Y*，*Z*），再按下 SB7 正向或 SB9 反向启动按钮，旋转电位器 RP 即按预定方向和速度运动，再按下 SB8 按钮则进给运动停止。

旋转电位器 RP 通过电压表 PV 来观察进给量，电压表满量程 10 V，对应 *X*、*Y*、*Z* 轴的直线速度为 10～2 000 mm/min。

当需要电动进给运动时，先将转换开关 SA2 转到电动位置，SA5 调到所需要的坐标（*X*，*Y*，*Z*），再按下 SB7 正向或 SB9 反向启动按钮，即按预定方向和 10 mm/min 的速度运动，再按下 SB8 按钮则点动进给停止。

X、*Y*、*Z* 三个坐标分别有限位行程开关，*X* 方向为 SQ1、SQ2、SQ7、SQ8；*Y* 方向为 SQ3、SQ4、SQ9、SQ10；*Z* 方向为 SQ5、SQ6、SQ11、SQ12。当触碰行程开关时进给运动停止，再按下相反方向的启动按钮，即可按旋转电位器 RP 预定的速度反方向运动。

铣床的进给部分除使用交流变频器作为进给无级调速外，还配用数字编码器作为数字或速度反馈，其作用是通过编码器的数字反馈为频率/电压转换电路提供速度反馈信号，发出相应的对称三相信号驱动电路中的定子三相绕组，使电动机的旋转速度趋于稳定。这也是编码器在交流伺服电路中所起的主要作用。

（2）进给运动常见故障

1）机床速度不稳定，如进给电动机转速时快时慢，特别是当切削量大时，起刀进给速度明显下降，首先应该考虑反馈电路（编码器等）无反馈信号或线头接触不良。

2）变频器无输出（电动机不转），一般原因为 RP 电位器连线有断头或 RP 电位器接触不良而开路等。

3）电动机（进给）速度无法调节或快或慢，有时可能造成无法控制，此时可检查电位器 RP、RP1 和 RP2 是否有故障，同时可测量变频器进给速度设定电压 1—2 之间是否有直流 +10 V 输出电压。另外反馈信号编码器断线或接线错误也会引起进给速度的不稳定，如飞车、失速等。

（3）辅助功能电路分析。润滑、冷却及排风电路如图 3—17 所示，主轴制动及装刀、卸刀电路如图 3—18 所示。

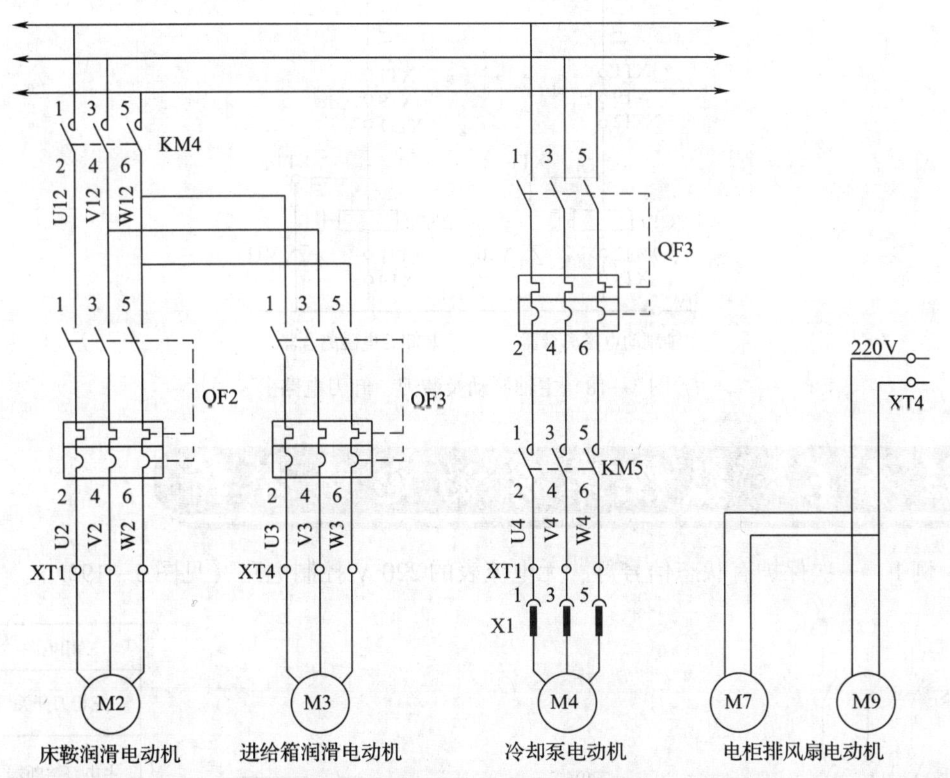

图 3—17　润滑、冷却及排风电路

1）冷却（冷却泵电动机 M4）。当被加工零件需要冷却时，将开关 SA3 转动到接通位置，电动机 M4 即开始工作。

2）润滑（进给箱润滑电动机 M3、床鞍润滑电动机 M2）。当开关 SA4 转动到机动和微动位置时，两个润滑电动机同时启动（HL3、HL4 亮）；当开关 SA4 转到手动位置，两个润滑电动机即停止工作。

3）装刀、卸刀（电动机 M5）。装刀时先将开关 SA4 转到机动或微动位置使制动电磁离合器 YC10 接通，按下装在主轴箱上的装刀按钮 SB6，则启动电动机 M5 实现装刀；卸刀时将开关 SA4 转动到手动位置使 YC10 接通，按压装在主轴箱上的卸刀按钮 SB5 则电动机反转实现卸刀。

4）照明。机床照明采用 24 V 低压，灯的信号为 JC11 -6。

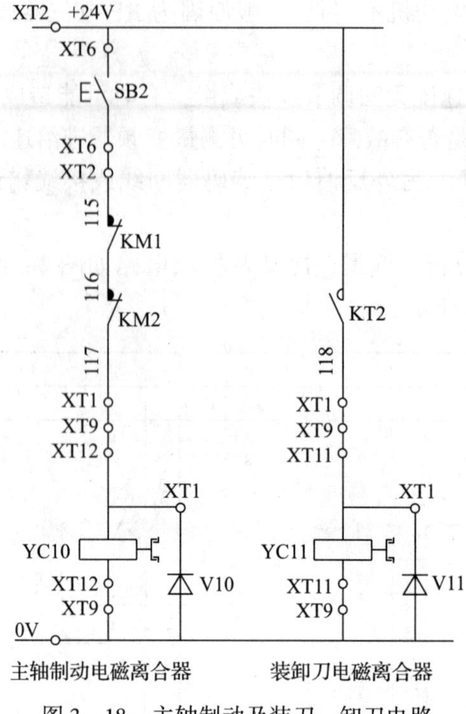

图 3—18 主轴制动及装刀、卸刀电路

项目 3

任务6 数控车床的电路分析

例 1 一次保护有状态信号灯、无电流表的 220 V 控制电路（见图 3—19）

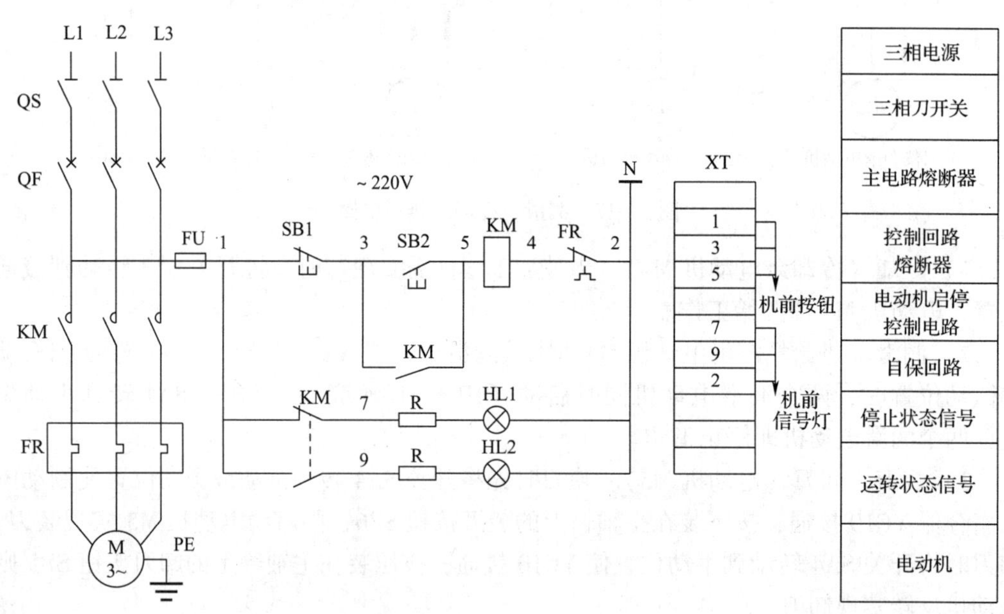

图 3—19 一次保护有状态信号灯、无电流表的 220 V 控制电路

例 2　只有电源信号灯的 380 V 控制电路（见图 3—20）

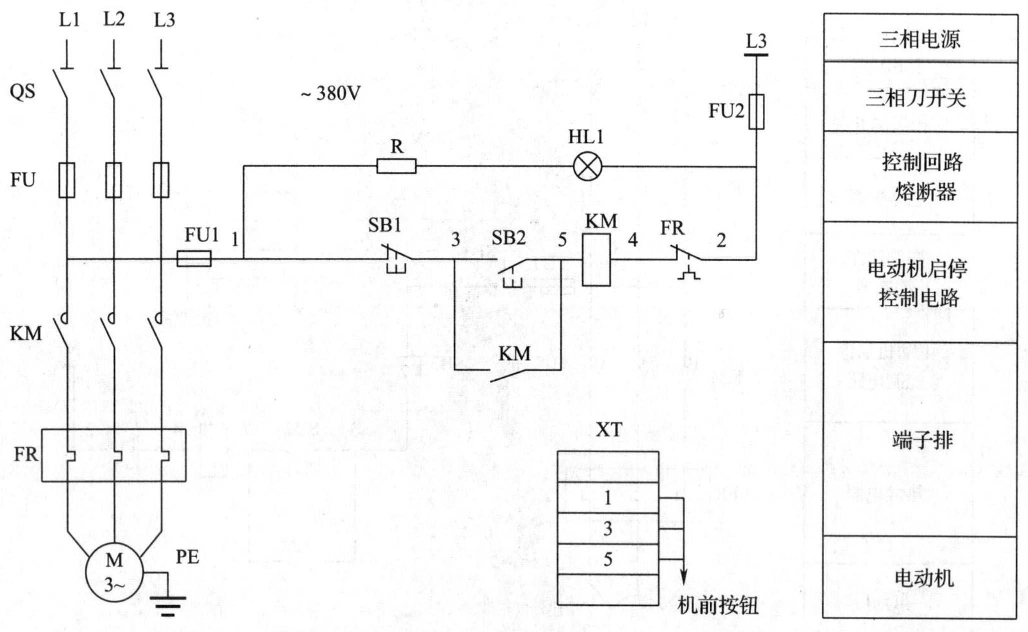

图 3—20　只有电源信号灯的 380 V 控制电路

例 3　一次保护有状态信号灯、单电流表的 380 V 控制电路（见图 3—21）

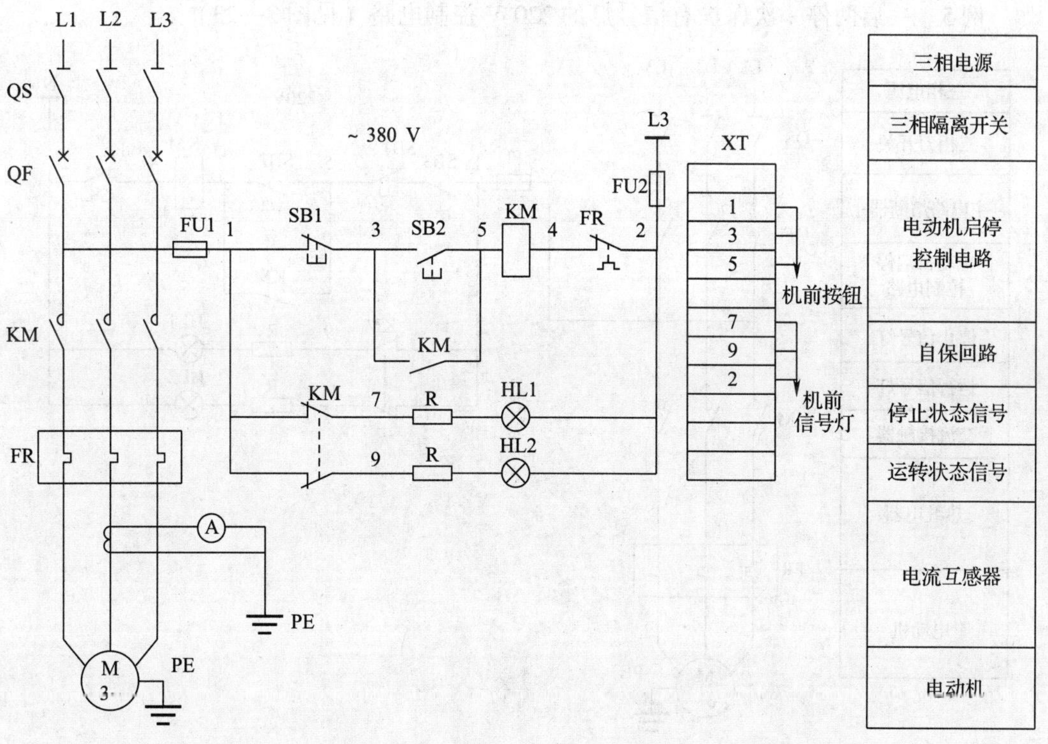

图 3—21　一次保护有状态信号灯、单电流表的 380 V 控制电路

例 4　一启两停无信号灯、电流表的 220 V 控制电路（见图 3—22）

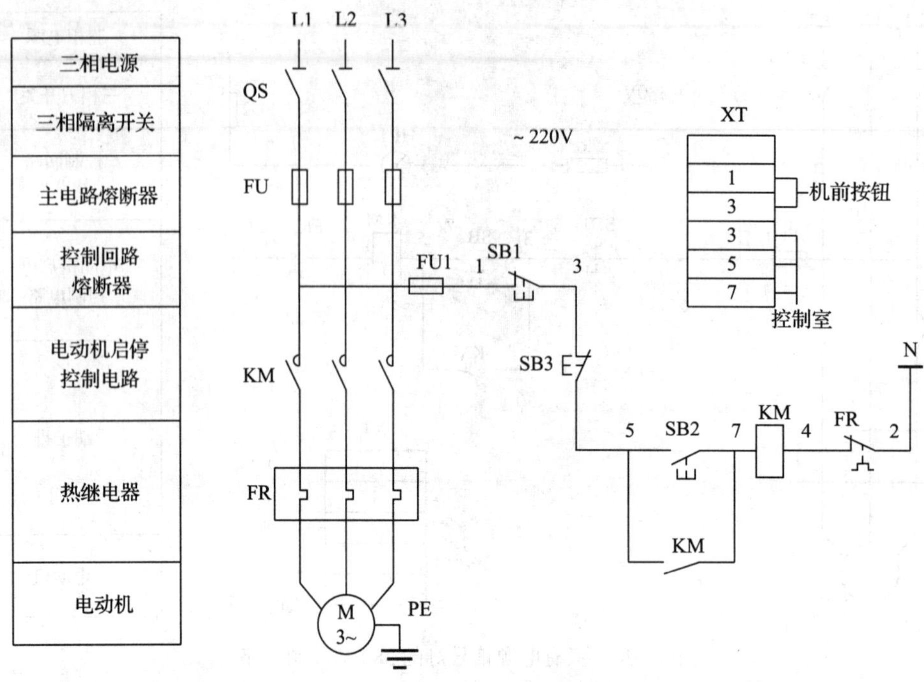

图 3—22　一启两停无信号灯、电流表的 220 V 控制电路

例 5　一启两停一次保护有信号灯的 220 V 控制电路（见图 3—23）

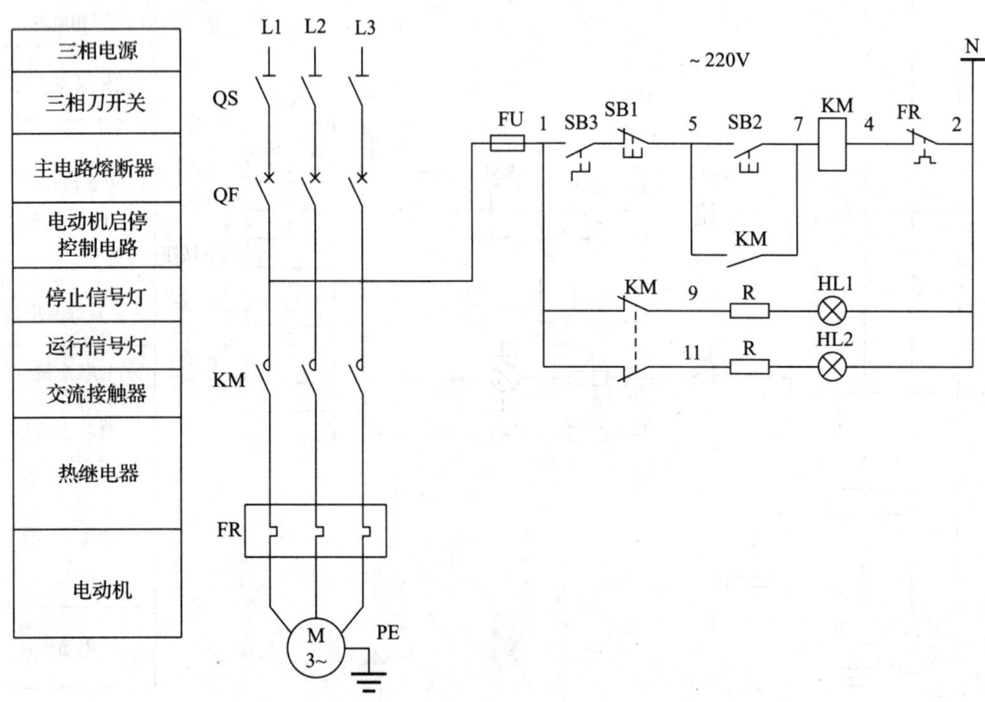

图 3—23　一启两停一次保护有信号灯的 220 V 控制电路

例 6　两处启停无信号灯、电流表的 220 V 控制电路（见图 3—24）

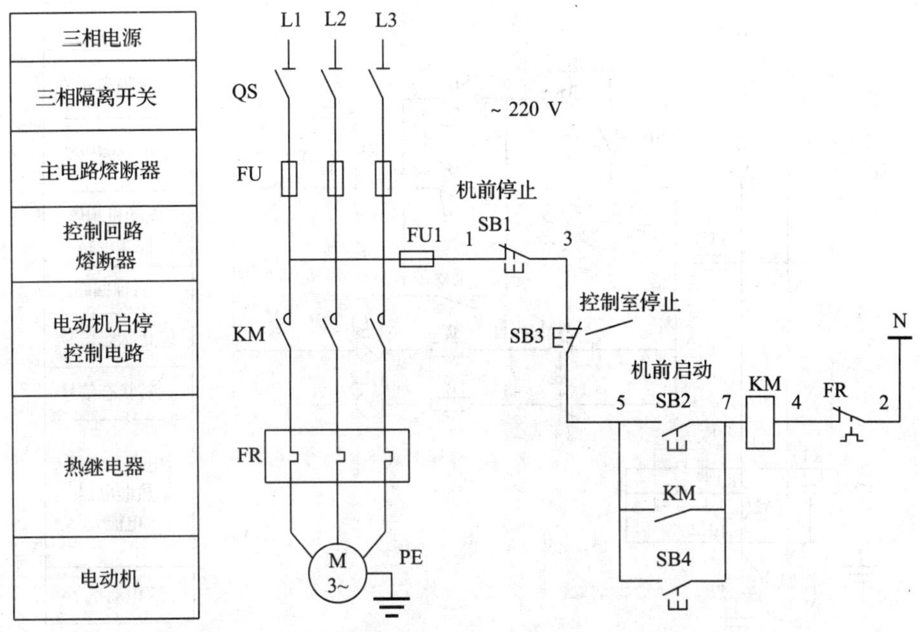

图 3—24　两处启停无信号灯、电流表的 220 V 控制电路

例 7　两处启停二次保护有信号灯、无电流表的 220 V 控制电路（见图 3—25）

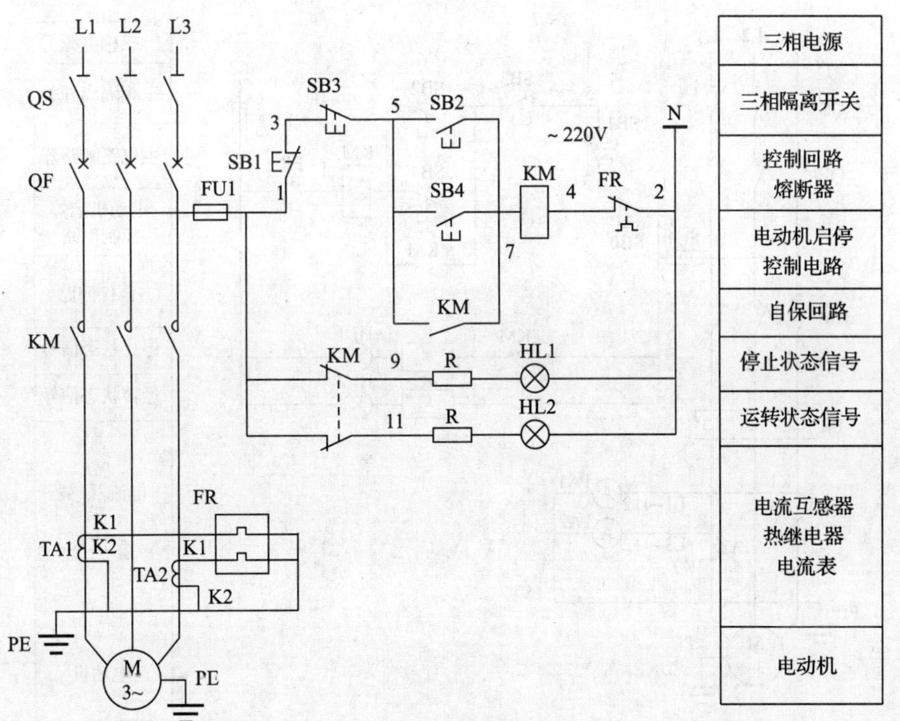

图 3—25　两处启停二次保护有信号灯、无电流表的 220 V 控制电路

例 8　两启三停二次保护有信号灯、无电流表的 220 V 控制电路（见图 3—26）

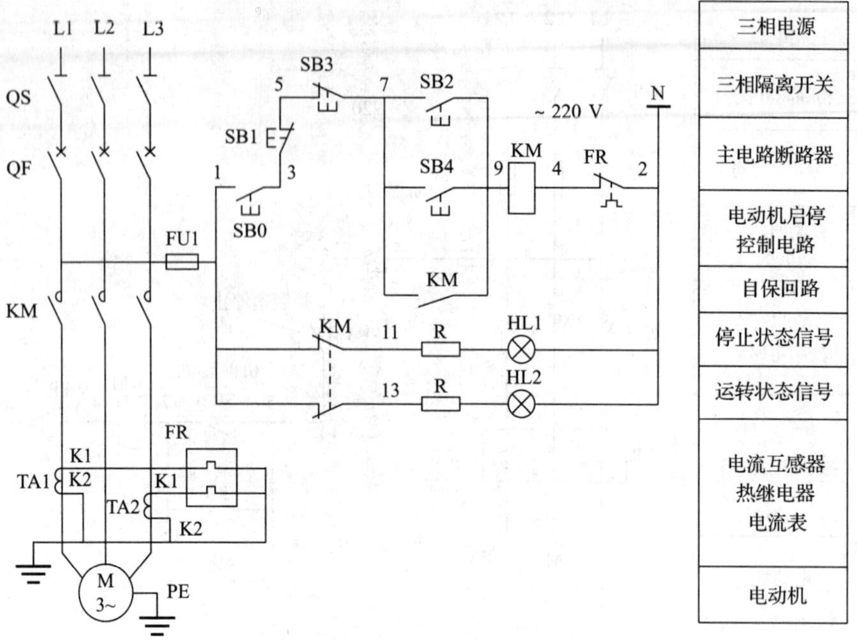

图 3—26　两启三停二次保护有信号灯、无电流表的 220 V 控制电路

例 9　两启三停一次保护有信号灯、电流表的 380 V 控制电路（见图 3—27）

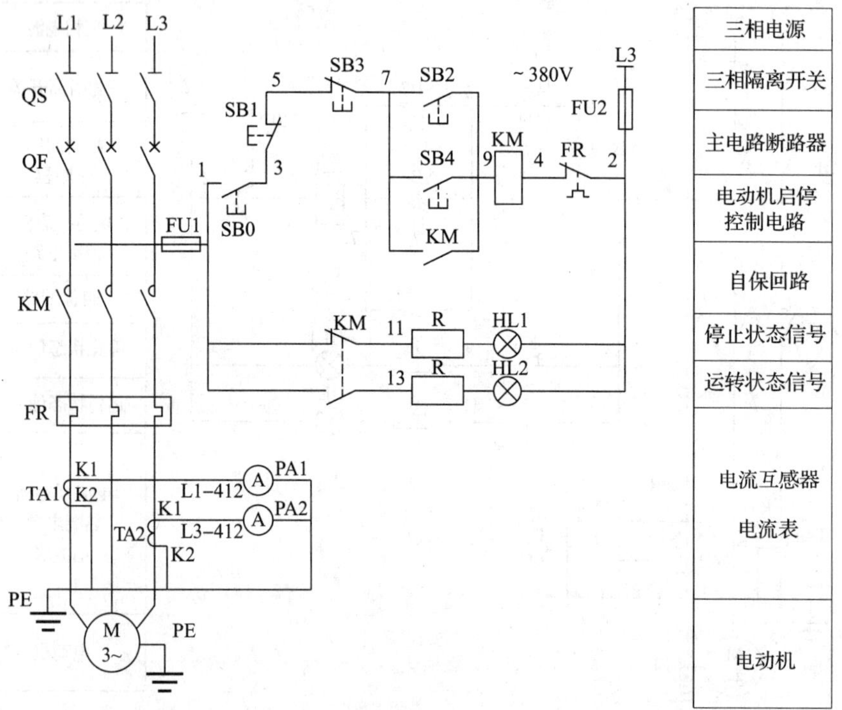

图 3—27　两启三停一次保护有信号灯、电流表的 380 V 控制电路

例 10 点动操作的正反转 220V/380 V 控制电路（见图 3—28）

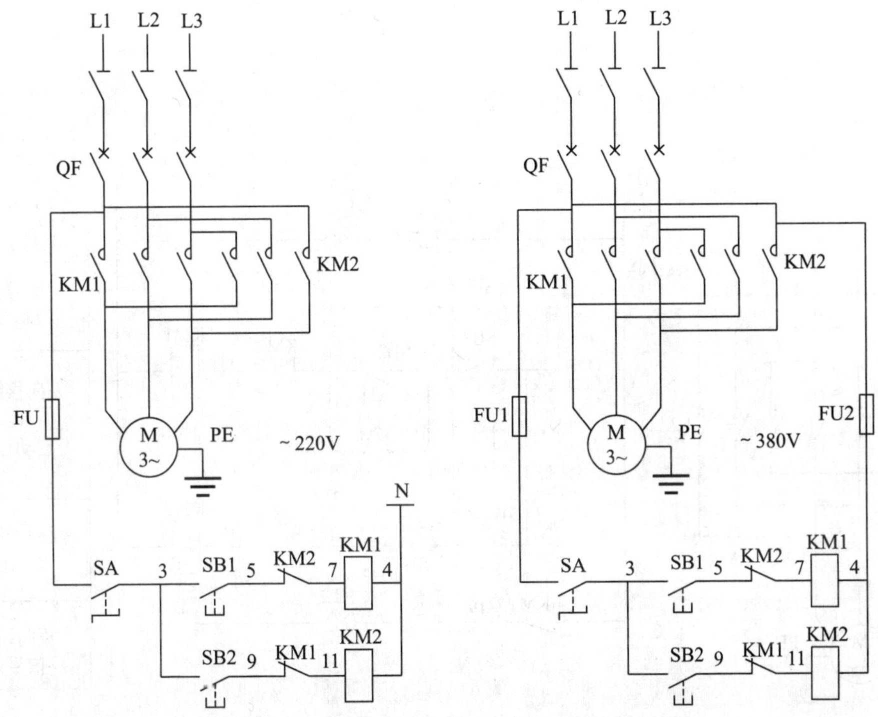

图 3—28 点动操作的正反转 220V/380 V 控制电路

例 11 按钮操作接触器触点联锁的正反转 220 V 控制电路（见图 3—29）

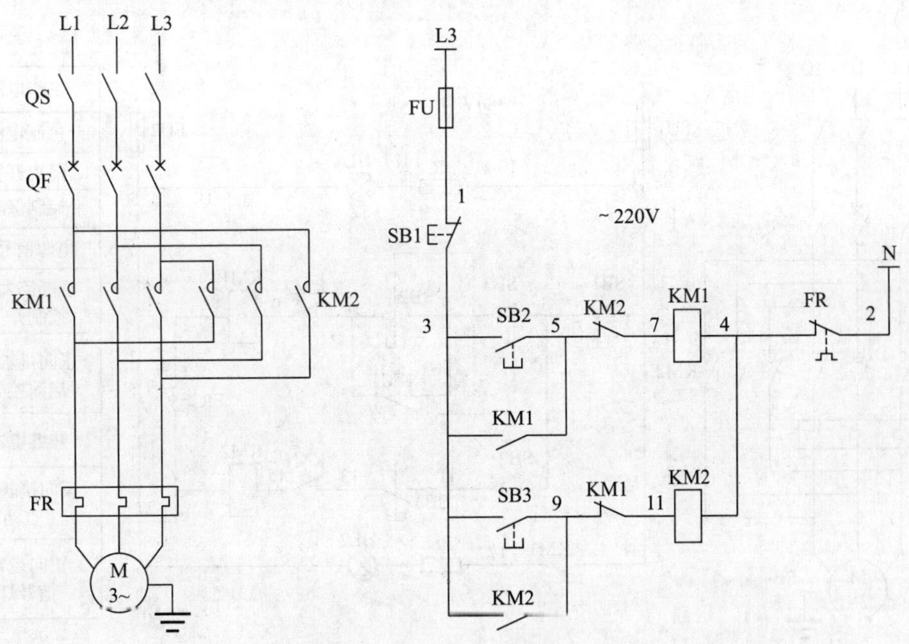

图 3—29 按钮操作接触器触点联锁的正反转 220 V 控制电路

例 12　双重联锁正向连续运转、反向点动运转的正反转 220 V 控制电路（见图 3—30）

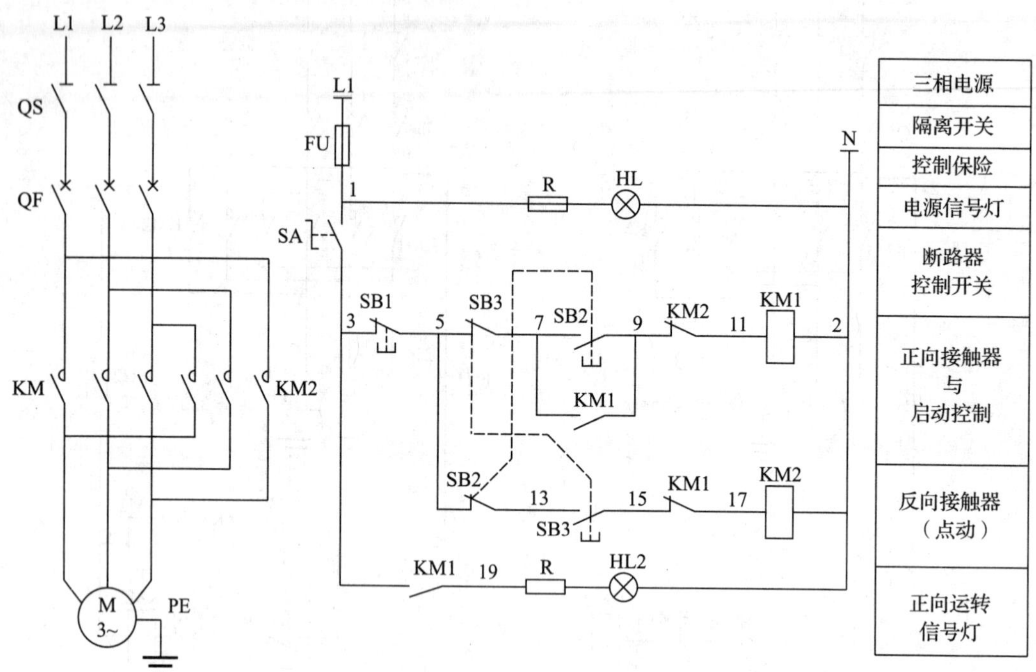

图 3—30　双重联锁正向连续运转、反向点动运转的正反转 220 V 控制电路

例 13　有保护双重联锁正向连续运转、反向点动运转的 380 V 控制电路（见图 3—31）

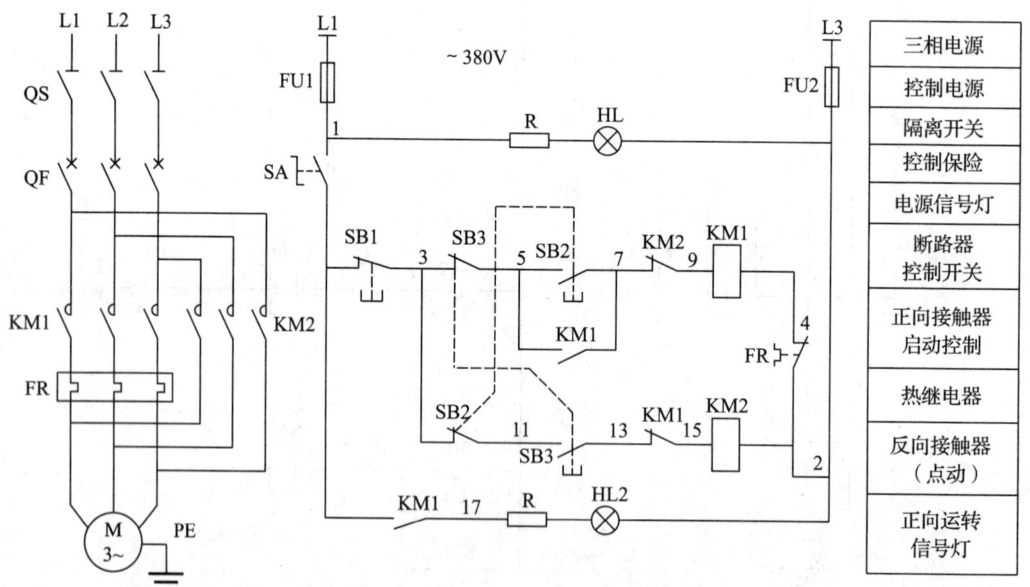

图 3—31　有保护双重联锁正向连续运转、反向点动运转的 380 V 控制电路

例 14 限位开关与接触器触点联锁的正反转 380 V 控制电路（见图 3—32）

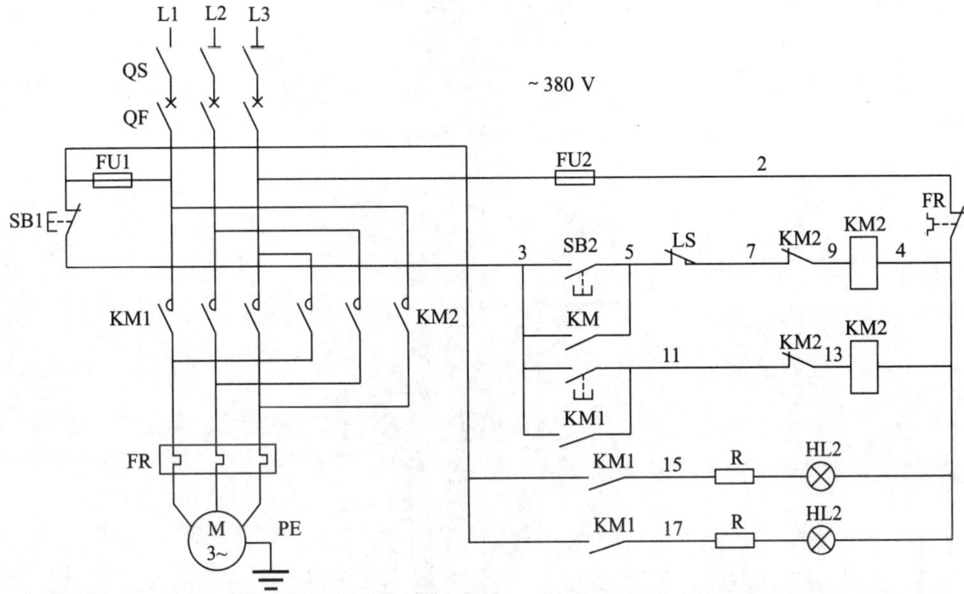

图 3—32 限位开关与接触器触点联锁的正反转 380 V 控制电路

例 15 按时间自动往返双重联锁的正反转 380 V 控制电路（见图 3 33）

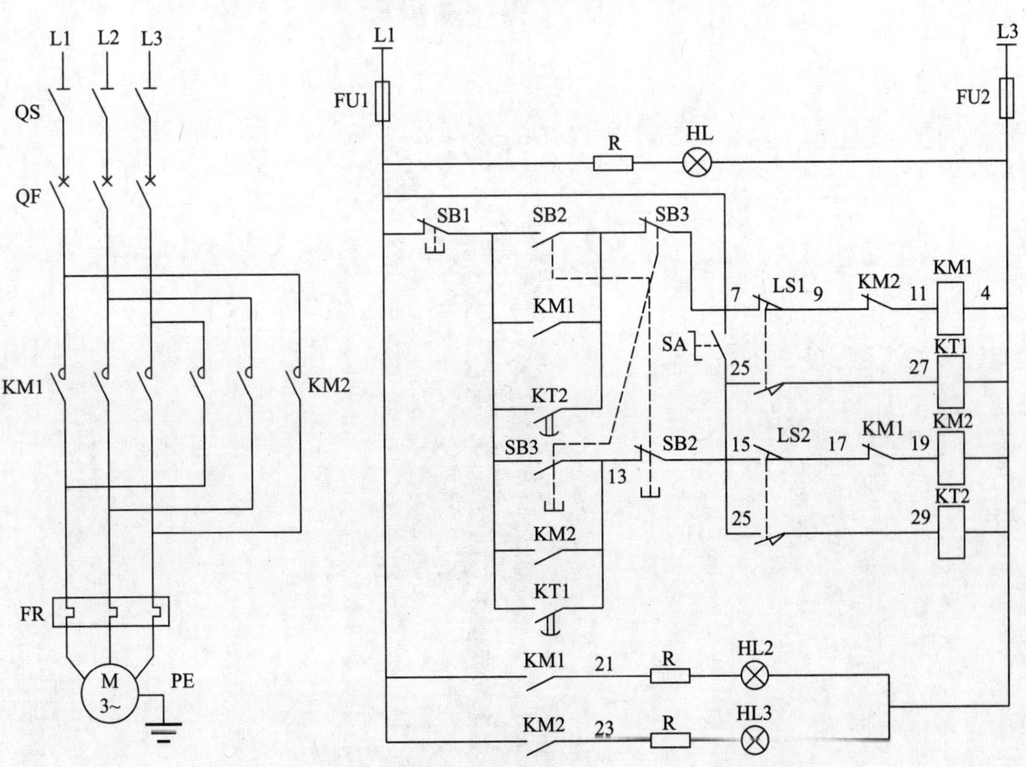

图 3—33 按时间自动往返双重联锁的正反转 380 V 控制电路

项目四

FANUC 数控系统结构与组成单元

任务1 FANUC公司产品简介

产品发展历史

FANUC 公司是全球最大、最著名的 CNC 生产厂家，其产品以高可靠性著称，其技术居世界领先地位。

FANUC 公司的主要产品生产与开发情况如下：

1956 年，开发出日本第 1 台点位控制的 NC。

1959 年，开发出日本第 1 台连续控制的 NC。

1960 年，开发出日本第 1 台开环步进电动机直接驱动的 NC。

1966 年，采用集成电路的 NC 开发成功。

1968 年，全世界首台计算机群控数控系统（DNC）开发成功。

1977 年，开发出第一代闭环控制的 CNC 系列产品 FANUC5/7 与直流伺服电动机。

1979 年，开发出第二代闭环数控系统系列产品 FANUC6 系统。

1982 年，开发出第二代闭环功能精简型数控系统 FANUC3 系统与交流伺服电动机。

1984 年，开发出第三代闭环数控系统 FANUC10/11/12，采用了光缆通信技术。

1985 年，开发出第三代闭环功能精简型数控系统 FANUC 0 系统。

1987 年，开发出 FANUC15 系列的 CNC。

1995—1998 年，开始在 CNC 中应用 IT 网络与总线技术。

2000 年，开发出 FANUC 0i MODEL A 数控系统。

2002 年，开发出 FANUC 0i MODEL B 数控系统。

2003—2005 年，相继开发出 FANUC 30i/31i/32i 系统与 FANUC 0i MODEL C 数控系统。

2008 年，在中国市场推出 FANUC 0i MODEL D 数控系统。

FANUC 0i MODEL C 数控系统可以满足绝大多数 5 轴以内数控机床的控制要求，产品的生产与销售量最大，在国内市场使用最广泛。

最新的 FANUC 0i MODEL D 系统是 FANUC 32i 系统的简化版本。

任务2 FANUC 0i MODEL D 系统功能和主要特点

一、系统伺服采用多通道控制

FANUC 0i TD 系统是 2 个通道，CNC 轴数为 8 轴，2 主轴，联动轴数为 4 轴；FANUC 0i MD 系统是 1 个通道，CNC 轴数为 5 轴、2 主轴，联动轴数为 4 轴；FANUC 0i MateD 系统是 1 个通道，CNC 轴数为 3 轴，1 主轴，联动轴数为 3 轴。

二、具有多种语言指定功能

系统有 18 种语言指定功能，其中汉字显示又分为简体与繁体，机床报警信息可以为汉字显示，更加便于维修。且更改语言后，不需要重启系统，即可生效。

三、加工程序的仿真功能

加工程序可以通过系统仿真来进行程序的检查。程序通过三维图显示，可以更加直观和快捷地进行修改。

四、误操作防止功能

系统误操作功能包含加工程序的误操作、刀偏误操作、坐标偏移误操作及坐标系设定误操作 4 项功能的设定和确认，使机床操作更安全可靠。

五、定期维护功能

定期维护画面是对耗件（如 LED 单元的背光灯管和后备电池等）进行管理的画面。通过这一画面的使用，便于用户管理需要定期更换的耗件。

六、系统参数设定帮助菜单功能

系统参数设定帮助菜单主要是伺服参数的引导和伺服的自动调整设定，使机床达到优化控制，实现数控加工的高精度控制。

七、系统的保护级别的设定功能

系统保护分为 8 个级别，其中 4 ~7 级通过口令进行设定，使系统部分参数安全等级更高，如系统 CNC 参数、系统 PMC 参数等。

八、系统具有以太网功能

标准配置支持 100 Mbps 嵌入式以太网，CNC 可以和个人计算机相连，传输 CNC 程序和监控 CNC 状态。

任务 3 FANUC 0i MODEL D 系统端口功能与连接

一、CNC 的结构和专业术语

CNC 可控制工作机械的位置和速度，用于加工、搬运、印刷机的控制等，应用范围十分广泛。CNC 控制软件由 FANUC 公司开发，于出厂前装入 CNC，机床生产厂和最终用户都不能修改 CNC 控制软件。

使用宏执行程序和 C 语言执行程序时，可附加专用界面和循环加工。

PMC（Programmable Machine Controller）是为机床控制而制作的、装在 CNC 内部的顺序控制器。它读取机床操作面板上（自动运转启动等）按钮的状态，指令（自动运转启动）CNC，并根据 CNC 的状态（报警等）点亮操作盘上的相关指示灯。机床操作面板的开关和指示灯，机床上的限位开关，与 I/O Link 进行通信。根据机床规格和使用目的，由机床生产厂家编制顺序程序。

CNC 控制软件、PMC 控制软件和顺序程序等都储存在快速只读存储器 FROM 中（FROM：可在电气上把内容全部擦除的 ROM）。

通电时，BOOT 系统把这些控制软件传送到 DRAM（Dynamic RAM）中并根据程序进行 CNC 处理。DRAM 在断电后，其中的数据全部消失。

CNC 考虑到了通用性，以便能在各种机床上使用。对于进给轴的进给速度和轴名称等，不同的机床有不同的值，可以在 CNC 参数中进行设定。在 PMC 上使用的计时器和计数器等统称为 PMC 参数。设定的刀具长度及半径补偿量等在机床开发完成后进行修改的数据，均被保存在 SRAM 内。

SRAM 采用后备电池，因此断电后，其内存储的数据不会丢失。

轴移动指令的加工程序记录在 F－ROM 中。但是加工程序的目录记录在 SRAM 中。CNC 控制软件读取 SRAM 内的加工程序，并经插补处理后把移动指令发送给数字伺服软件。

数字伺服 CPU 控制机床的位置、速度和电动机的电流。通常，1 个 CPU 控制 4 个轴。由数字伺服 CPU 运算的结果通过 FSSB 的伺服串行通信总线送到伺服放大器。伺服放大器对伺服电动机通电，驱动电动机回转。

给伺服电动机施加的电压为正弦波电压，用电压和频率控制转矩和转速。

伺服电动机的轴上装有脉冲编码器产生脉冲。由脉冲编码器把电动机的移动量和转子角度送给数字伺服 CPU。

脉冲编码器有断电后还能监视机床位置的绝对脉冲编码器和上电后检测移动量的增量脉冲编码器两种。

机床上有名为参考点（机械原点）的基准点。绝对编码器一旦设定参考点完成后，接上电源即可知道机床的位置，所以机床的可以立即运转。

增量编码器为了使机床位置和 CNC 内部的机床坐标一致，每次接通电源后，都要进行返回参考点的操作。

手摇脉冲发生器（Manual Pulse Generator：MPG）是选择功能。手摇脉冲发生器通过 I/O Link 进行连接。

SRAM 中存储的各种数据的输入和输出可以使用阅读机/穿孔机接口（相当于 RS232－C）或者存储卡。

二、FANUC 0i MODEL D 系统端口功能与连接

1. 系统接口

FANUC 0i MODEL D 系统硬件在硬件上做了很多增加，如标配以太网口（mate 的不含）、系统状态显示数码管等。图 4—1 所示为 FANUC 0i D/0i mate D 系统接口。

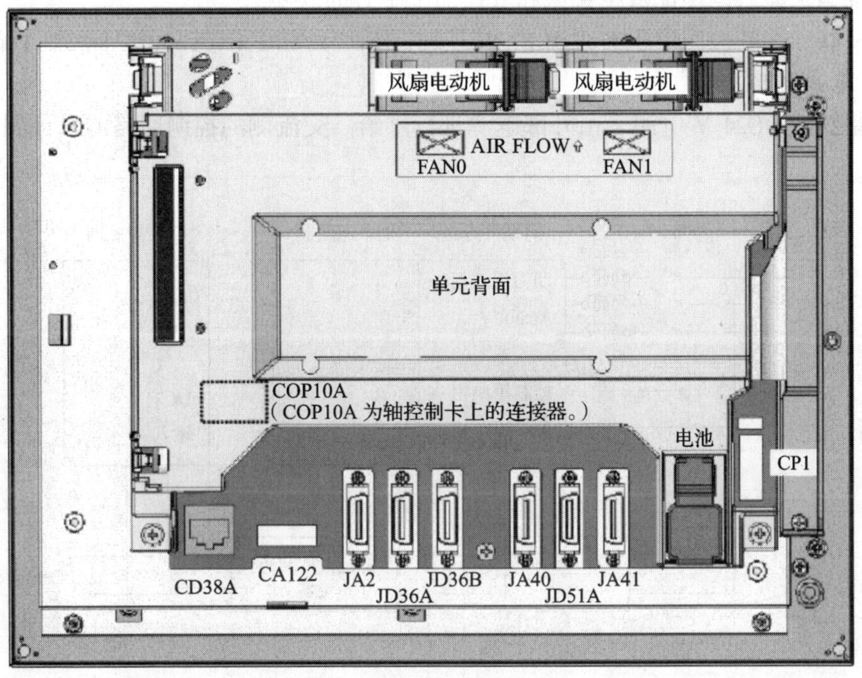

图 4—1　FANUC 0i D/0i mate D 系统接口

2. 系统各端子的功能（见表 4—1）

表 4—1　**FANUC 0i D 系统各接口功能**

端口号	用途
COP10A	伺服 FSSB 总线接口，此口为光缆口
CD38A	以太网接口
CA122	系统软键信号接口
JA2	系统 MDI 键盘接口
JD36A/JD36B	RS－232－C 串行接口 1/2
JA40	模拟主轴信号接口/高速跳转信号接口
JD51A	I/O link 总线接口
JA41	串行主轴接口/主轴独立编码器接口
CP1	系统电源输入（DC24 V）

3. 数控车床与数控铣床常见的系统型号

数控车床一般采用 FANUC 0i TD 和 FANUC 0i mate TD 两种系统，通过选配不同的伺服系统与功能，能保证自动车削加工的需要。

数控铣床一般采用 FANUC 0i MD 和 FANUC 0i mate MD 两种系统，通过选配不同的伺服系统与功能，能保证数控铣床和数控加工中心的需要。

在一些高端的机床中也有采用 FANUC 16i/18i/21i 和 FANUC 30i/31i/32i 系统的。

4. 电源连接

控制器的 DC24 V 电源，由外部电源进行供给。交流侧的控制回路的设计如图 4—2 所示。

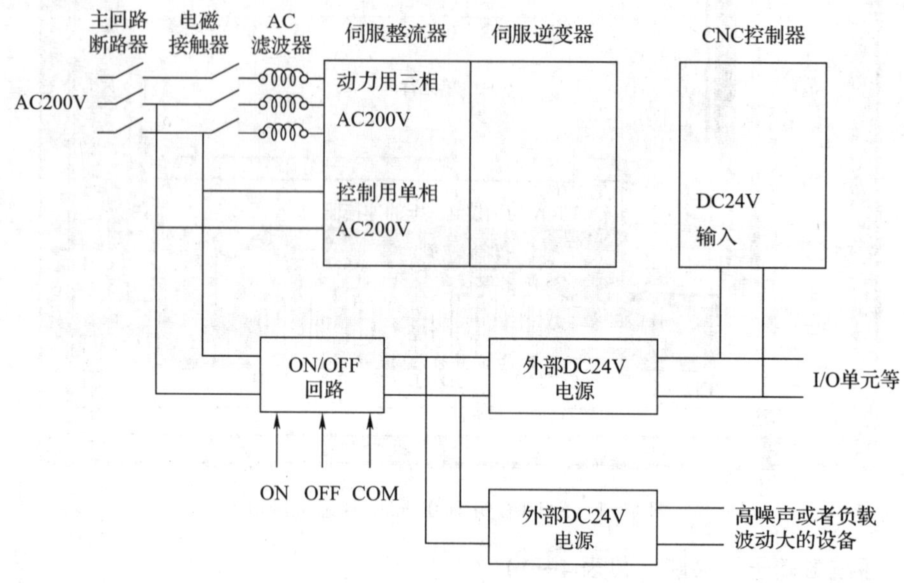

图 4—2　电源连接

为了避免噪声和电压波动对 CNC 的影响，建议采用独立的电源单元对 CNC 进行供电。另外，在使用 PC 功能的场合，停电等瞬间断电的情况都可能造成数据内容遭到破坏，所以建议考虑配置后备电源。

使用重力轴时，停电时重力轴将会有下落，需要选择交流电源切断之后保持时间长的后备直流电源。CNC 的供电电压在 21.6 V 以下时伺服励磁将会被关断。AC 电源关断后 DC24 V 电源如果保持的时间过短，重力轴的下落量可能较大。所以一般来说，建议选用充足的电源容量。

电源规格见表 4—2。

表 4—2　　电源规格

项目	规定	备注
输出电压	+24 V ±10%	21.6 ~26.4 V
输出电流	连续负载电流在 CNC 单元所需电流以上	—
负载变动	上述输出电压范围之外	—
AC 输入	10 msec（－100% 时） 20 msec（－50% 时）	—
DC24V	0.5 msec（21.6 V 未满）	—

三、FANUC 伺服系统

1. FANUC 伺服系统的构成

如果说 CNC 控制系统是数控机床的大脑和中枢，那么伺服和主轴驱动就是数控机床的四肢，它们是大脑的执行机构。

FANUC 驱动部分在硬件结构上主要有以下四个组成部分：

（1）轴卡。轴卡就是接光缆的那块 PCB 板，在现今的全数字伺服控制中，已经将伺服控制的调节方式、数学模型甚至脉宽调制以软件的形式融入系统软件中，而硬件支撑采用专用的 CPU 或 DSP 等，这些部件最终集成在轴控制卡上。轴卡的主要作用是速度控制与位置控制，如图 4—3 所示。

图 4—3 轴卡

（2）放大器。接收轴卡（通过光缆）输入的光信号转换为脉宽调制信号，经过前级发达驱动 IGBT 模块输出电动机电流，如图 4—4 所示。

图 4—4 放大器

（3）电动机。包括伺服电动机或主轴电动机，放大器输出的驱动电流产生旋转磁场，驱动转子旋转，如图 4—5 所示。

（4）反馈装置。由电动机轴直连的脉冲编码器作为半闭环反馈装置。FANUC 早期的产品使用旋转变压器做半闭环位置反馈、测速发电机作为速度反馈，现在这种结构已经被淘汰。伺服电动机编码器如图 4—6 所示。

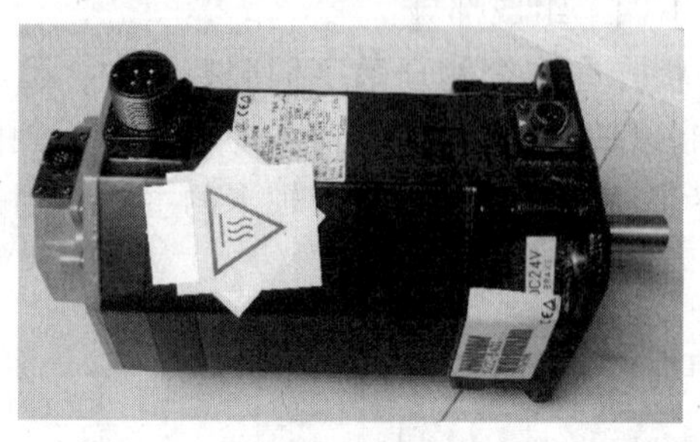

图 4—5　伺服电动机

图 4—6　伺服电动机编码器

相互关系：轴卡（1）接口 COP10A 输出脉宽调制指令，并通过 FSSB（Fanuc Serial Servo Bus，FANUC 串行伺服总线）光缆与伺服放大器（2）接口 COP10B 相连，伺服放大器整形放大后，通过动力线输出驱动电流到伺服电动机（3），电动机转动后，同轴的编码器（4）将速度反馈和位置反馈到 FSSB 总线上，最终回到轴卡上进行处理，如图 4—7 所示。

图 4—7　FSSB 的连接

2. FANUC 伺服放大器与伺服电动机接口的含义

传统的伺服控制将速度环与电流环控制集成在伺服单元上，现在 FANUC 0i 系列伺服已经将这三个控制环节通过软件的方式融入 CNC 系统中，在 FANUC 0D 系统中有单独的数字伺服软件 Servo ROM；在 FANUC 0i 系列中伺服软件装在系统 F - ROM 中，支撑它的硬件是 DSP（数字信号处理器）。电动机前面的模块已不再称为伺服，FANUC 将其称为放大器，因为驱动模块仅起末级功率驱动的作用，不再有速度环与电流环的作用。

FANUC 公司伺服驱动系统大致可以分为 αi、βi 系列伺服驱动系统，这两种系统虽然在性能上有所区别，但在外围电路连接上却有很多相似之处。

αi 系列伺服由 PSM（电源模块）、SPM（主轴放大器模块）、SVM（伺服放大器模块）三部分组成。FANUC 放大器连接如图 4—8、图 4—9 所示。

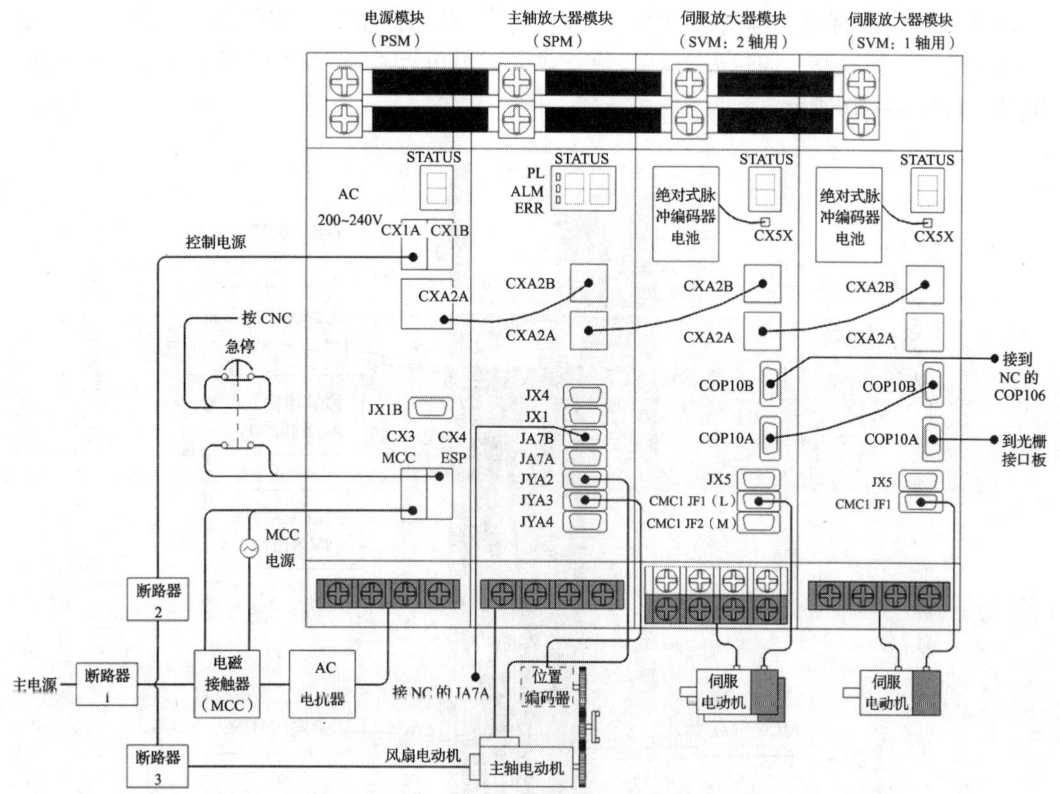

图 4—8　放大器连接

图 4—9　驱动模块

PSM（电源模块）是为主轴和伺服提供逆变直流电源的模块，三相 200 V 交流输入经 PSM 处理后向直流母排输送 DC300 V 电压供主轴和伺服放大器使用。另外，PSM 模块还有输入保护电路，通过外部急停信号或内部继电器控制 MCC 主接触器，起到保护作用，如图 4—10 所示。

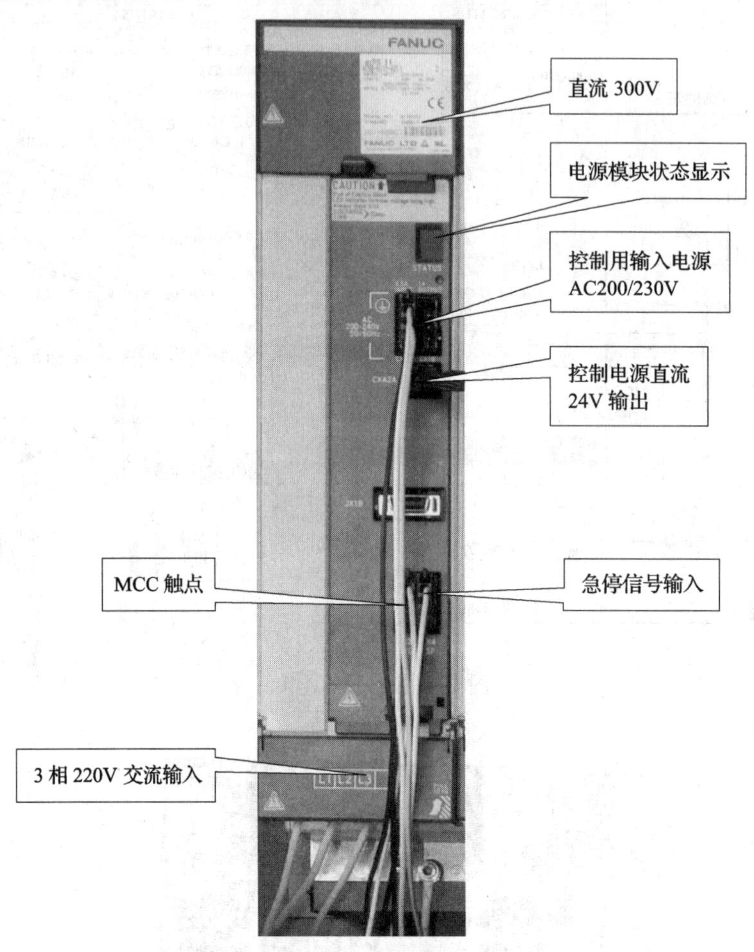

图 4—10　PSM 电源模块

SPM（主轴放大器模块）用于接收 CNC 数控系统发出的串行主轴指令，该指令格式是 FANUC 公司主轴产品通信协议，所以又被称为 FANUC 数字主轴，与其他公司产品没有兼容性。该主轴放大器经过变频调速控制向 FANUC 主轴电动机输出动力电。该放大器 JY2 和 JY4 接口分别接收主轴速度反馈和主轴位置编码器信号，如图 4—11 所示。

SVM（伺服放大器模块）用于接收通过 FSSB 输入的 CNC 轴控制指令，驱动伺服电动机按照指令运转，同时 JF1、JF2 接口伺服电动机编码器反馈信号，并将位置信息通过 FSSB 光缆传输到 CNC 中，如图 4—12 所示。

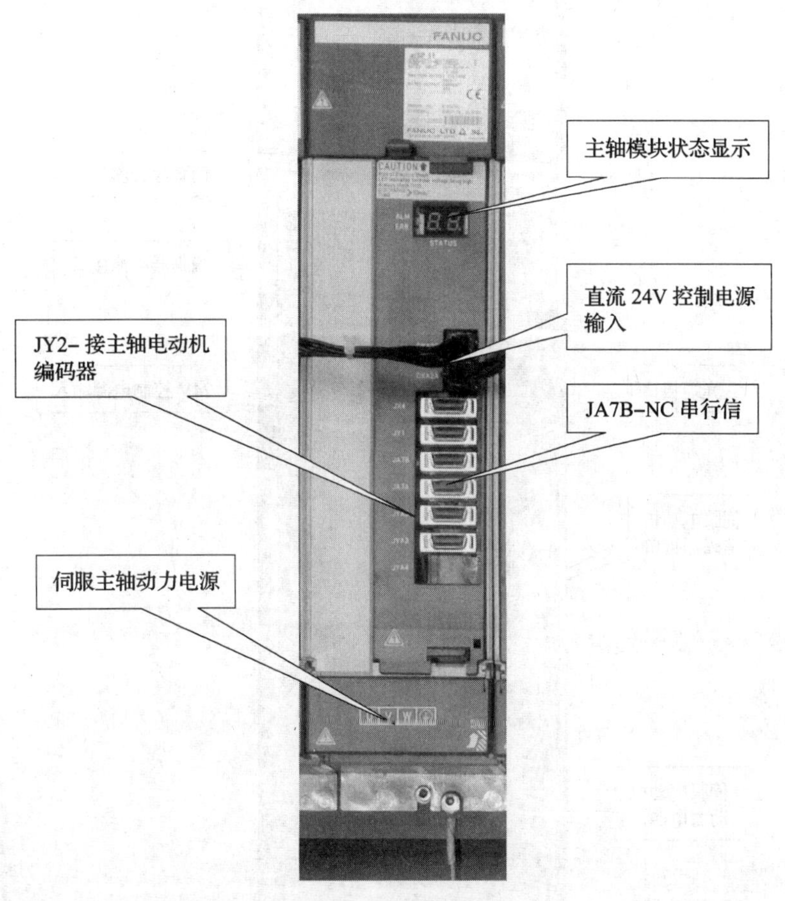

图 4—11　主轴放大器

四、FANUC 的 PMC 单元与 I/O LINK 连接

1. FANUC PMC 的构成

FANUC PMC 的工作原理与其他自动化设备的 PLC 工作原理相同，只是 FANUC 公司根据数控机床特点开发了专用的功能指令以及相匹配的硬件结构。目前 FANUC 数控产品将 PMC 内置，不需要独立的 PLC 设备，PMC 已成为数控系统的重要组成部分，CNC、伺服与主轴驱动、PMC 三大部分构成完整的数控系统。

FANUC PMC 是由内装 PMC 软件、接口电路、外围设备（接近开关、电磁阀、压力开关等）构成。连接主控系统与从属 I/O 接口设备的电缆为高速串行电缆，称为 I/O LINK，它是 FANUC 专用 I/O 总线，连接方式如图 4—13 所示，其工作原理与欧洲标准工业总线 Profibus 类似，但通信协议不一样。另外，通过 I/O LINK 可以连接 FANUC β 系列伺服驱动模块，作为 I/O LINK 轴使用。

通过 RS232 或以太网，FANUC 系统可以连接 PC 机，对 PMC 接口状态进行在线诊断、编辑、修改梯形图等。

伺服放大器状态
编码器电池接口
光缆接口
24V 控制电源输入
伺服电动机
编码器接口
伺服电动机
动力电源

图 4—12 伺服放大器

操作面板
分线盘 I/O 模块
伺服放大器 βiSV 系列
（I/O Link 接口）
交流伺服电动机
βiSV 系列

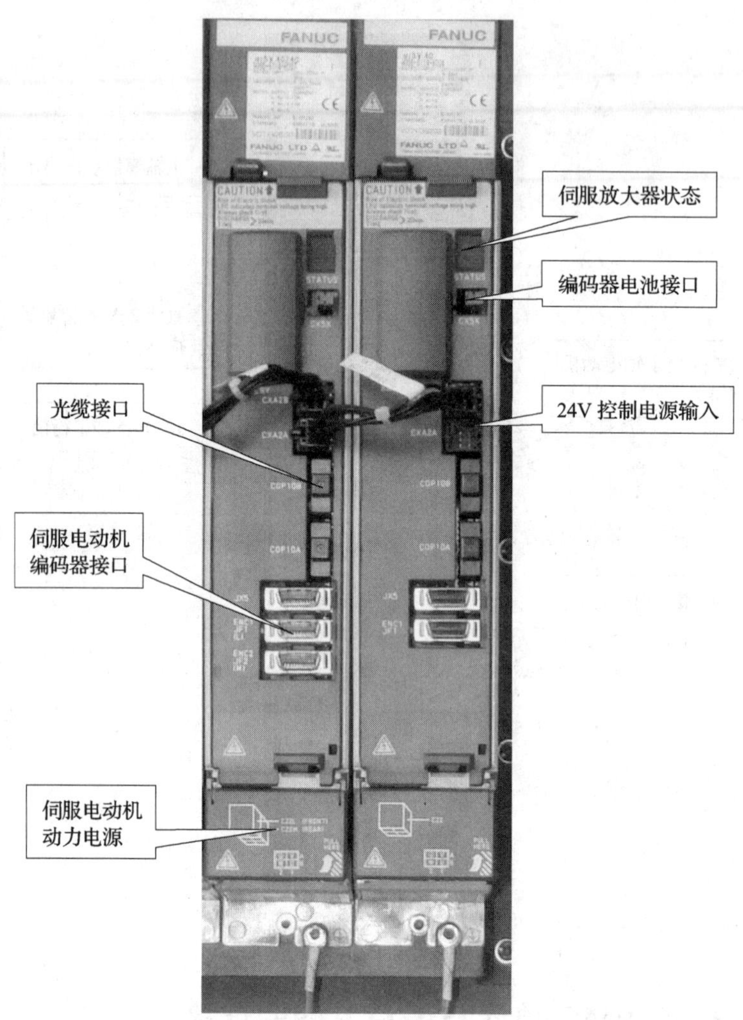

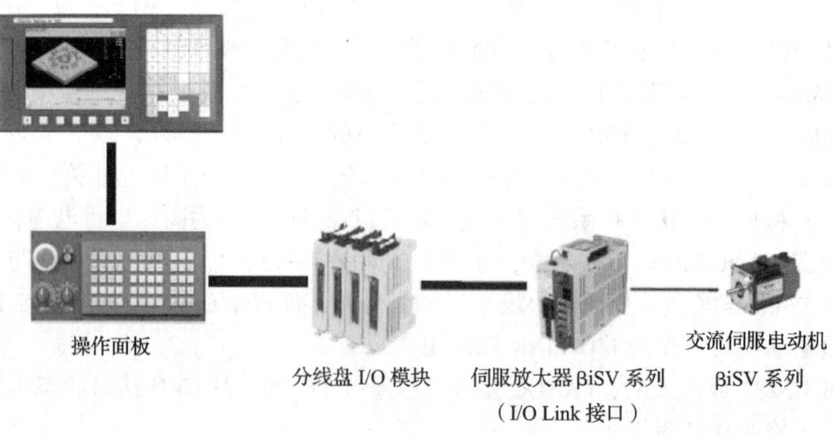

a）

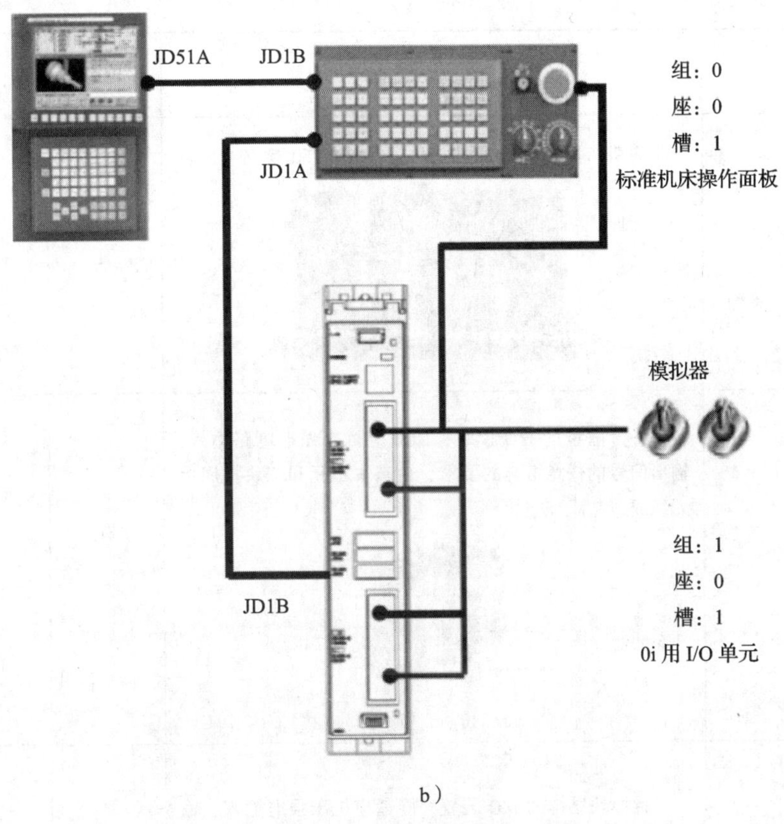

b）

图 4—13　I/O LINK 连接

2. 常用的 PMC 模块

在 FANUC 系统中 I/O 单元的种类很多，常用的模块见表 4—3。

表 4—3　　常用的 PMC 模块

装置名	说明	手轮连接	信号点数 输入/输出
0i 用 I/O 单元模块	最常用的 I/O 模块	有	96/64
机床操作面板模块	装在机床操作面板上带有矩阵开关和 LED	有	96/64

续表

装置名	说明	手轮连接	信号点数 输入/输出
操作盘 I/O 模块	带有机床操作盘接口的装置，在 FANUC 0i 系统上常见 	有	48/32
分线盘 I/O 模块	一种分散型的 I/O 模块，能适应机床强电电路输入、输出信号的任意组合的要求，由基本单元和三块扩展单元组成 	有	96/64
FANUC I/O UNIT A/B	一种模块结构的 I/O 装置，能适应机床强电输入、输出任意组合的要求 	无	最大 256/256
I/O LINK 轴	使用 β 系列 SVU（带 I/O LINK）可以通过 PMC 外部信号来控制伺服电动机进行定位 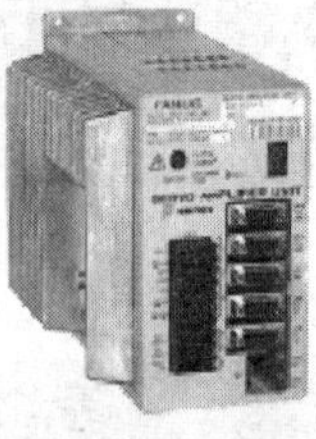	无	128/128

3. I/O 模块输入/输出的连接

(1) I/O 模块输入/输出信号的连接。当进行输入/输出信号的连线时，要注意系统的 I/O 对于输入（局部）/输出的连接方式有两种，按电流的流动方向分源型输入（局部）/输出和漏型（局部）输入/输出，而决定使用哪种方式的连接由 DICOM/DOCOM 输入和输出的公共端来决定。

1）漏型输入。作漏型输入使用时，把 DICOM 端子与 0V 端子相连接，如图 4—14 所示。

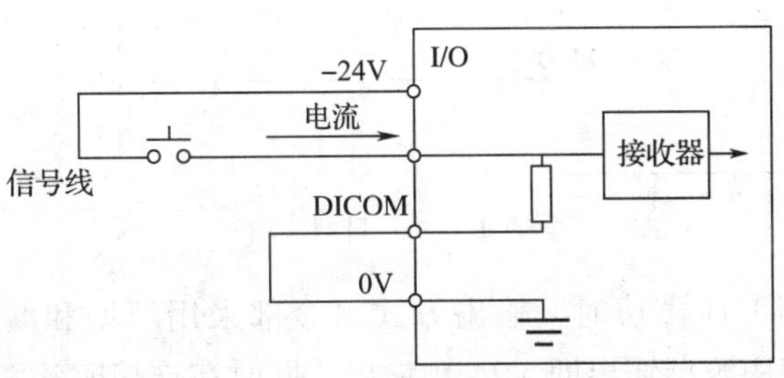

图 4—14　漏型输入

2）源型输入。作源型输入使用时，把 DICOM 端子与 +24 V 端子相连接，如图 4—15 所示。

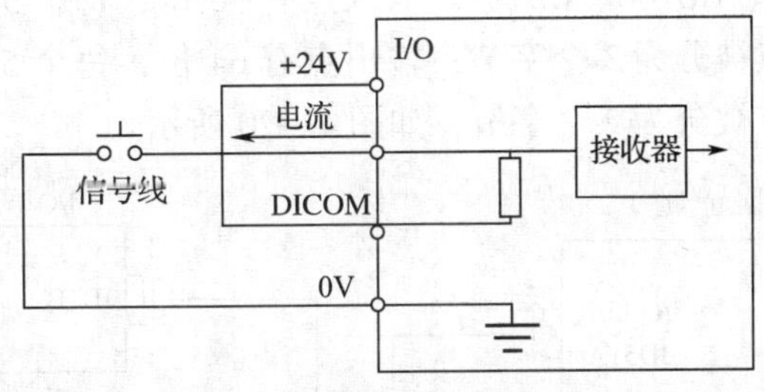

图 4—15　源型输入

通常情况下当使用分线盘等 I/O 模块时，局部可选择一组 8 点信号连接成漏型和源型输入通过 DICOM 端。原则上建议采用漏型输入即 +24 V 开关量输入（高电平有效），避免信号端接地的误动作。

3）源型输出。把驱动负载的电源接在印制电路板的 DOCOM 上（电流是从印制电路板上流出的，所以称为源型），如图 4—16 所示。

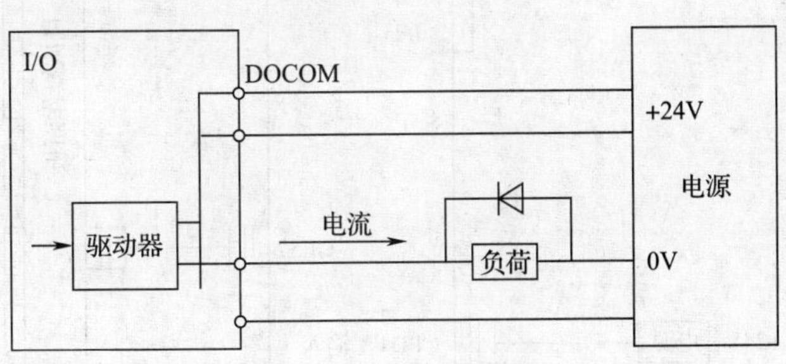

图 4—16　源型输出

4）漏型输出。PMC 接通输出信号（Y）时，印制电路板内的驱动回路即动作，输出端子电压变为 0 V（电流是流入印制电路板的，所以称为漏型），如图 4—17 所示。

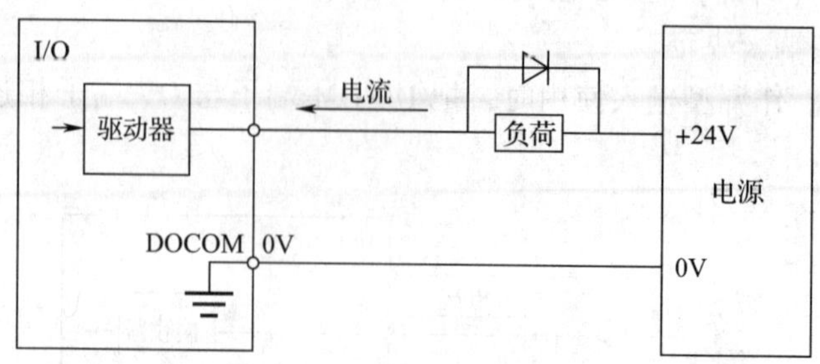

图 4—17　漏型输出

当使用分线盘等 I/O 模块时，输出方式可全部采用源型和漏型输出通过 DOCOM 端，安全起见推荐使用源型输出即 +24 V 输出，同时在连接时注意续流二极管的极性，以免造成输出短路。

（2）0i 用 I/O 模块连接示例（见图 4—18）。0i C 用 I/O 模块是配置 FANUC 系统的数控机床使用最为广泛的 I/O 模块，如图 4—19 所示，采用 4 个 50 芯插座连接的方式，分别是 CB104、CB105、CB106、CB107。输入点有 96 位，每个 50 芯插座中包含 24 位的输入点，这些输入点被分为 3 个字节；输出点有 64 位，每个 50 芯插座中包含 16 位的输出点，这些输出点被分为 2 个字节，如图 4—20 所示。

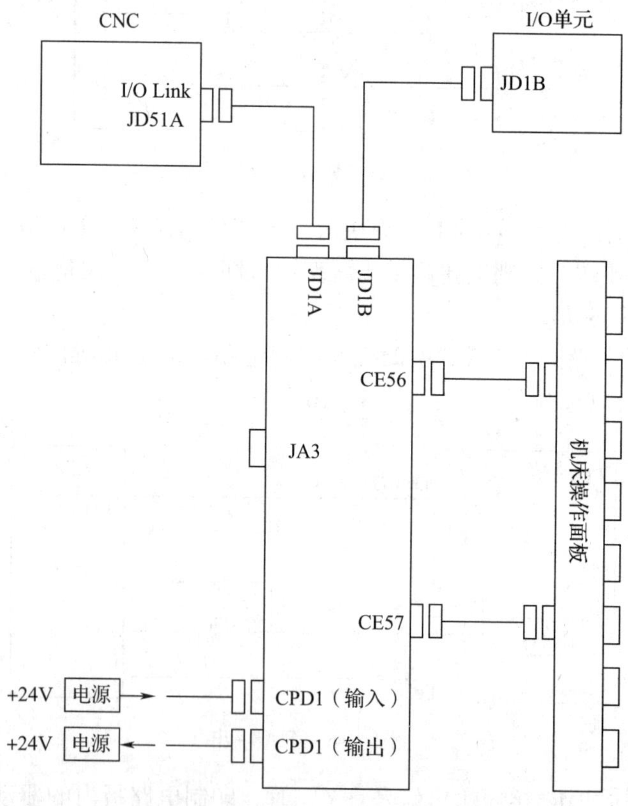

图 4—18　0i 用 I/O 模块连接示例

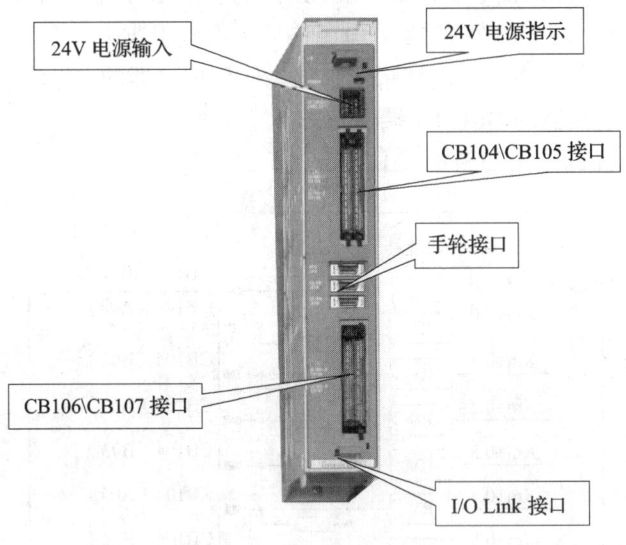

图 4—19 0i 用 I/O 模块

CB104 HIROSE 50PIN

	A	B
01	0V	+24V
02	Xm+0.0	Xm+0.1
03	Xm+0.2	Xm+0.3
04	Xm+0.4	Xm+0.5
05	Xm+0.6	Xm+0.7
06	Xm+1.0	Xm+1.1
07	Xm+1.2	Xm+1.3
08	Xm+1.4	Xm+1.5
09	Xm+1.6	Xm+1.7
10	Xm+2.0	Xm+2.1
11	Xm+2.2	Xm+2.3
12	Xm+2.4	Xm+2.5
13	Xm+2.6	Xm+2.7
14		
15		
16	Yn+0.0	Yn+0.1
17	Yn+0.2	Yn+0.3
18	Yn+0.4	Yn+0.5
19	Yn+0.6	Yn+0.7
20	Yn+1.0	Yn+1.1
21	Yn+1.2	Yn+1.3
22	Yn+1.4	Yn+1.5
23	Yn+1.6	Yn+1.7
24	DOCOM	DOCOM
25	DOCOM	DOCOM

CB105 HIROSE 50PIN

	A	B
01	0V	+24V
02	Xm+3.0	Xm+3.1
03	Xm+3.2	Xm+3.3
04	Xm+3.4	Xm+3.5
05	Xm+3.6	Xm+3.7
06	Xm+8.0	Xm+8.1
07	Xm+8.2	Xm+8.3
08	Xm+8.4	Xm+8.5
09	Xm+8.6	Xm+8.7
10	Xm+9.0	Xm+9.1
11	Xm+9.2	Xm+9.3
12	Xm+9.4	Xm+9.5
13	Xm+9.6	Xm+9.7
14		
15		
16	Yn+2.0	Yn+2.1
17	Yn+2.2	Yn+2.3
18	Yn+2.4	Yn+2.5
19	Yn+2.6	Yn+2.7
20	Yn+3.0	Yn+3.1
21	Yn+3.2	Yn+3.3
22	Yn+3.4	Yn+3.5
23	Yn+3.6	Yn+3.7
24	DOCOM	DOCOM
25	DOCOM	DOCOM

CB106 HIROSE 50PIN

	A	B
01	0V	+24V
02	Xm+4.0	Xm+4.1
03	Xm+4.2	Xm+4.3
04	Xm+4.4	Xm+4.5
05	Xm+4.6	Xm+4.7
06	Xm+5.0	Xm+5.1
07	Xm+5.2	Xm+5.3
08	Xm+5.4	Xm+5.5
09	Xm+5.6	Xm+5.7
10	Xm+6.0	Xm+6.1
11	Xm+6.2	Xm+6.3
12	Xm+6.4	Xm+6.5
13	Xm+6.6	Xm+6.7
14	COM4	
15		
16	Yn+4.0	Yn+4.1
17	Yn+4.2	Yn+4.3
18	Yn+4.4	Yn+4.5
19	Yn+4.6	Yn+4.7
20	Yn+5.0	Yn+5.1
21	Yn+5.2	Yn+5.3
22	Yn+5.4	Yn+5.5
23	Yn+5.6	Yn+5.7
24	DOCOM	DOCOM
25	DOCOM	DOCOM

CB107 HIROSE 50PIN

	A	B
01	0V	+24V
02	Xm+7.0	Xm+7.1
03	Xm+7.2	Xm+7.3
04	Xm+7.4	Xm+7.5
05	Xm+7.6	Xm+7.7
06	Xm+10.0	Xm+10.1
07	Xm+10.2	Xm+10.3
08	Xm+10.4	Xm+10.5
09	Xm+10.6	Xm+10.7
10	Xm+11.0	Xm+11.1
11	Xm+11.2	Xm+11.3
12	Xm+11.4	Xm+11.5
13	Xm+11.6	Xm+11.7
14		
15		
16	Yn+6.0	Yn+6.1
17	Yn+6.2	Yn+6.3
18	Yn+6.4	Yn+6.5
19	Yn+6.6	Yn+6.7
20	Yn+7.0	Yn+7.1
21	Yn+7.2	Yn+7.3
22	Yn+7.4	Yn+7.5
23	Yn+7.6	Yn+7.7
24	DOCOM	DOCOM
25	DOCOM	DOCOM

图 4—20 输入点与输出点

连接器（CB104、CB105、CB106、CB107）的引脚 B01（+24 V）用于 DI 输入信号，它输出 DC24 V，不要将外部 24 V 电源连接到这些引脚上。

每个 DOCOM 端都连在印制电路板上，如果使用连接器的 DO 信号（Y），请确定输入 DC24 V 到每个连接器的 DOCOM 端。

CB104 输入单元的连接如图 4—21 所示。

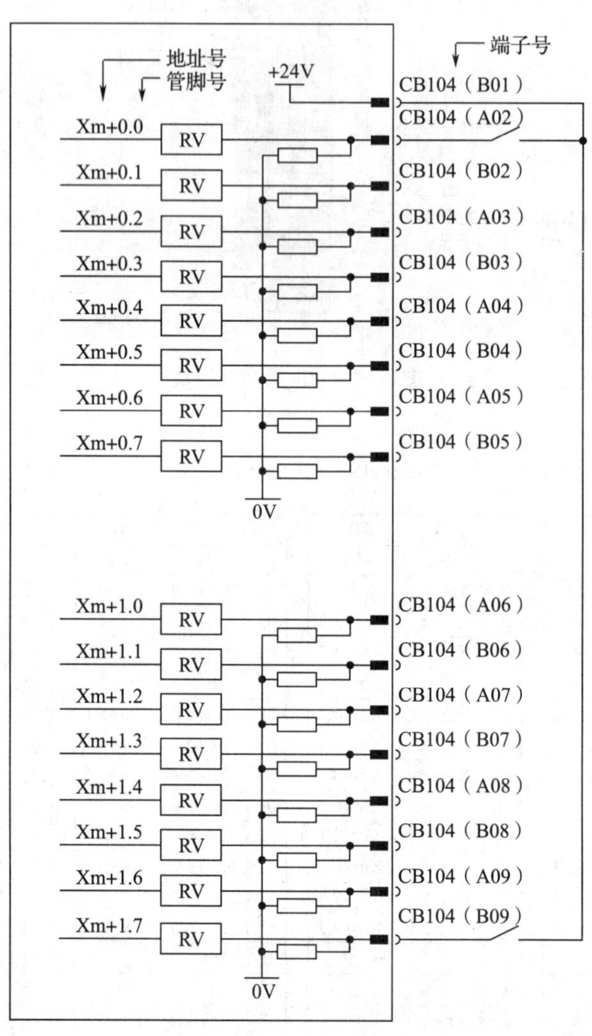

图 4—21　CB104 输入单元的连接

CB106 输入单元的连接如图 4—22 所示。

CB104 输出单元的连接如图 4—23 所示。

五、实施步骤

根据上面讲的知识，画出车床实验台中 FSSB 总线与 I/O link 连接图，并说明各端口的作用。车床实验台如图 4—24 所示。

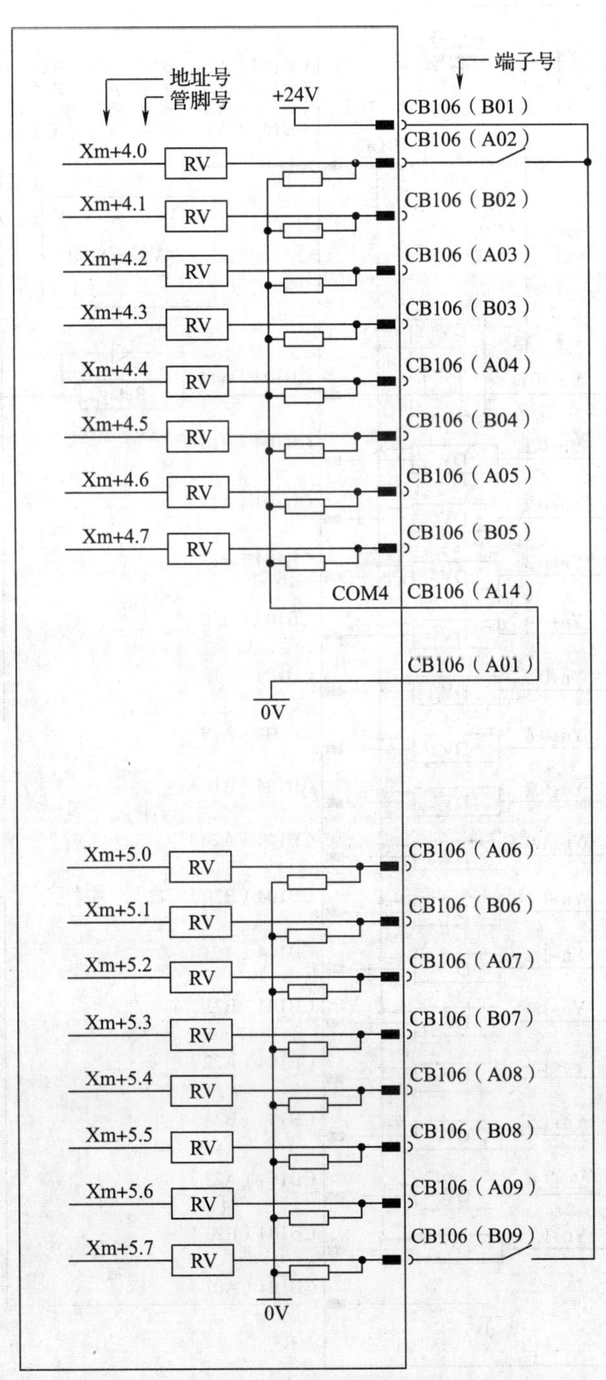

图 4—22　CB106 输入单元的连接

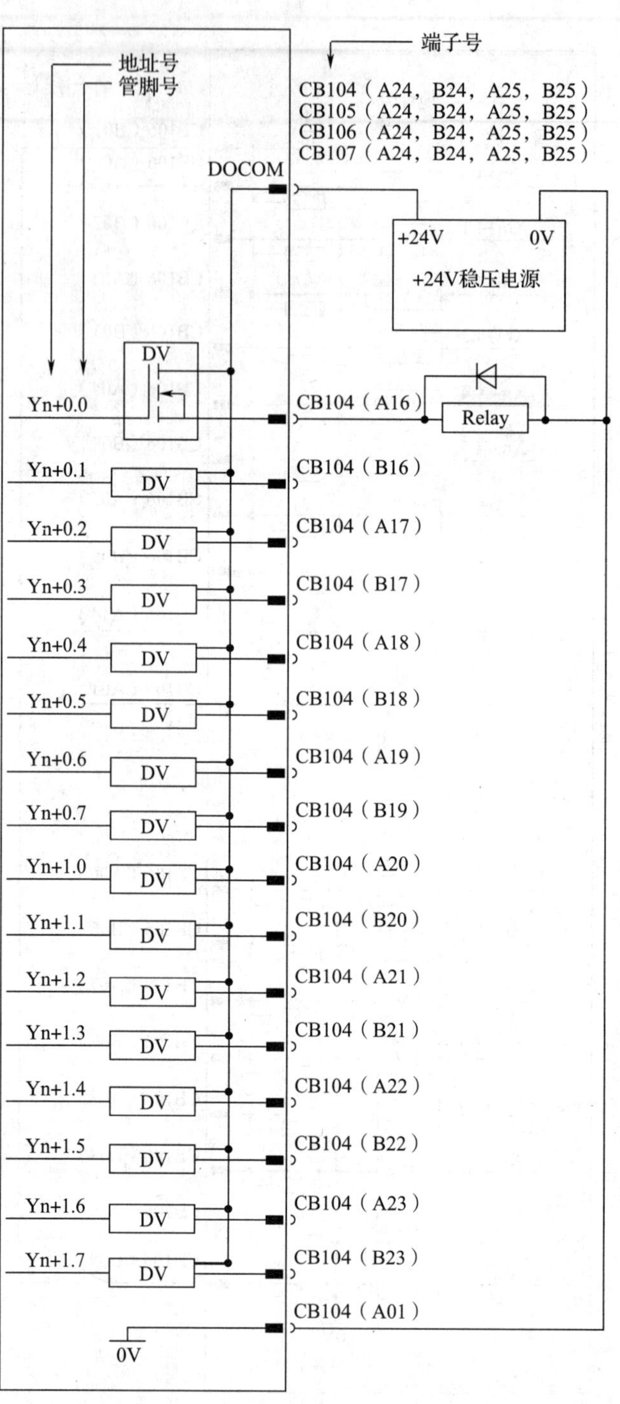

图 4—23　CB104 输出单元的连接

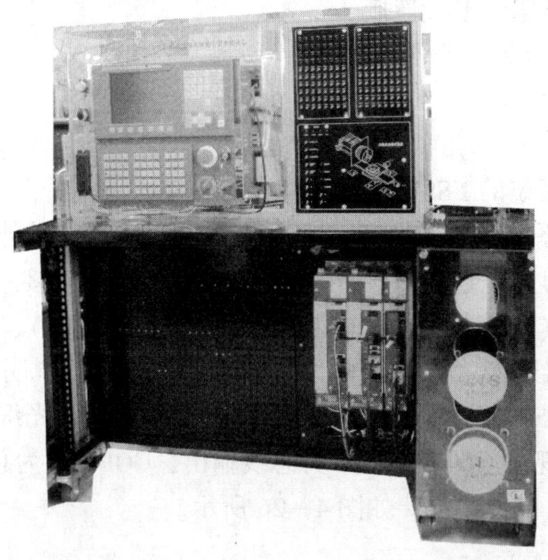

图 4—24 车床实验台

根据上面讲的知识，画出铣床实验台中 FSSB 总线与 I/O link 连接图，并说明各端口的作用。铣床实验台如图 4—25 所示。

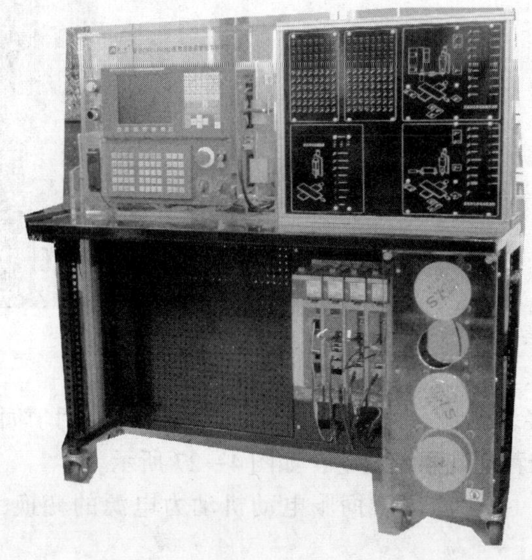

图 4—25 铣床实验台

任务 4 FANUC 数控系统的硬件连接

一、任务要求

1. 完成 FANUC 数控系统的 FSSB 总线的硬件连接。
2. 完成 FANUC 数控系统的 I/O link 的硬件连接。

3．完成 FANUC 车床的电气连接。

4．完成 FANUC 铣床的电气连接。

二、相关知识

1．FANUC 数控系统的 FSSB 总线的构成与连接方法

FANUC 伺服控制系统的连接，无论是 αi 或 βi 的伺服，其外围连接电路都具有很多相似之处，大致分为光缆连接、控制电源连接、主电源连接、急停信号连接、MCC 连接、主轴指令连接（指串行主轴，模拟主轴接在变频器中）、伺服电动机主电源连接、伺服电动机编码器连接。下面以 βi 多轴驱动器为例进行说明。

（1）光缆连接（FSSB 总线）。FANUC 的 FSSB 总线采用光缆通信，在硬件连接方面，遵循从 A 到 B 的规律，即 COP10A 为总线输出，COP10B 为总线输入，注意光缆在任何情况下不能硬折，以免损坏，如图 4—26 所示。

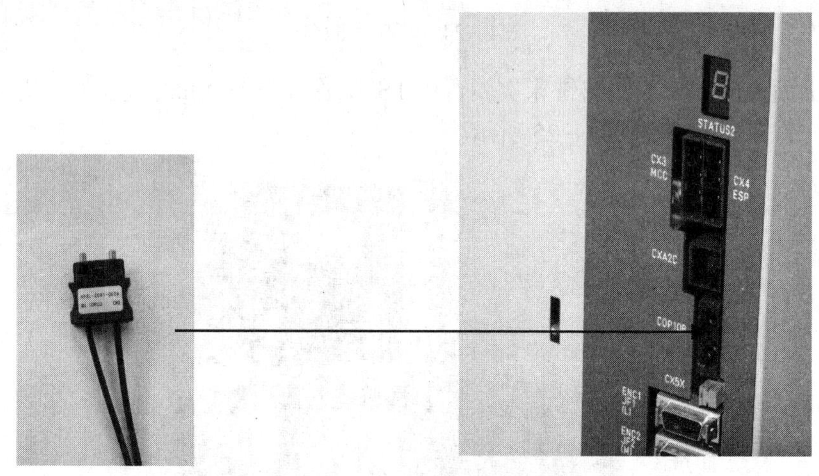

图 4—26　FSSB 总线的连接

（2）控制电源连接。控制电源采用 DC24 V 电源，主要用于伺服控制电路的电源供电。在上电顺序中，推荐优先系统通电，如图 4—27 所示。

（3）主电源连接。主电源用于伺服电动机动力电源的变换，主电源的连接如图 4—28 所示。

（4）急停与 MCC 连接。该部分主要用于对伺服主电源的控制及对伺服放大器的保护，如发生报警、急停等情况下能够切断伺服放大器主电源。急停与 MCC 的连接如图 4—29 所示。

（5）主轴指令信号连接。FANUC 的主轴控制采用两种类型，分别是模拟主轴与串行主轴，模拟主轴的控制对象是系统 JA40 接口输出 0 ~ ±10 V 的电压给变频器，从而控制主轴电动机的转速；另一种是采用串行总线，同样遵循从 A 到 B 的规律，即从系统的 JA41（FANUC 0i C 系统为 JA7A 接口）至伺服放大器的 JA7B 口。伺服主轴指令线的连接如图 4—30 所示。

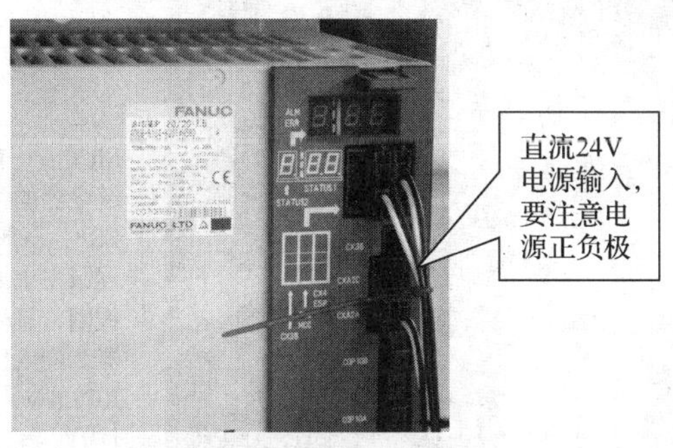

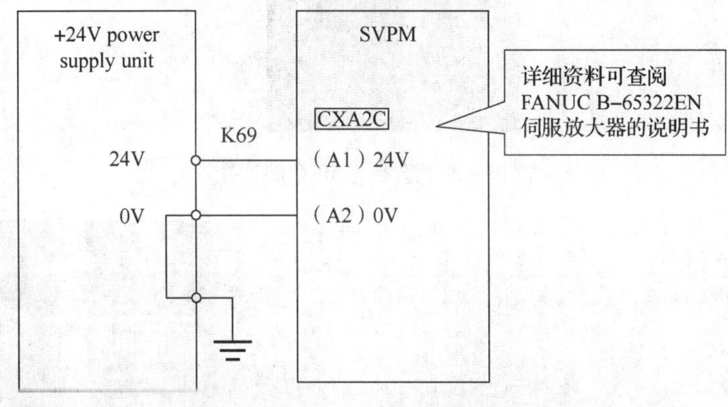

图 4—27　控制电源连接

图 4—28　主电源的连接

（6）伺服电动机动力电源连接。主要包含伺服主轴电动机与伺服进给电动机的动力电源连接，伺服主轴电动机的动力电源是采用接线端子的方式连接，伺服进给电动机的动力电源是采用接插件连接，在连接过程中，一定要注意相序的正确。伺服电动机动力电源的连接如图 4—31 所示。

（7）伺服电动机反馈端的连接。主要包含伺服主轴电动机与伺服进给电动机的反馈连接，一般的伺服主轴电动机的反馈端接放大器的 JYA2 接口，伺服进给电动机的反馈端接口接 JF1 等接口，如图 4—32 所示。

MCC：一般接急停继电器的常开触点
ESP：一般用于串接伺服主电源接触器的线圈，且交流接触器线圈电压不超过AC250V，常规采用110V

图 4—29　急停与 MCC 的连接

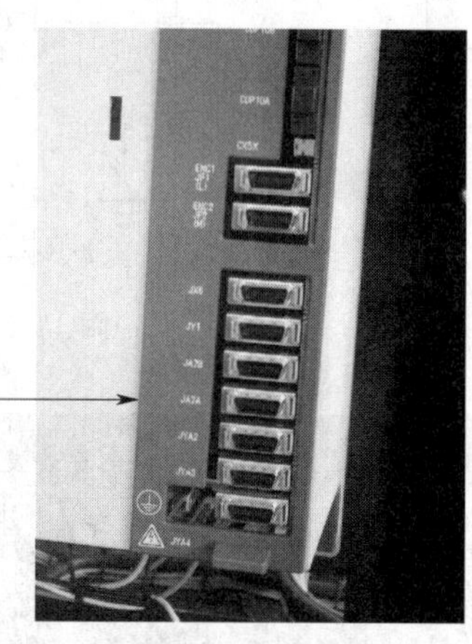

图 4—30　伺服主轴指令线的连接

伺服主轴电动机动力电源

伺服进给电动机动力电源

图 4—31　伺服电动机动力电源的连接

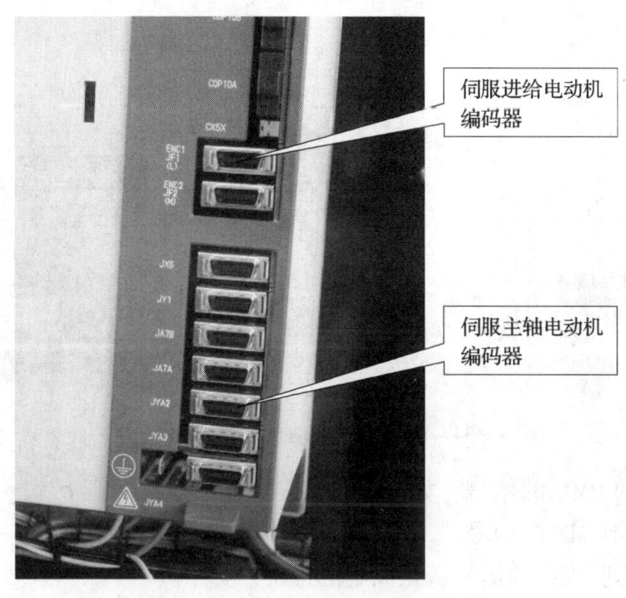

图 4—32　伺服电动机反馈端的连接

(8) 伺服主轴电动机的接线盒。伺服主轴电动机接线盒内不仅有动力电源端子、编码器接口，还有伺服主轴电动机风扇接口，如图 4—33 所示。伺服主轴电动机的接线注意事项如图 4—34 所示。

图 4—33　伺服主轴电动机的接线盒

2. FANUC 数控系统的 I/O LINK 连接

FANUC 系统的 PMC 是通过专用的 I/O LINK 与系统进行通信的，PMC 在进行 I/O 信号控制的同时，还可以实现手轮与 I/O LINK 轴的控制，但外围的连接却很简单，且很有规律。同样是从 A 到 B，系统侧的 JD51A（0i C 系统为 JD1A）接到 I/O 模块的 JD1B，JA3 或者 JA58 可以连接手轮。I/O LINK 的连接如图 4—35 所示。

FANUC 的 PMC 地址分配大致如下：

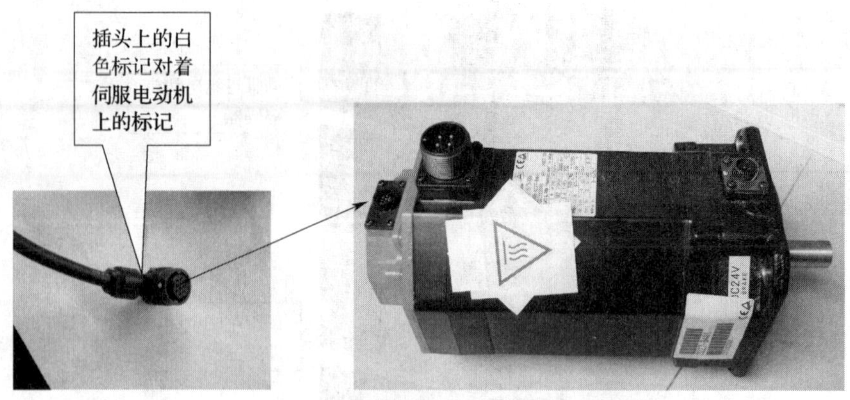

图 4—34　伺服主轴电动机的接线注意事项

X—MT 输入到 PMC 的信号，如接近开关、急停信号等。

Y—PMC 输出到 MT 的信号。

F—CNC 输入到 PMC 的信号，是固定的地址。

G—PMC 输出到 CNC 的信号，是固定的地址。

R、T、C、K、D、A 为 PMC 程序使用的内部地址。

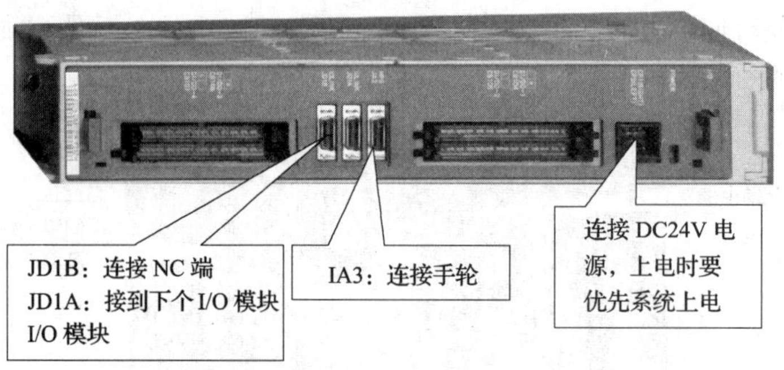

图 4—35　I/O LINK 的连接

3. 急停与伺服上电控制回路的连接

当 FSSB 总线与 I/O LINK 的连接完成后，还需对急停回路与伺服上电回路进行连接才能构成一个简单的数控机床控制回路，下面分别对这两个部分进行介绍。急停与伺服上电控制回路的连接如图 4—36 所示。

（1）急停控制回路。急停控制回路一般由两部分构成，一部分是 PMC 急停控制信号 X8.4；另一部分是伺服放大器的 ESP 端子，这两部分中任意一个断开就出现报警，ESP 断开出现 SV401 报警，X8.4 断开出现 ESP 报警。这两部分通过一个元件来控制，即急停继电器（见图 4—37）。

（2）伺服上电回路。伺服上电回路是给伺服放大器主电源供电的回路，伺服放大器的主电源一般采用三相 220 V 的交流电源，通过交流接触器（见图 4—38）接入伺服放大器。交流接触器的线圈受到伺服放大器的 CX3 的控制，当 CX3 闭合时，交流接触器的触点得电吸合，放大器接通主电源。

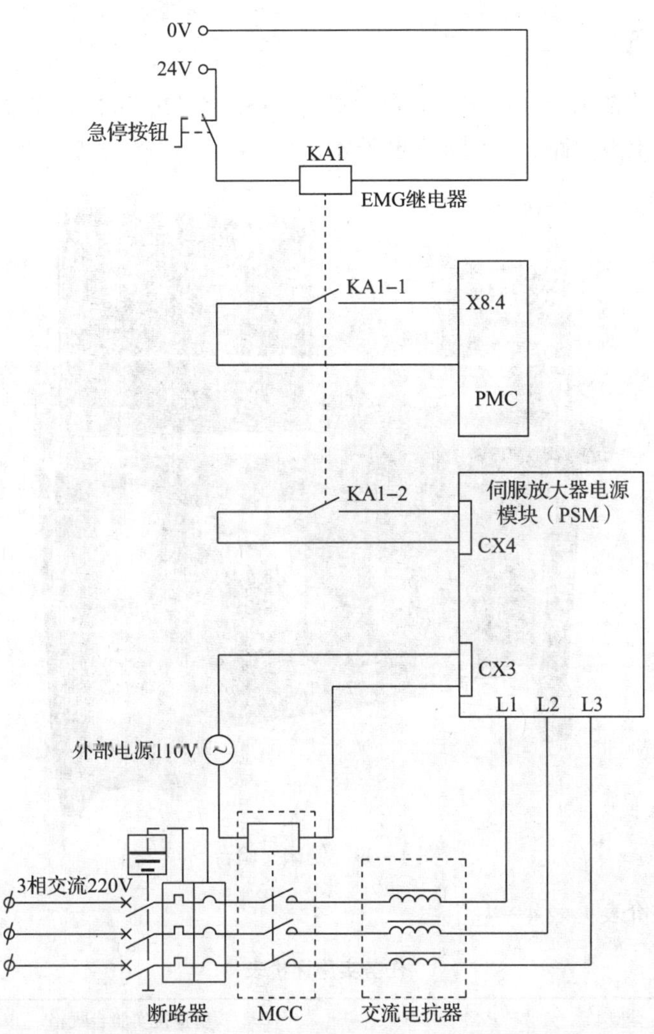

图 4—36　急停与伺服上电控制回路的连接原理

图 4—37　急停继电器

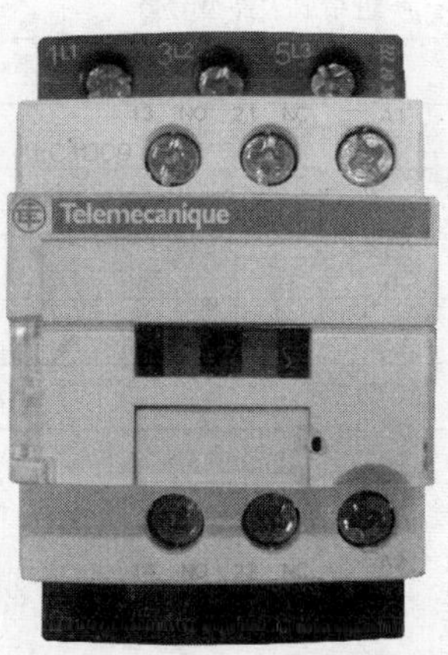

图 4—38　交流接触器

三、任务实施

根据上面讲的知识，在铣床实验台中进行 FSSB 和 I/O link 的连接，并安装急停回路与伺服放大器上电回路，如图 4—39 所示。

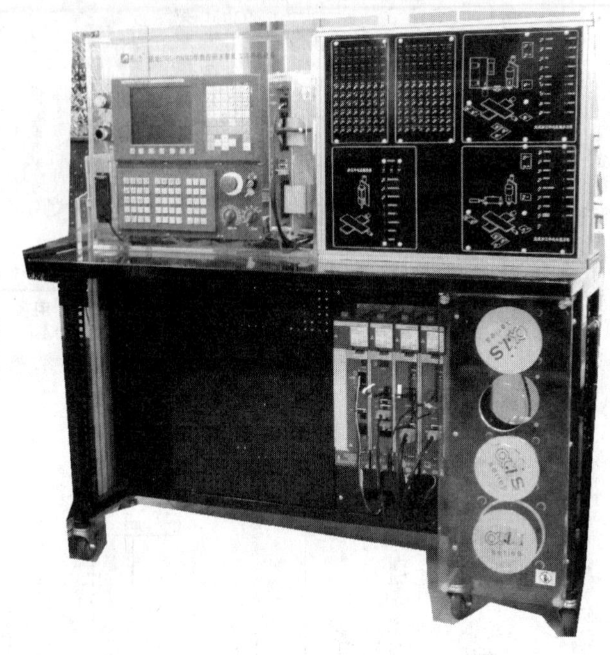

图 4—39　铣床实验台

任务实施评价表见表 4—4。

表 4—4　　任务实施评价表

产品类型	所连接实验台规格
系统型号	
进给放大器型号	
主轴驱动类型	
主轴放大器型号	
任务评价结果	
FSSB 的连接	
I/O link 的连接	
急停回路的连接	

项 目 五

亚龙 YL－558 型 0i mate MD 数控铣床实训设备参数设置与调试

任务1　数控机床基本参数的设置

一、机床调试步骤

1．硬件连接

进行机床系统的硬件连接。

2．通电前检查

通电前检查步骤如下：

（1）强电部分检查。

（2）NC 电源部分检查。

（3）电缆连接检查。

（4）紧急停止回路检查。

3．机床通电

对机床进行通电。

4．存入并运行 PLC 程序

对于已定型的机床，PLC 程序已调试好，并已存入计算机或存储卡中，在新机床通电后，确认 PMC 数据正确传入并运行。

5．机床参数的输入

一般情况下，各种机床的参数已调整完毕，并已存入计算机或存储卡（个别机床也可能需要做适当调整，可用手动方式设定）。

（1）选择 MDI 方式，将系统随机带的 9900 号参数表手动输入机床，断电后再重新上电（此步骤仅限于 2006 年 5 月前出厂的数控系统）。

（2）选择 EDIT 方式，用计算机输入其他机床参数。可以用通信电缆连接计算机和机床的 RS－232 接口，将机床参数全部输入机床，也可以用存储卡将机床参数全部输入机床。

6．进给轴参数的初始化及伺服调整

进行进给轴的参数初始化，并进行伺服调整（同型号的机床用不同大小伺服电动机时进行此步骤）。

7．各直线轴的调试

（1）手轮方式下试运行各轴。

（2）JOG 方式下试运行各轴。

（3）参考点的返回和确认。

（4）检查各轴的正负限位。

（5）检查快速倍率。

（6）检查切削进给倍率（0%～120%）。

（7）旋转轴（分度转台或数控转台）的调试。

（8）光栅尺调试。

8. 主轴的调试

（1）主轴参数初始化。

（2）检查主轴运行的条件是否满足。

（3）主轴参数的调整。

（4）MDI 方式下试运行主轴。

（5）JOG 方式下试运行主轴。

（6）主轴转速的调整和主轴倍率的检查。

（7）主轴定向的调整。

9. 数控机床精度的设定和检查

（1）快速时的反向间隙补偿。

（2）切削进给时的反向间隙补偿。

（3）螺距误差的补偿。

二、数控机床基本参数

1. 参数数据类型

参数数据类型见表 5—1。

表 5—1　参数数据类型

数据类型	设定范围	备注
位型参数	0 或 1	
字节型参数	－128～127 0～255	1. 部分参数数据类型为无符号数据 2. 可以设定的数据范围决定于各参数
字型参数	－32768～32767 0～65535	
双字型参数	0～±99999999	
实数型参数	小数点后带数据	

注：实数型参数的数据范围和设定单位不同。

参数按用途分类见表 5—2。

表 5—2　参数按用途分类

参数按用途分类	用途
路径型	与路径相关的设定
轴型	与控制轴相关的设定
主轴型	与主轴相关的设定

（1）路径型参数示例如图 5—1 所示。

（2）轴型参数示例如图 5—2 所示。

（3）主轴型参数示例如图 5—3 所示。

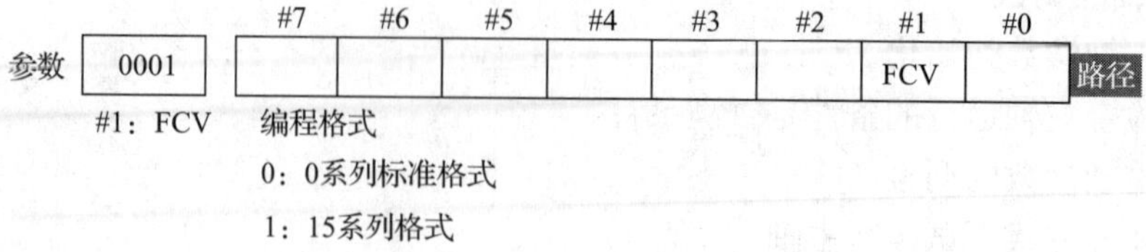

参数	0001	#7	#6	#5	#4	#3	#2	#1	#0	
								FCV		路径

#1：FCV　编程格式

0：0系列标准格式

1：15系列格式

图 5—1　路径型参数示例

参数	1420	各轴快速移动速度	轴

图 5—2　轴型参数示例

参数	0982	各主轴归属路径号	主轴

图 5—3　主轴型参数示例

（4）标准型参数示例如图 5—4 所示。

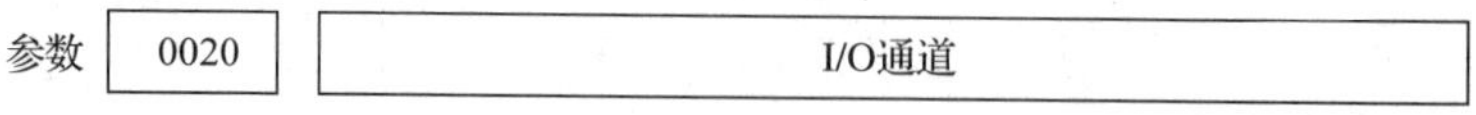

参数	0020	I/O通道

图 5—4　标准型参数示例

2. CNC 基本设定

CNC 参数的设定见表 5—3。

表 5—3　**CNC 参数的设定**

功能	起始参数号
设定参数	0000
输入/输出通道参数	0100
轴控制参数	1000
坐标系参数	1200
软限位检测参数	1300
速度参数	1400
加减速参数	1600
伺服参数	1800
输入/输出信号参数	3000
显示编辑参数	3100
编程参数	3400
螺补参数	3600
刀具补偿参数	5000
固定循环参数	5100
宏程序参数	6000
跳步功能参数	6200

3. 参数号

参数号 1020：表示数控机床各轴的程序名称，如在系统显示界面显示的 X、Y、Z 等，一般设置车床为 88、90，铣床与加工中心为 88、89、90。轴名称的设定值见表 5—4。

表 5—4　轴名称的设定值

轴名称	X	Y	Z	A	B	C	U	V	W
设定值	88	89	90	65	66	67	85	86	87

参数号 1022：表示数控机床设定各轴为基本坐标系中的哪个轴，一般设置为 1、2、3。机床各轴设定值的含义见表 5—5。

表 5—5　机床各轴设定值的含义

设定值	含　义
0	旋转轴
1	基本 3 轴的 *X* 轴
2	基本 3 轴的 *Y* 轴
3	基本 3 轴的 *Z* 轴
5	*X* 轴的平行轴
6	*Y* 轴的平行轴
7	*Z* 轴的平行轴

参数号 1023：表示数控机床各轴的伺服轴号，也称为轴的连接顺序号，一般设置为 1、2、3，设定各控制轴为对应的第几号伺服轴。

参数号 8130：表示数控机床控制的最大轴数。

（1）数控机床与存储行程检测相关的参数

1320：各轴的存储行程限位 1 的正方向坐标值。一般指定的为轴正限位的值，当机床回零后，该值生效，实际位移超出该值时出现超程报警。

1321：各轴的存储行程限位 1 的负方向坐标值。与参数 1320 的不同之处是指定的是负限位。

（2）数控机床与 DI/DO 有关的参数

3003#0：是否使用数控机床所有轴互锁信号。该参数需要根据 PMC 的设计进行设定。

3003#2：是否使用数控机床各个轴互锁信号。

3003#3：是否使用数控机床不同轴向的互锁信号。

3004#5：是否进行数控机床超程信号的检查，当出现 506、507 报警时可以设定。

3030：数控机床 M 代码的允许位数。该参数表示 M 代码后边数字的位数，超出该设定出现报警。

3031：数控机床 S 代码的允许位数。该参数表示 S 代码后数字的位数，超出该设定出现报警。例如：当 3031＝3 时，在程序中出现“S1000”即会产生报警。

3032：数控机床 T 代码的允许位数。

（3）数控机床与模拟主轴控制相关的参数（该部分参数以 0i D 系统为例进行讲解）

3717：各主轴的主轴放大器号设定为 1。

3720：位置编码器的脉冲数。

3730：主轴速度模拟输出的增益调整，调试时设定为 1000。

3735：主轴电动机的最低钳制速度。

3736：主轴电动机的最高钳制速度。

3741 ~ 3744：主轴电动机一挡到四挡的最大速度。

3772：主轴的上限转速。

8133#5：是否使用主轴串行输出。

（4）数控机床与串行主轴控制相关的参数

3716#0：主轴电动机的种类。

3717：各主轴的主轴放大器号设定为 1。

3735：主轴电动机的最低钳制速度。

3736：主轴电动机的最高钳制速度

3741 ~ 3744：主轴电动机一挡到四挡的最大速度。

3772：主轴的上限转速。

4133：主轴电动机代码。

i 系列主轴电动机代码见表 5—6。

表 5—6　　i 系列主轴电动机代码

型号	β3/10000i	β6/10000i	β8/8000i	β12/7000i		ac15/6000i
代码	332	333	334	335		246
型号	ac1/6000i	ac2/6000i	ac3/6000i	ac6/6000i	ac8/6000i	ac12/6000i
代码	240	241	242	243	244	245
型号	α0. 5/10000i	α1/10000i	α1. 5/10000i	α2/10000i	α3/10000i	α6/10000i
代码	301	302	304	306	308	310
型号	α8/8000i	α12/7000i	α15/7000i	α18/7000i	α22/7000i	α30/6000i
代码	312	314	316	318	320	322
型号	α40/6000i	α50/4500i	α1. 5/15000i	α2/15000i	α3/12000i	α6/12000i
代码	323	324	305	307	309	401
型号	α8/10000i	α12/10000i	α15/10000i	α18/10000i	α22/10000i	
代码	402	403	404	405	406	
型号	α12/6000ip	α12/8000ip	α15/6000ip	α15/8000ip	α18/6000ip	α18/8000ip
代码	407	4020（8000） 4023（94）	408	4020（8000） 4023（94）	409	4020（8000） 4023（94）
型号	α22/6000ip	α22/8000ip	α30/6000ip	α40/6000ip	α50/6000ip	α60/4500ip
代码	410	4020（8000） 4023（94）	411	412	413	414

数控机床与显示和编辑相关的参数如下：

3105#0：是否显示数控机床实际速度。

3105#1：是否将数控机床 PMC 控制的移动单位信号加到实际速度显示。

3105#2：是否显示数控机床实际转速、T 代码。

3106#4：是否显示数控机床操作履历界面。

3106#5：是否显示数控机床主轴倍率值。

3108#4：数控机床在工件坐标系界面上，计数器输入是否有效。

3108#6：是否显示数控机床主轴负载表。

3108#7：数控机床是否在当前界面和程序检查界面上显示 JOG 进给速度或者空运行速度。

3111#0：是否显示数控机床用来显示伺服设定界面软件。

3111#1：是否显示数控机床用来显示主轴设定界面软件。

3111#2：数控机床主轴调整界面的主轴同步误差。

3112#2：是否显示数控机床外部操作履历界面。

3112#3：数控机床是否在报警和操作履历中登录外部报警/宏程序报警。

3281：数控机床语言显示（见表 5—7），该参数也可以通过诊断参数进行查看。

表 5—7　数控机床语言显示

0	1	2	3	4	5	6	7	8
英语	日语	德语	法语	繁体中文	意大利语	韩语	西班牙语	荷兰语
9	10	11	12	13	14	15	16	17
丹麦语	葡萄牙语	波兰语	匈牙利语	瑞典语	捷克语	简体中文	俄语	土耳其语

项目 5

任务 2　数控机床参数设置步骤

一、伺服初始化参数的设置

首先设定 3111#0 为 1，显示伺服设定和伺服调整界面，然后转到伺服参数设定界面。

二、进入初始化界面操作方法

首先连续按 SYSTEM 键 3 次进入参数设定支援界面，如图 5—5 所示。

将光标移动到伺服设定上，然后按操作键进入选择界面，如图 5　6 所示。

在此界面按选择键进入伺服设定界面，如图 5—7 所示。

在此界面按向右扩展键进入菜单与切换界面，如图 5—8 所示。

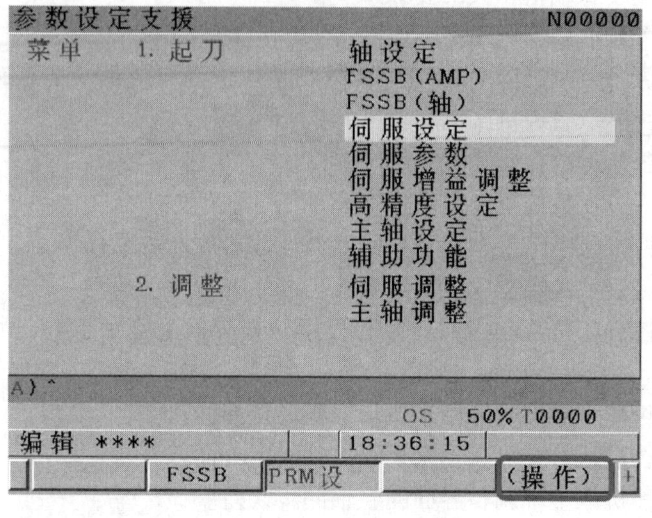

图 5—5　参数设定支援界面

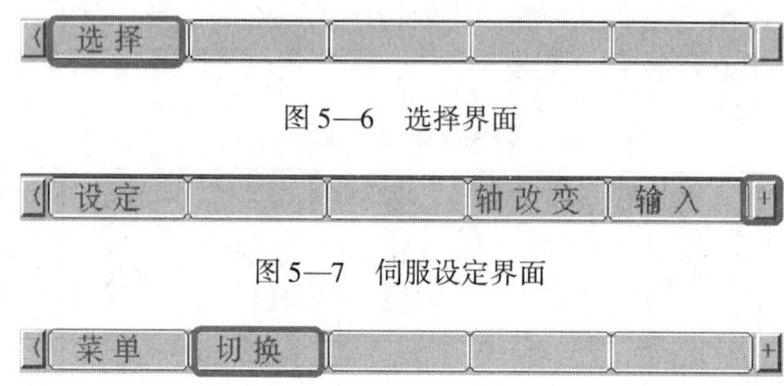

图 5—6　选择界面

图 5—7　伺服设定界面

图 5—8　菜单与切换界面

在此界面按切换键进入伺服初始化界面，如图 5—9 所示。

伺服设定　N00000

	X 轴	Y 轴
初始化设定位	00000010	00000010
电动机代码.	258	258
AMR	00000000	00000000
指令倍乘比	0	0
柔性齿轮比	1	1
(N/M)　M	125	125
方向设定	-111	-111
速度反馈脉冲数.	8192	8192
位置反馈脉冲数.	12500	12500
参考计数器容量	0	0

A)^
OS 50% T0000
编辑 ****　18:37:59
菜单　切换

图 5—9　伺服初始化界面

三、机床初始化

在伺服初始化界面便可以对伺服系统进行初始化操作，下面对各项内容进行详细介绍。

1．第一项为机床初始化位，初始化时设定为 0，也可以设定参数 1902#0 位为 0。

2．第二项为机床各轴电动机代码，根据实际电动机型号设定此参数，也可以设定参数 2020。

α/β 伺服电动机代码见表 5—8。

表 5—8 α/β 伺服电动机代码

电动机型号	β1/3000	β2/3000	β3/3000	β6/2000	αc3/2000	αc6/2000
电动机代码	35	36	33	34	7	8
电动机型号	αc12/2000	αc22/1500	α3/3000	α6/2000	α6/3000	α12/2000
电动机代码	9	10	15	16	17	18
电动机型号	α12/3000	α22/1500	α22/2000	α22/3000	α30/1200	α30/2000
电动机代码	19	27	20	21	28	22
电动机型号	α30/3000	α40/FAN	α40/2000	α65	α100/2000	α150
电动机代码	23	29	30	39	40	41

i 系列伺服电动机代码见表 5—9。

表 5—9 i 系列伺服电动机代码

电动机型号	β4/4000is	β8/3000is	β12/3000is	β22/2000is	αc4/3000i
电动机代码	156（256）	158（258）	172（272）	174（274）	171（271）
电动机型号	αc8/2000i	αc12/2000i	αc22/2000i	αc30/1500i	α2/5000i
电动机代码	176（276）	191（291）	196（296）	201（301）	155（255）
电动机型号	α4/3000i	α8/3000i	α12/3000i	α22/3000i	α30/3000i
电动机代码	173（273）	177（277）	193（293）	197（297）	203（303）
电动机型号	α40/3000i	α4/5000is	α8/4000is	α12/4000is	α22/4000is
电动机代码	207（307）	165（265）	185（285）	188（288）	215（315）
电动机型号	α30/4000is	α40/4000is	α50/3000is	α50/3000is 风扇	α100/2500is
电动机代码	218（318）	222（322）	224（324）	225（325）	235（335）

3．第三项不需要设定。

4．第四项为机床各轴的指令倍乘比（CMR），也可以设定参数 1820，表示最小移动单位和检测单位之比的指令倍乘比：最小移动单位＝检测单位×指令倍乘比。

5．第五项为机床各轴柔性进给齿轮比（分子），也可以设定参数 2084。

6．第六项为机床各轴柔性进给齿轮比（分母），也可以设定参数 2085。

7．第七项为机床电动机旋转方向，也可以设定参数2022，顺时针为111，逆时针为－111。

8．第八项为机床电动机速度检测脉冲数，也可以设定参数2023，见表5—10。

9．第九项为机床电动机位置反馈脉冲数，也可以设定参数2024，见表5—10。

表5—10　　速度与位置反馈脉冲数

设定项目	设定单位1/1 000 mm		设定单位1/1 000 mm	
	全闭环	半闭环	全闭环	半闭环
速度脉冲数	8 192		8 192	
位置反馈脉冲数	Ns	12 500	Ns	12 500

10．第十项为机床各轴的参考计数器容量，也可以设定参数1821，设定范围为0～99999999，调试时为3000。

四、任务实施

根据上面讲的知识，在YL－559型实训设备上完成数控系统基本参数的设置，如图5—10所示。

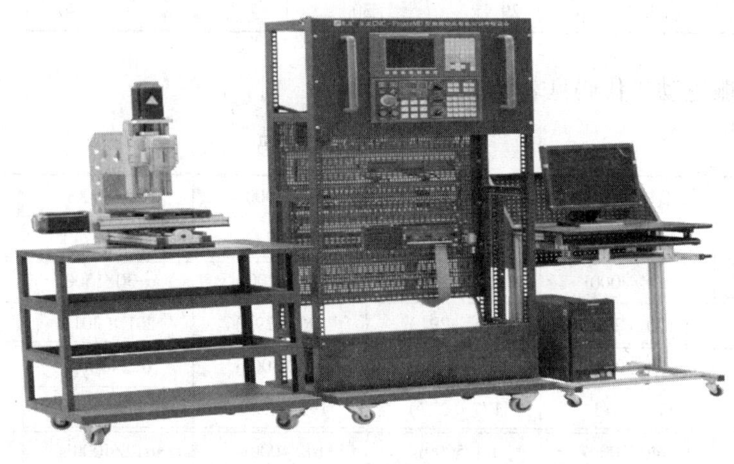

图5—10　YL－559实训设备

设置与机床运行相关的参数：

1．首次开机后的报警清除见表5—11。

表5—11　　首次开机后的报警清除

报警号	报警内容	清除方法
SW0100	参数写入开关打开	把设定界面第一项PWE置0即可
OT0506/507	正负向硬超程	把参数3004#5置1即可
SV5136	放大器数不足	放大器没有通电或者FSSB没有连接，或者放大器之间连接不正确，或者FSSB设定没有完成

续表

报警号	报警内容	清除方法
SV1026	轴的分配非法	伺服轴配列的参数没有正确设定
SV0417	伺服非法 DGTL 参数	检查诊断号 352 内容，找到错误的参数进行修改并且重新进行初始化

2. 进行相关操作权限的设定。首先打开参数设定界面可写入开关步骤。

按 OFS/SET 键进入刀偏界面，在刀偏界面按设定软键，如图 5—11 所示。

图 5—11　刀偏界面

进入设定界面，输入数字“1”按输入软键，如图 5—12 所示

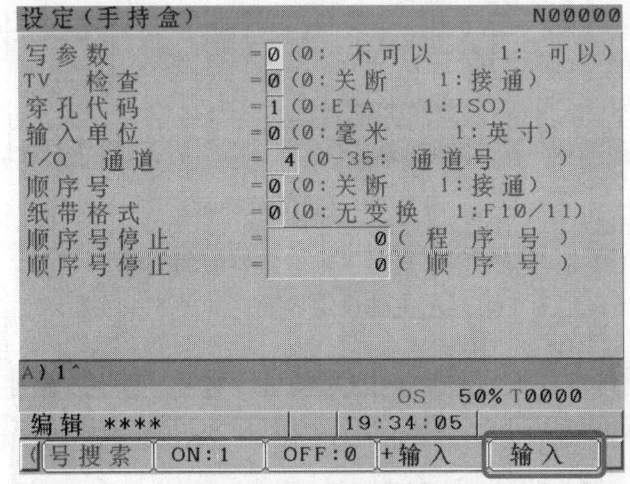

图 5—12　设定界面

输入数字 1 之后参数可以写入或修改参数，如图 5—13 所示。

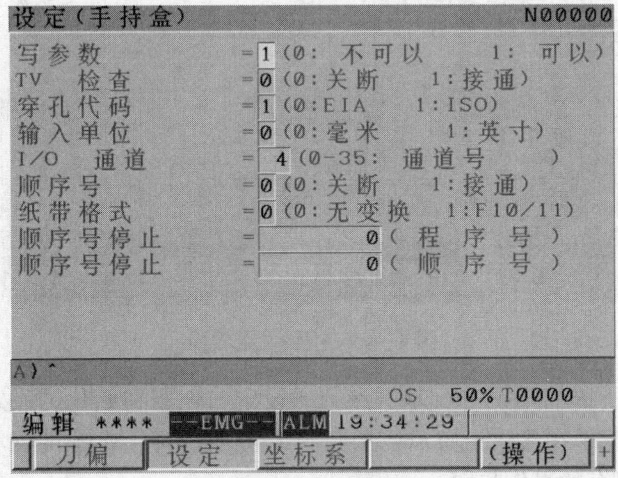

图 5—13　输入数字 1

设定参数 3111#0 是否显示用来显示伺服设定界面的软键。

当参数 3111#0 设定为 1 时显示伺服设定界面，如图 5—14 所示。

螺补 | SV设定 | SP设定 | （操作） | +

伺服设定 N00000

	X 轴	Y 轴
初始化设定位	00000010	00000010
电机代码.	258	258
AMR	00000000	00000000
指令倍乘比	0	0
柔性齿轮比	1	1
(N/M) M	125	125
方向设定	-111	-111
速度反馈脉冲数.	8192	8192
位置反馈脉冲数.	12500	12500
参考计数器容量	0	0

A)^

OS 50% T0000

编辑 **** --EMG-- ALM 19:53:49

SV设定 | SV调整 | （操作）

图 5—14　伺服设定界面

设定参数 3111#1 是否显示用来显示主轴设定界面的软键。

当参数 3111#1 设定为 1 时显示主轴设定界面，如图 5—15 所示。

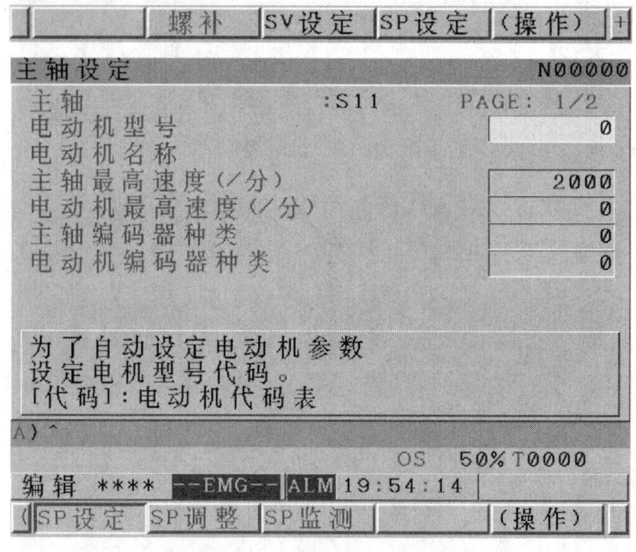

图 5—15　主轴设定界面

3. 根据上面所讲的知识进行基本参数的设定与伺服初始化的设定，见表5—12。

4. 参数的保存。在参数设置后需要进行参数的保存，参数的保存方法有很多种，这里介绍存储卡保存的操作步骤。

表 5—12　　参数含义

参数号	参数含义	参数号	参数含义
1020	轴名称	1022	轴属性
1023	轴顺序	8130	CNC 控制轴数
1320	正软限位	1321	负软限位
1410	空运行速度	1420	各轴快移速度
1423	各轴手动速度	1424	各轴手动快移速度
1425	各轴回参速度	1430	最大切削进给速度
3003#0	互锁信号	3003#2	各轴互锁信号
3003#3	各轴方向互锁	3004#5	超程信号
3716	主轴电动机种类	3717	各主轴放大器号
3720	位置编码器脉冲数	3730	模拟输出增益
3735	主轴电动机最低钳制速度	3736	主轴电动机最高钳制速度
3741/2/3	电动机最大值/减速比	3772	主轴上限转速
8133#5	是否使用主轴串行输出	4133	主轴电动机代码

首先按 SYSTEM 键，然后按向右扩展键选择如图 5—16 所示的界面，然后按操作软键。

W. 诊断　所有 IO　（操作）

图 5—16　操作界面

按向右扩展键，如图 5—17 所示。

图 5—17　按向右扩展键

按 F 输出键，如图 5—18 所示。

F 读取　F 输出　上一组　下一组

图 5—18　按 F 输出键

按全部或样品键，全部则是将所有参数复制到存储卡里，样品则是将非零值复制到存储卡里，如图 5—19 所示。最后按执行键，如图 5—20 所示。

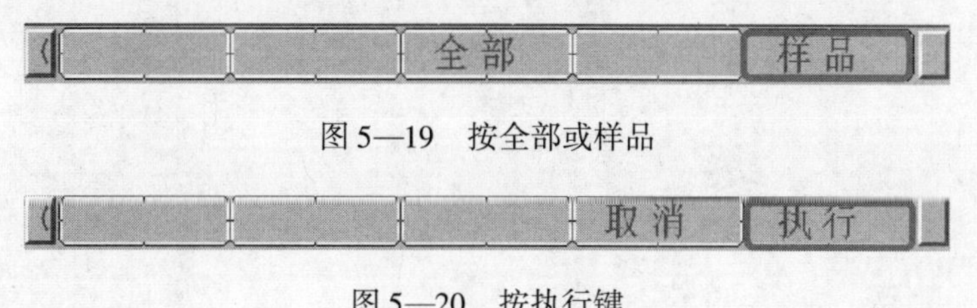

图 5—19　按全部或样品

图 5—20　按执行键

项目六

常见机床操作面板的 PMC 编程

任务1 相关知识

方式选择信号是由 MD1、MD2、MD4 的三个编码信号组合而成的，可以实现程序编辑 EDIT、存储器运行 MEM、手动数据输入 MDI、手轮/增量进给 HANDLE/INC、手动连续进给 JOG、JOG 示教、手轮示教等，此外，存储器运行与 DNC1 信号相结合可选择 DNC 运行方式。手动连续进给方式与 ZRN 信号的组合可选择手动返回参考点方式。

方式选择输入信号见表 6—1。

表 6—1　　方式选择输入信号

	方式	信号状态				
		MD4	MD2	MD1	DNC1	ZRN
1	编辑（EDIT）	0	1	1	0	0
2	存储器运行（MEM）	0	0	1	0	0
3	手动数据输入（MDI）	0	0	0	0	0
4	手轮/增量进给（HANDLE/INC）	1	0	0	0	0
5	手动连续进给（JOG）	1	0	1	0	0
6	手轮示教（TEACH IN HANDLE）（THND）	1	1	1	0	0
7	手动连续示教（TEACH IN JOG）（TJOG）	1	1	0	0	0
8	DNC 运行（RMT）	0	0	1	1	0
9	手动返回参考点（REF）	1	0	1	0	1

对于方式选择输出信号见表 6—2。

表 6—2　　方式选择输出信号

方式		输入信号					输出信号
		MD4	MD2	MD1	DNC1	ZRN	
自动运行	手动数据输入（MDI）（MDI 运行）	0	0	0	0	0	MMDI < F003#3 >
	存储器运行（MEM）	0	0	1	0	0	MMEM < F003#5 >
	DNC 运行（RMT）	0	0	1	1	0	MRMT < F003#6 >
编辑（EDIT）		0	1	1	0	0	MEDT < F003#6 >

续表

方式		输入信号					输出信号
		MD4	MD2	MD1	DNC1	ZRN	
手动操作	手轮进给/增量进给（HANDLE/INC）	1	0	0	0	0	MH < F003#1 >
	手动连续进给（JOG）	1	0	1	0	0	MJ < F003#2 >
	手动返回参考点（REF）	1	0	1	0	1	MREF < F004#5 >
	手轮示教 TEACH IN JOG（TJOG）	1	1	0	0	0	MTCHIN < F003#7 > MJ < F003#2 >
	手动连续示教 TEACH IN HANDLE（THND）	1	1	1	0	0	MTCHIN < F003#7 > MH < F003#1 >

任务2　顺序程序的概念

顺序程序是指对机床及相关设备进行逻辑控制的程序。

在将程序转换成某种格式（机器语言）后，CPU 即对其进行译码和运算处理，并将结果存储在 RAM 和 ROM 中。CPU 高速读出存储在存储器中的每条指令，通过算数运算来执行程序，如图 6—1 所示。

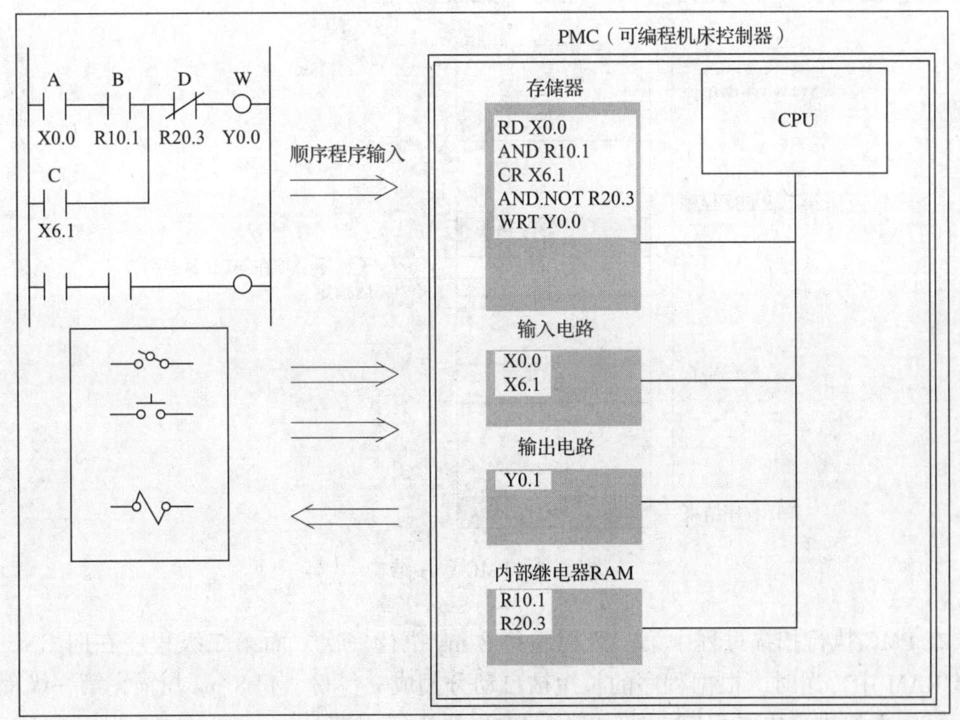

图 6—1　顺序程序

顺序程序的执行过程如图 6—2 所示。

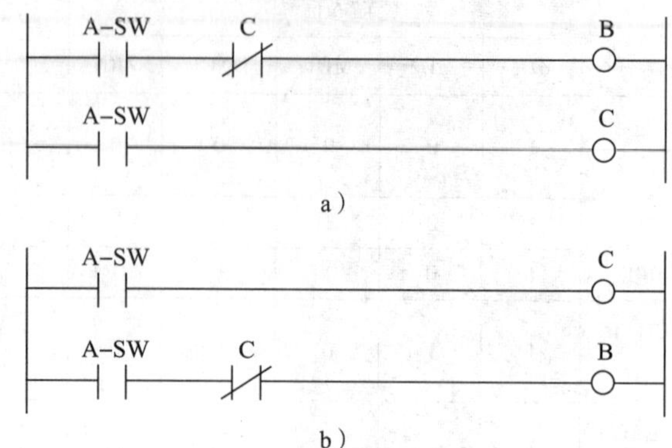

图 6—2　顺序程序的执行过程

继电器回路（A）和（B）的动作相同。接通 A（按钮开关）后线圈 B 和 C 中有电流通过，线圈 C 接通后线圈 B 断开。

PMC 程序 A 和继电器回路一样，A 接通后 B、C 接通，经过一个扫描周期后 B 关断。但在 B 中，A（按钮开关）接通后 C 接通，但 B 并不接通。通过以上图例可知 PMC 顺序扫描、顺序执行的原理。

对于 FANUC 的 PMC 来说，其程序结构如下：第一级程序—第二级程序—第三级程序（视 PMC 的种类不同而定）—子程序—结束，如图 6—3 所示。

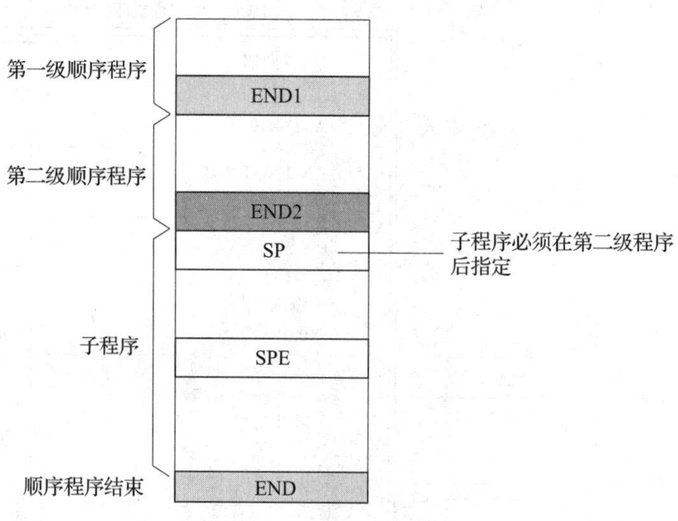

图 6—3　PMC 程序结构

在 PMC 执行扫描过程中第一级程序每 8 ms 执行一次，而第二级程序在向 CNC 的调试 RAM 中传送时，根据程序的长短被自动分割成 n 等份，每 8 ms 扫描完第一级程序后，再依次扫描第二级程序，所以整个 PMC 的执行周期是 $n \times 8$ ms，如图 6—4 所示。如果第一级程序过长，导致每 8 ms 扫描的第二级程序过少，则相对于第二级 PMC 所分

隔的数量 n 就多，整个扫描周期相应延长。而子程序是位于第二级程序之后，其是否执行扫描受一、二级程序的控制，所以对一些控制较复杂的 PMC 程序，建议用子程序来编写，以减少 PMC 的扫描周期。

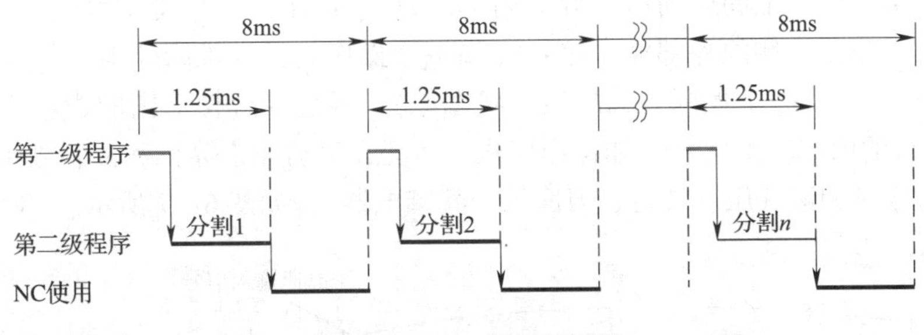

图 6—4　PMC 的执行周期

通过以上讲解，希望读者掌握 PMC 顺序程序的原理及结构。

实习：编制一些简单的 PMC 程序，加深理解 PMC 的扫描过程。

例 1：单键交替输出自锁（见图 6—5）。

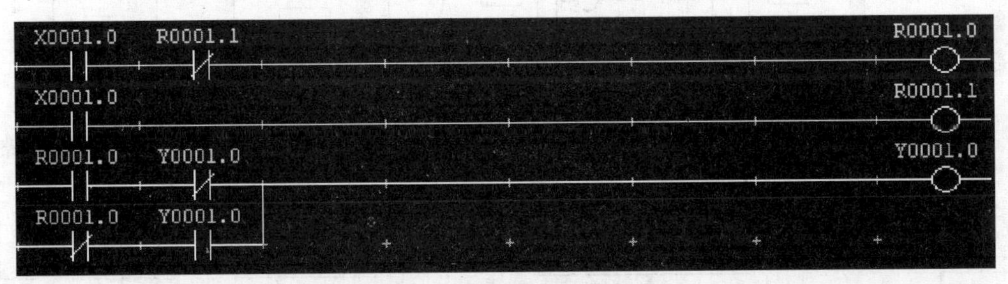

图 6—5　单键交替输出自锁

例 2：PMC 程序中出现双线圈输出（见图 6—6）时，其线圈状态如何？

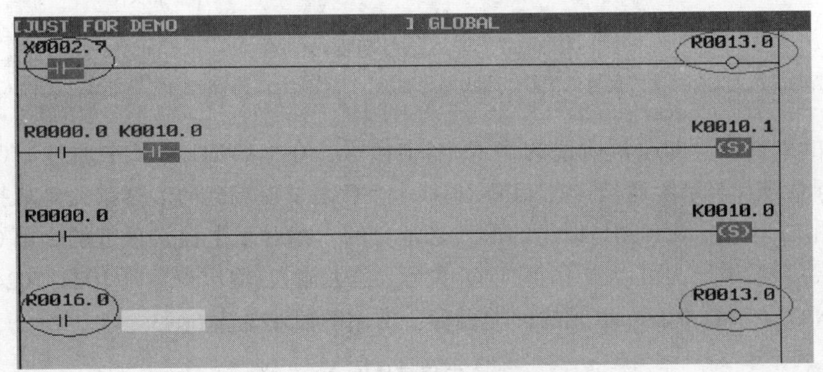

图 6—6　PMC 程序中出现双线圈输出

例 3：当程序中输入有条件变化而没有输出变化时，会有哪几种原因影响？

任务3 I/O LINK

PMC 在数控机床上的应用信号分成内部地址（G、F）和外部地址（X、Y）两大部分。PMC 采集机床侧的外部输入信号（如机床操作面板、机床外围开关信号等）和 NC 内部信号（M、S、T 代码，轴的运行状态等），经过相应梯形图的逻辑控制，产生控制 NC 运行的内部输出信号（如操作模式、速度、启动停止等）和控制机床辅助动作外部输出信号（如液气压、转台、刀库等中间继电器），如图 6—7 所示。

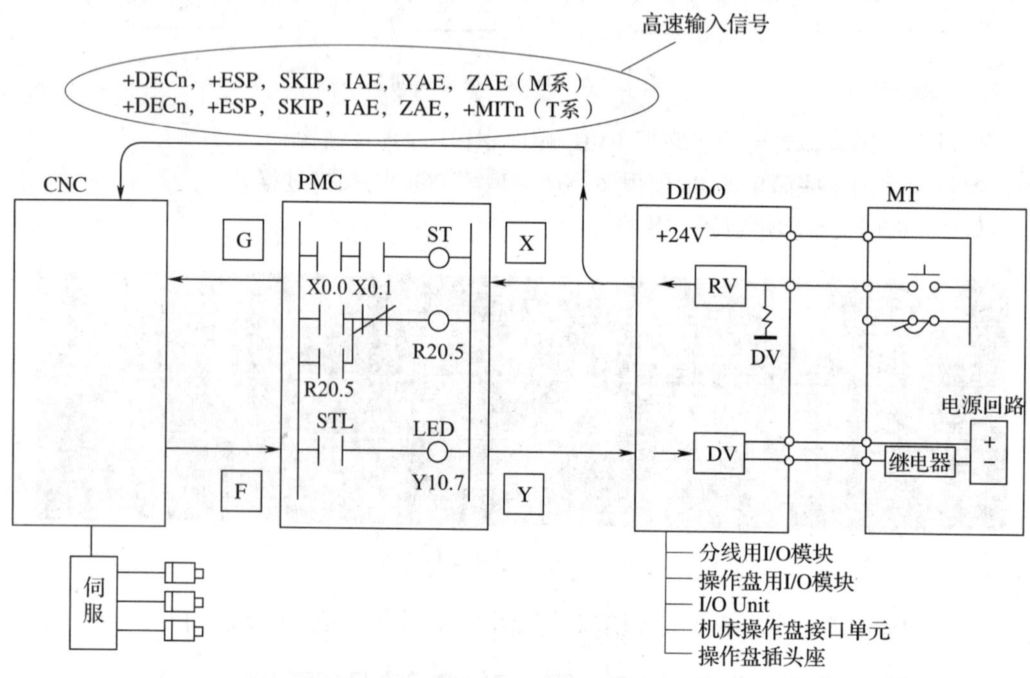

图 6—7 输入信号与输出信号

注：所谓的高速处理信号为外部输入信号，采用固定地址，由系统直接读取这些信号而不经过 PMC 处理。

系统的外部信号即通常所说的输入/输出信号，在 FANUC 系统中通过 I/O 单元以 LINK 串行总线式与系统通信。在 LINK 总线上 NC 是主控端，而 I/O 单元是从控端，多 I/O 单元相对于主控端来说是以组的形式来定义的，相对于主控端最近的为第 0 组，依此类推。一个系统最大可以带 16 组 I/O 单元，最大输入/输出点数是 1024/1024。

在 FNAUC 系统中 I/O 单元的种类很多，常用的模块见表 6—3。

表 6—3 常用模块

装置名	说明	手轮连接	信号点数输入/输出
FANUC 0i 用 I/O 单元模块	在 FANUC 0i－C 系列上使用的机床 I/O 接口，它和 0i－B 系列内置的 I/O 卡具有相同的功能	有	96/94

续表

装置名	说明	手轮连接	信号点数输入/输出
机床操作面板模块	装在机床操作面板上，带有矩阵开关和LED 	有	96/94
操作盘I/O模块	带有机床操作盘接口的装置，在FANUC 0i系统上常见 	有	48/32
分线盘I/O模块	一种分散型的I/O模块，能适应机床强电电路输入/输出信号的任意组合的要求，由基本单元和最大二块扩展单元组成 	有（注）	96/64
FANUC I/O UNIT A/B	一种模块结构的I/O装置，能适应机床强电输入/输出任意组合的要求 	无	最大 256/256
I/O LINK轴	使用β系列SVU（带I/O LINK），可以通过PMC外部信号来控制伺服电动机进行定位 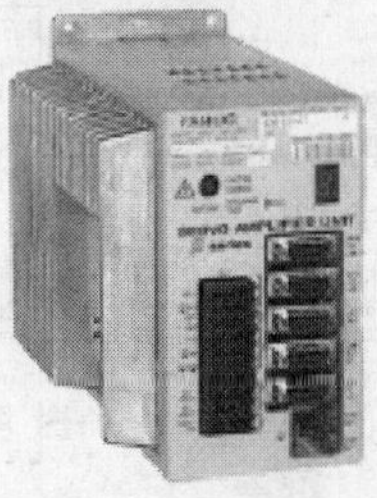	无	128/128

注：当手轮连接到分线盘I/O模块时，只有连接到第一个扩展单元的手轮有效。

一、I/O 模块的连接

当进行输入/输出信号的连线时，要注意系统的 I/O 对于输入（局部）/输出的连接方式有两种，按电流的流动方向分为源型输入（局部）/输出和漏型（局部）输入/输出，最终是哪种方式的连接由 DICOM/DOCOM 输入和输出的公共端来决定。

【漏型输入】

作漏型输入使用时，把 DICOM 端子与 0 V 端子相连接（见图 6—8）。

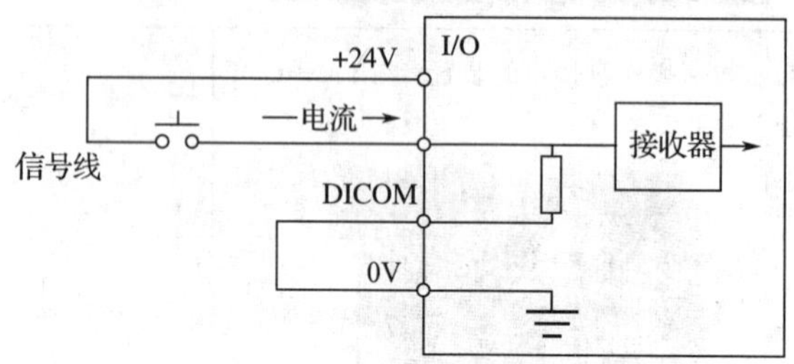

图 6—8　作漏型输入使用

注：+24 V 也可由外部电源供给。

【源型输入】

作源型输入使用时，把 DICOM 端子与 +24 V 端子相连接（见图 6—9）。

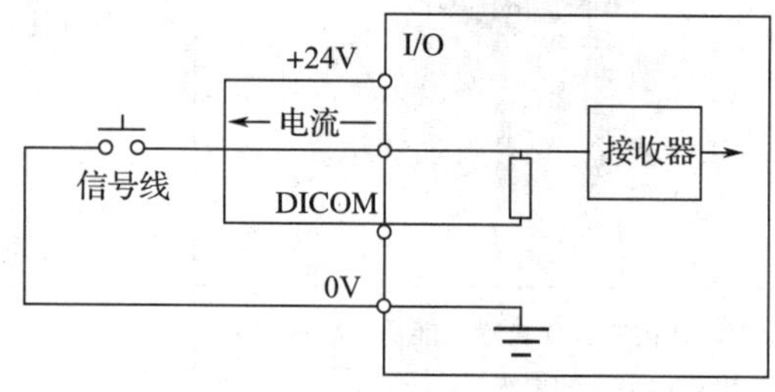

图 6—9　作源型输入使用

通常情况下当使用分线盘等 I/O 模块时，局部可选择一组 8 点信号连接成漏型和源型输入通过 DICOM 端。原则上建议采用漏型输入即 +24 V 开关量输入，避免出现信号端接地的误动作。

【源型输出】

把驱动负载的电源接在印制电路板的 DOCOM 上（见图 6—10）。

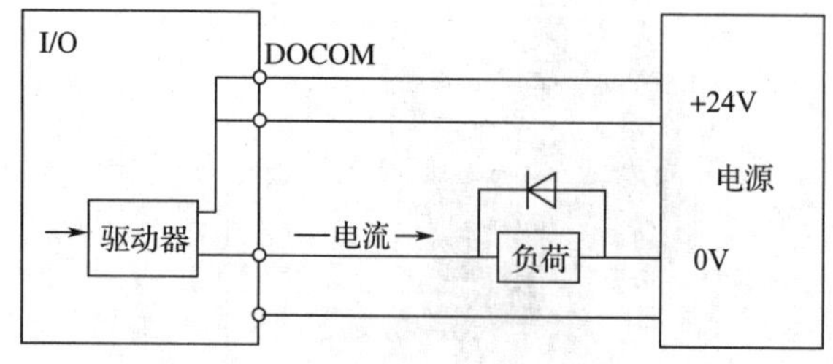

图 6—10　作源型输出使用

【漏型输出】

PMC 接通输出信号（Y）时，印制电路板内的驱动回路即动作，输出端子变为 0 V（见图 6—11）。

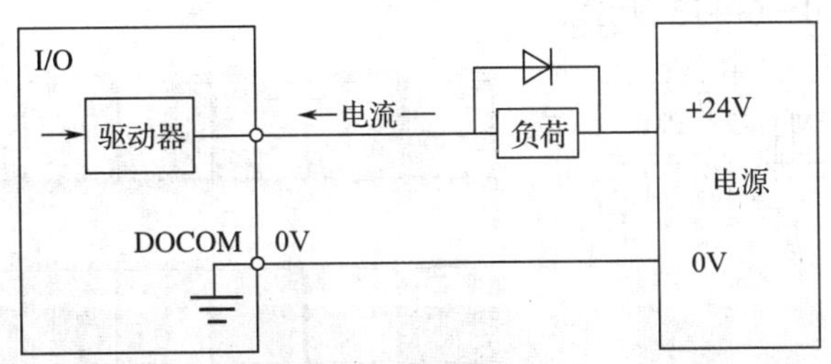

图 6—11　作漏型输出使用

当使用分线盘等 I/O 模块时，输出方式可全部采用源型和漏型输出通过 DOCOM 端，安全起见推荐使用源型输出即 +24 V 输出，同时在连接时注意续流二极管的极性，以免造成输出短路。

二、I/O LINK 的设定

当硬件连接好后就可以开始进行 I/O 单元的软件设定，即确定 Xm/Yn 中的 *m/n* 的数值，如图 6—12 所示。图中系统连接了 3 块 I/O 模块，第一块为机床操作面板，第二

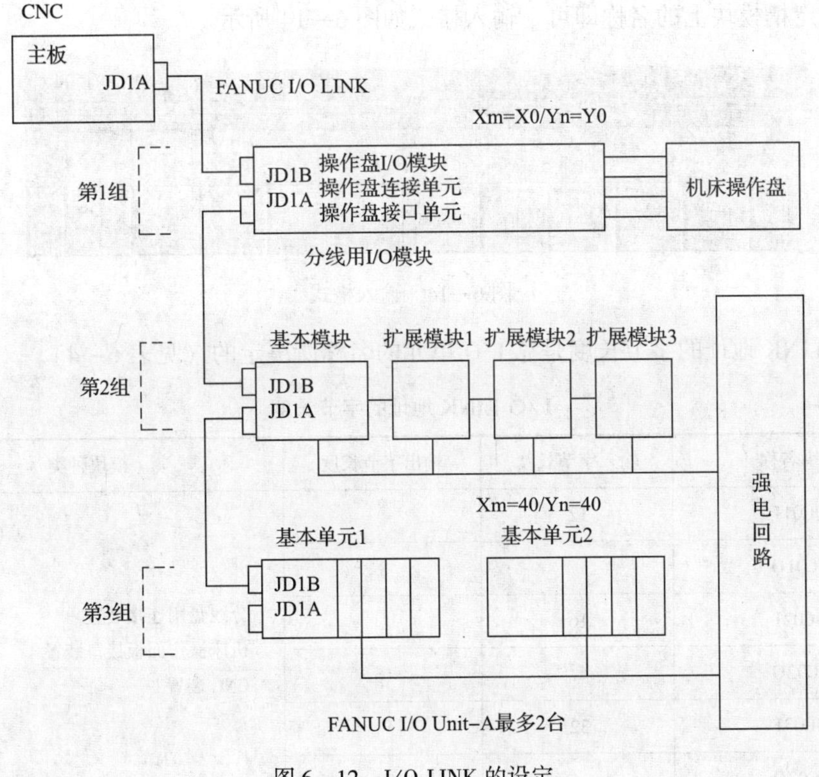

图 6—12　I/O LINK 的设定

块为分线盘 I/O 模块，第三块为 I/O unit - A 模块。其物理连接顺序决定了其组号的定义即依次为第零组、第一组、第二组。其次再决定每组所控制的输入、输出的起始地址。确定好以上的条件后即可以开始进行实际的设定操作。

操作按键步骤如图 6—13 所示。

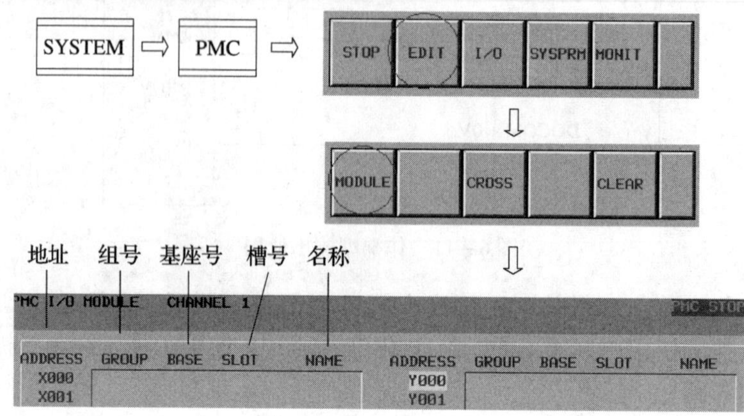

I/O LINK 设定画面

图 6—13　操作按键步骤

按实际的组号和定义的输入、输出地址依次设定，除 I/O UNIT - A 外基座号和槽号是 0、1。对 I/O UNIT - A 来说，各基座和基座上各槽的模块需要分别进行设定，各槽名称设定槽模块上的名称即可。输入格式如图 6—14 所示。

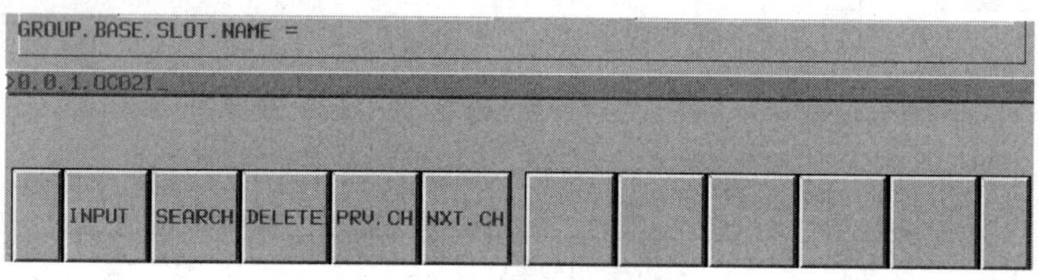

图 6—14　输入格式

I/O LINK 地址的字节长度是靠 I/O 单元的名称所决定的（见表 6—4）。

表 6—4　**I/O LINK 地址的字节长度**

模块名称	输入字节长度	输出字节长度	模块种类
OC01I	12		分线盘用连接装置 机床操作面板接口装置 CNC 装置
OC01O		8	
OC02I	16		
OC02O		16	
OC03I	32		
OC03O		32	

续表

模块名称	输入字节长度	输出字节长度	模块种类
/n	n		特殊模块
/n		n	
CM16I	16		分线盘 I/O 模块
CM08O		8	
根据模块上名称设定			I/O UNITA
#n	n	n	I/O UNITB
FS04A	4	4	POWER MATE 等
FS08A	8	8	

手轮的连接：FANUC 的手轮是通过 I/O 单元连接到系统上的，模块设定时名称一定要设为 16 个字节，后 4 个字节中的前 3 个字节分别对应 3 个手轮的输入界面。当摇动手轮时可以观察到所对应的一个字节中有数值的变化，所以应用此界面可以判断手轮的硬件和接口的好坏。当有不同的 I/O 模块设定了 16 个字节后，通常情况下只有连接到第一组的手轮有效（作为第一手轮时，FANUC 最多可连接 3 个手轮），如果需要更改到其他的后序模块时，可通过参数 NO7105#1、NO12305 ~ NO12307 第一至第三手轮分配的 X 地址来设定。

要点：地址分配时，要注意 X8.4、X9.0 ~ X9.4 等高速输入点的分配要包含在相应的 I/O 模块上，关键是组号的定义一定要和实际的物理接序保持一致。正确设定后必须写入 F - ROM 中并关机再开机后设定才生效。

项目 6

三、机床按键地址表

机床按键地址表如图 6—15 所示。

掌握：

1. 常用的几组 I/O 模块的硬件连接（包括输入、输出的源型和漏型连接的区别）。
2. I/O LINK 的软件设定和基本操作。
3. 手轮的连接和相关的注意事项。

练习：

1. 根据现有的试验设备和连接顺序确定 I/O LINK 的设定，并通过 PMC 的诊断界面检验设定的结果。

2. 单手轮在连接到不同组号的 I/O 模块上时，如何检查其硬件接口的好坏和如何实现手轮的控制。

3. 多手轮如何实现控制：

（1）多手轮接入同一 JA3 的不同的端子，系统可以自动检测出第一、第二手轮顺序。

（2）多手轮接入 JA3 的相同的端子，通常情况下系统只认第一组所接入的手轮，其他的无效。这时可通过参数 NO7105#1、NO12305、NO12306 来设定多手轮有效和手轮的顺序。

- 按钮和 LED

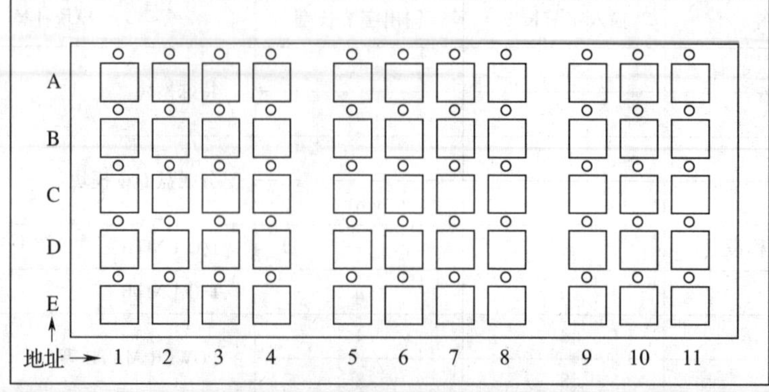

键/LED \ 位	7	6	5	4	3	2	1	0
Xm+4/Yn+0	B4	B3	B2	B1	A4	A3	A2	A1
Xm+5/Yn+1	D4	D3	D2	D1	D4	C3	C2	C1
Xm+6/Yn+2	A8	A7	A6	A5	E4	E3	E2	E1
Xm+7/Yn+3	C8	C7	C6	C5	B8	B7	B6	B5
Xm+8/Yn+4	E8	E7	E6	E5	D8	D7	D6	D5
Xm+9/Yn+5		B11	B10	B9		A11	A10	A9
Xm+10/Yn+6		D11	D10	D9		C11	C10	C9
Xm+11/Yn+7						E11	E10	E9

- 旋钮开关 SA1：进给速度倍率用

%	0	1	2	4	6	8	10	15	20	30	40	50	60	70	80	90	95	100	105	110	120
Xm+0.0	0	1	1	0	0	1	1	0	0	1	1	0	0	1	1	0	0	1	1	0	0
Xm+0.1	0	0	1	1	1	1	0	0	0	0	1	1	1	1	0	0	0	0	1	1	1
Xm+0.2	0	0	0	0	1	1	1	1	1	1	1	1	0	0	0	0	0	0	0	0	1
Xm+0.3	0	0	0	0	0	0	0	0	1	1	1	1	1	1	1	1	1	1	1	1	1
Xm+0.4	0	0	0	0	0	0	0	0	0	0	0	0	0	0	0	0	1	1	1	1	1
Xm+0.5	0	1	0	1	0	1	0	1	0	1	0	1	0	1	0	1	0	1	0	1	0

注：Xm+0.5 是奇偶校验位。

- 旋钮开关 SA2：主轴倍率用

%	50	60	70	80	90	100	110	120
Xm+1.2	0	1	0	1	0	1	0	1
Xm+1.1	0	0	0	0	0	0	0	0
Xm+1.0	0	0	0	0	1	1	1	1
Xm+0.7	0	0	1	1	1	1	0	0
Xm+0.6	0	1	1	0	0	1	1	0

注：Xm+1.2 是奇偶校验位。

图 6—15　机床按键地址表

（3）多手轮接入不同 JA3 的不同的端子，其处理方法同上。

相关的参数和信号：NO7100 手轮的个数。

G18.0～G18.3第一手轮轴选；G18.4～G18.7第二手轮轴选；G19.0～G19.3第三手轮轴选。

4. 当PMC报警诊断界面显示ER97报警后，如何排查故障原因。

原因1：通过PMC诊断界面下的I/O CHK软件菜单诊断系统所监测到的I/O单元的数量和实际连接数量是否相当，即是否有硬件的损坏（包括电缆线）。

注意：不同的PMC类型可能有不同的检测方式。

原因2：是否有相同的组号设定。

原因3：是否在软键设定上有多设和少设组的问题。

任务4　PMC的诊断功能

当设定好I/O LINK后，可以通过PMC的诊断功能中的状态监控界面来检验设定信号是否正确，并可以通过此界面强制输入一些输入、输出信号来配合PMC的调试和临时屏蔽一些外部报警。

操作方法如图6—16所示。

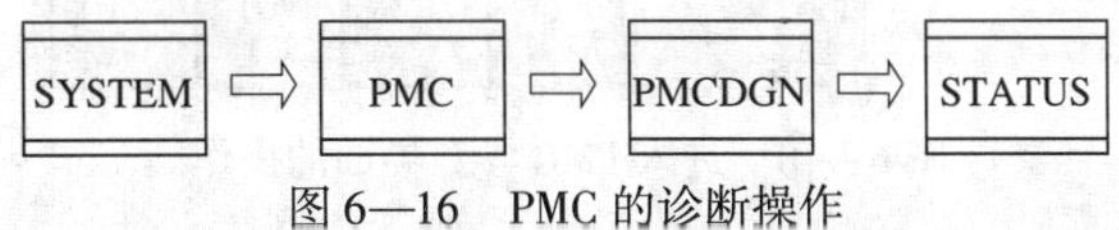

图6—16　PMC的诊断操作

对于信号强制输出的操作有以下两种方式（视PMC的型号而不同）：

一、普通强制设定

当外部输入信号（X）没有连接硬件时可以采用此方法强制，对于输出信号（Y、R、G等信号）来说如果没有和PMC扫描状态的竞争（或PMC停止扫描）也可以进行此种强制设定。对于NC的输出信号F不能进行任何强制操作。

二、自锁强制设定

当外部输入信号（X）进行硬件的连接，输出信号（Y）和PMC扫描状态发生竞争时，普通强制设定不能改变其状态，此时可以采用自锁强制来进行设定，如图6—17所示。

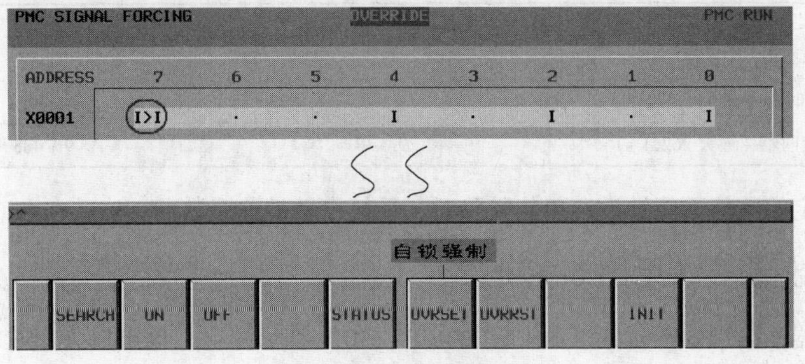

图6—17　自锁强制设定

掌握：

1. 掌握通过诊断界面查找信号状态的方法。
2. 具备通过强制功能来处理维修过程中的一些问题的能力。

练习：通过强制设定使伺服电动机和主轴电动机输出动力，而忽略 PMC 的时序过程。

任务 5　PMC 参数的设定

进入 PMC 参数界面的操作如图 6—18 所示。

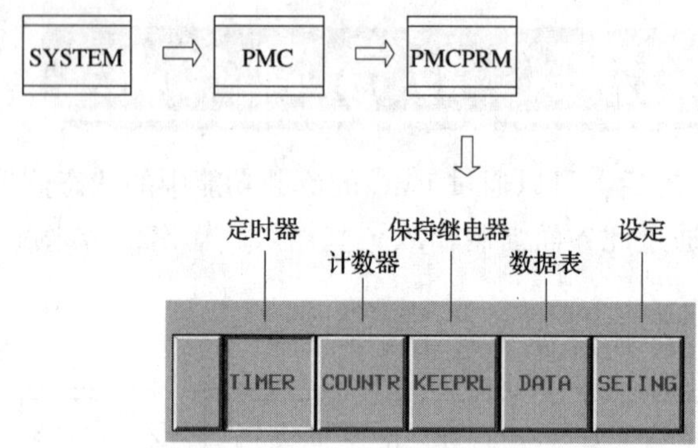

图 6—18　进入 PMC 参数界面的操作

一、定时器 T（见图 6—19）

PMC PRM (TIMER) #001　　　　PMC RUN

NO.	ADDRESS	DATA	NO.	ADDRESS	DATA	NO.	ADDRESS	DATA
001	T000	48	016	T030	0	031	T060	0
002	T002	0	017	T032	0	032	T062	0
003	T004	0	018	T034	0	033	T064	0

图 6—19　定时器 T

定时器根据指令不同可以由 CNC 的 CRT/MDI 单元设定，也可以在 PMC 上进行设定（见表 6—5）。

表 6—5　定时器设定

型号 定时器类型	SA1	SB7
48 ms 定时器（最大 1 572. 8 s）	1 ~ 8	1 ~ 8
8 ms 定时器（最大 262. 1 s）	9 ~ 40	9 ~ 488

当设定的数值不能被设定单位整除时，系统自动消除余数。

二、计数器 C（见图 6—20）

计数器根据指令不同可以由 CNC 的 CRT/MDI 单元设定，也可以在 PMC 上进行设定（见表 6—6）。

PMC PRM (COUNTER) #001 PMC RUN

NO.	ADDRESS	预设值 PRESET	当前值 CURRENT	NO.	ADDRESS	PRESET	CURRENT
001	C000	9	5	016	C060	0	0
002	C004	0	0	017	C064	0	0
003	C008	0	0	018	C068	0	0
004	C012	0	0	019	C072	0	0
005	C016	0	0	020	C076	0	0

图6—20 计数器C

表6—6 **计时器设定**

型号	SA1	SB7
计数器个数	20	100
字节数	80	400

三、保持型继电器和非易失性存储器控制地址K（见图6—21）

PMC PRM (KEEP RELAY) #001

ADDRESS	DATA
K00	00000001
K01	00000000
K02	00000000
K03	00000000
K04	00000000
K05	00000000
K06	00000000
K07	00000000
K08	00000000
K09	00000000
K10	00000011
K11	11110110
K12	00001111
K13	00000000
K14	00000000

图6—21 保持型继电器和非易失性存储器控制地址K

保持型继电器即使在系统断电的情况下也可记忆状态内容。其中K16. #6、K16. #7为非易失性存储器控制地址，K17 ~ K19为PMC系统软件参数。常用在PMC中作为功能开启信号。

四、数据表D

数据表是一种保持型数据寄存器，用户可以对它通过参数界面和PMC程序进行赋值读取等操作，例如加工中心上的刀库的刀具登录界面经常用到数据表。数据表界面包括数据表控制数据界面和数据表界面，数据表控制界面可以对数据表进行相关组的设定，如增加组的数量、每组的起始寄存器的地址和数量、数据的类型长度等；数据表界面可以对数据表的数据进行赋值操作、组号和寄存器的搜索等。

数据表参数如图6—22所示。

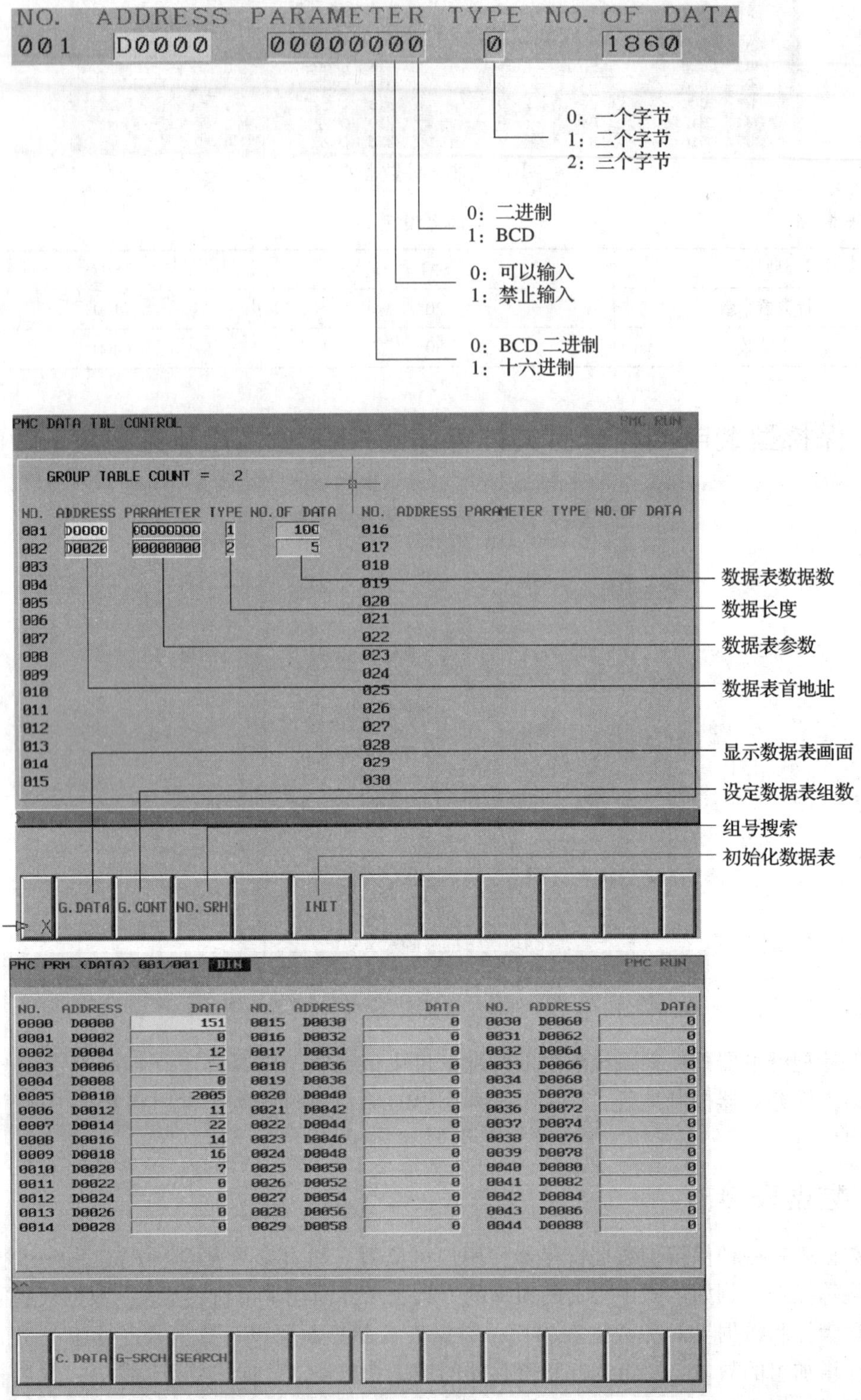

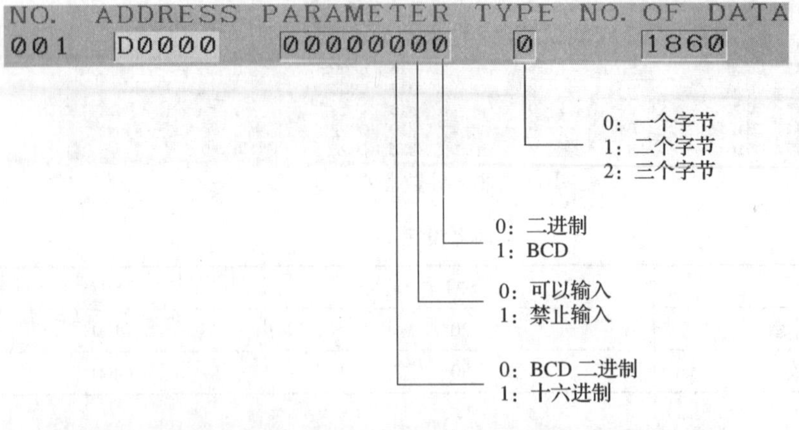

PMC DATA TBL CONTROL　　PMC RUN

GROUP TABLE COUNT = 2

NO.	ADDRESS	PARAMETER	TYPE	NO. OF DATA	NO.	ADDRESS	PARAMETER	TYPE	NO. OF DATA
001	D0000	00000000	1	100	016				
002	D0020	00000000	2	5	017				
003					018				
004					019				
005					020				
006					021				
007					022				
008					023				
009					024				
010					025				
011					026				
012					027				
013					028				
014					029				
015					030				

G. DATA　G. CONT　NO. SRH　INIT

数据表数据数
数据长度
数据表参数
数据表首地址
显示数据表画面
设定数据表组数
组号搜索
初始化数据表

PMC PRM (DATA) 001/001 BIN　　PMC RUN

NO.	ADDRESS	DATA	NO.	ADDRESS	DATA	NO.	ADDRESS	DATA
0000	D0000	151	0015	D0030	0	0030	D0060	0
0001	D0002	0	0016	D0032	0	0031	D0062	0
0002	D0004	12	0017	D0034	0	0032	D0064	0
0003	D0006	-1	0018	D0036	0	0033	D0066	0
0004	D0008	0	0019	D0038	0	0034	D0068	0
0005	D0010	2005	0020	D0040	0	0035	D0070	0
0006	D0012	11	0021	D0042	0	0036	D0072	0
0007	D0014	22	0022	D0044	0	0037	D0074	0
0008	D0016	14	0023	D0046	0	0038	D0076	0
0009	D0018	16	0024	D0048	0	0039	D0078	0
0010	D0020	7	0025	D0050	0	0040	D0080	0
0011	D0022	0	0026	D0052	0	0041	D0082	0
0012	D0024	0	0027	D0054	0	0042	D0084	0
0013	D0026	0	0028	D0056	0	0043	D0086	0
0014	D0028	0	0029	D0058	0	0044	D0088	0

C. DATA　G-SRCH　SEARCH

图 6—22　数据表参数

项目 6

五、SETTING 界面

在 PMC 参数界面的 SETING 界面可以对 PMC 的界面显示的状态进行设定。

掌握：

熟悉 PMC 参数界面的操作，对数据表界面要可以熟练地进行分组设定和赋值操作，为后续功能指令的应用打好基础。

任务 6　FANUC－PMC 编制的相关信号、参数和地址

一、机床的保护信号

机床设计人员在设计调试机床 PMC 的第一步应事先处理机床的保护信号，如急停、复位、垂直轴的制动、行程限位等，以防在调试过程中出现紧急情况下可以进行中断系统的运行。

注意：以下所介绍的信号中标有＊标记的点表示低电平有效。

1. 急停信号

＊X8.4：作为系统的高速输入信号而不经过 PMC 的处理而直接响应。

＊G8.4：PMC 输入 NC 的急停信号。

只要以上两个信号中的任意一个信号为低电平，则系统就会产生急停报警。

2. 复位信号

系统的复位信号分为内部复位信号和外部复位信号两类。

F1.1：当系统的 MDI 键盘上的 RESAT 键按下时，系统执行内部复位操作中断当前系统的操作，同时输出此信号给 PMC，用来中断机床的其他辅助动作。

G8.7：外部复位信号。当此信号为 1 时，系统中断当前的操作。可以作为 M02、M30 的输出。

G8.6：外部复位信号。当此信号为 1 时，系统中断当前的操作的同时执行倒带动作返回程序的开头。

3. 行程限位信号（见图 6—23）

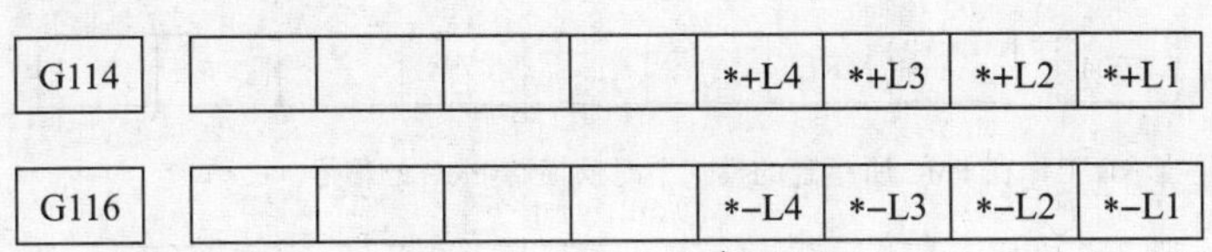

G114					*+L4	*+L3	*+L2	*+L1
G116					*–L4	*–L3	*–L2	*–L1

图 6—23　行程限位信号

4. G114/G116

对于机床的行程保护来说一般有三级保护，第一级软限位保护，可通过参数进行设

定；第二级硬限位保护即通过外部限位开关接通 G114/G116；最后一级为机床死挡铁，这是机床的机械限位。通常在没有建立原点时可以设定软限位是无效的，这时就必须通过机床的行程限位信号来保护机床。但机床在某一方向超程时，系统会产生#506 + 或#507 - 的限位报警，机床只能向反方向运动。

相关参数如图 6—24 所示。

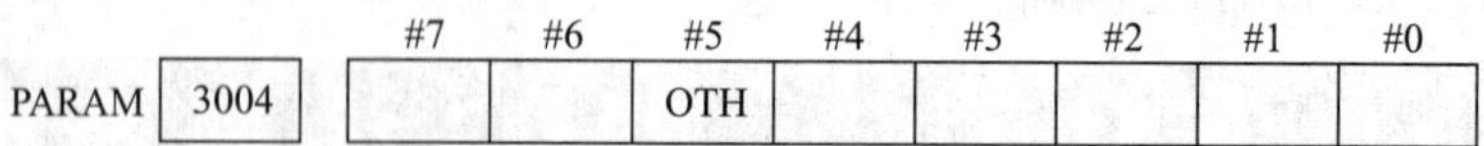

PARAM	#7	#6	#5	#4	#3	#2	#1	#0
3004			OTH					

#5（OTH）0：超程限位有效

1：超程限位无效

图 6—24　G114/G116 的相关参数

5．垂直轴的制动控制信号

对于铣床的 Z 轴和斜床身车床的 X 轴来说，当系统和伺服正常启动后，依靠伺服电动机本身所输出的力矩来抵抗因重力所产生的下滑。当系统或伺服断电、报警时伺服电动机会成自由状态，同时依靠外部的制动装置如电动机的制动碟片、丝杠的制动器等来抵抗重力下滑。所以需要一个控制信号用作伺服电动机励磁后控制外部制动装置打开的信号。

F1.7：系统准备就绪。

F0.6：伺服准备就绪。此信号可用作制动解除的控制信号，信号为 1 时制动关闭，当伺服或系统产生报警使其变为 0 时制动打开。

二、操作模式的建立

机床的各种运动是建立在相对应的模式下的，如自动运行方式下的记忆模式、MDI 模式等，手动方式下的 JOG 模式、手轮模式、回零模式等。机床常用模式信号如图 6—25 所示。

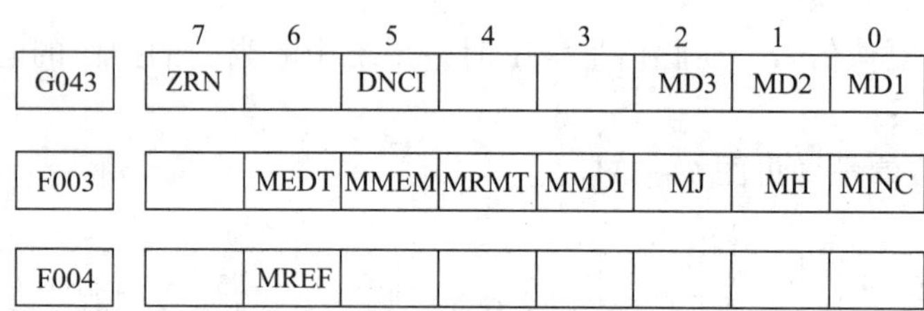

	7	6	5	4	3	2	1	0
G043	ZRN		DNCI			MD3	MD2	MD1
F003		MEDT	MMEM	MRMT	MMDI	MJ	MH	MINC
F004		MREF						

F3/4 的信号是当 NC 工作在 PMC 所指定的模式下时反馈给 PMC 的信号。

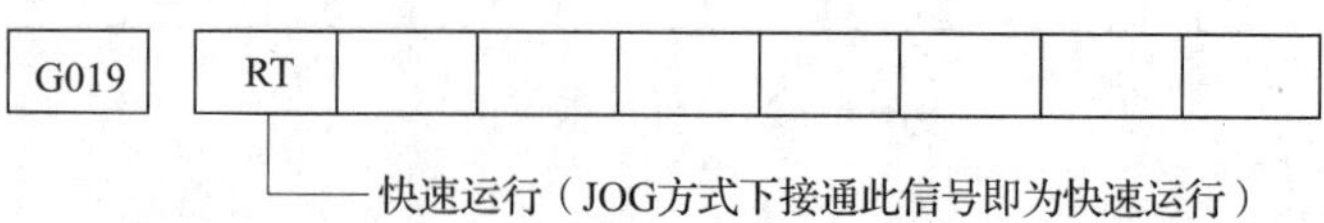

	7	6	5	4	3	2	1	0
G019	RT							

RT：快速运行（JOG方式下接通此信号即为快速运行）

ZRN	DNCI	MD4	MD2	MD1	方式	输出信号	界面显示
—	—	0	1	1	存储器编辑（EDIT)	MEDT	EDT
—	0	0	0	1	自动运转（MEM)	MMEM	MEM
—	1	0	0	1	远程运转（RMT)	MRMT	RMT
—	—	0	0	0	手动数据输入（MDI)	MMDI	MDI
—	—	1	0	0	手轮/增量进给	MH/MINC	HND/INC
0	—	1	0	1	手动连续进给（JOG)	MJ	JOG
1	—	1	0	1	回参考点（REF)	MREF	REF
—	—	1	1	1	TEACH IN HANDLE	MTCHIN + MH	THND
—	—	1	1	0	TEACH IN JOG	MTCHIN + MJ	TJOG

■ “—”符号：无关（“0”“1”都无效）

图6—25　机床的常用模式信号

任务7　关于手轮/增量模式

手轮信号和增量信号是同一模式信号，对于0i系统可以通过NO8131来设定，对于16/18i的系统则默认通过手轮模式（功能选通）设定。让两种模式同时运行可以通过参数NO7100来设定，如图6—26所示。

PARAM	8131	#7	#6	#5	#4	#3	#2	#1	#0
									HPG

#0（HPG）0：手轮进给不使用

1：手轮进给使用

当HPG设定1时，NC模式显示为手轮模式。当HPG设定0时，NC显示为增量模式。

PARAM	7100	#7	#6	#5	#4	#3	#2	#1	#0
									JHD

#0（JHD）0：在手动方式下，手轮进给或增量进给无效

1：在手动方式下，手轮进给或增量进给有效

	JHD = 0		JHD = 1	
	JOG方式	手轮方式	JOG方式	手轮方式
JOG进给	O	X	O	X
手轮进给	X	O	O	O
增量进给	X	X	X	O

图6—26　手轮/增量模式

项目6

任务8　速度的建立

操作模式建立后，机床的运行在各种模式下都要有运行的速度，其速度值是设定在参数中的，而 PMC 需要提供给 NC 速度输出的倍率控制，从而产生实际的速度输出。

手动方式下有如下速度倍率需要处理：手动方式速度 = 参数设定值（No. 1423）× 手动进给倍率%（G10，G11），如图 6—27 所示。

G010	*JV7	*JV6	*JV5	*JV4	*JV3	*JV2	*JV1	*JV0
G011	*JV15	*JV14	*JV13	*JV12	*JV11	*JV10	*JV9	*JV8

图 6—27　速度倍率

手动进给倍率：G010 ~ G011，0.00% ~655.35%。

快速方式速度 = 参数设定值（No. 1420）×快速倍率

快速倍率：ROV1，ROV2（G014.0，G014.1），见表 6—7。

表 6—7　快速倍率

ROV2	ROV1	倍率
0	0	100%
0	1	50%
1	0	25%
1	1	F。

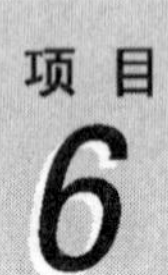

关于快速方式速度的参数如图 6—28 所示。

PARAM 1420　各轴的快速移动速度　[mm/min]

注：也是G00的速度。

PARAM 1424　各轴的手动快速移动速度　[mm/min]

注：当设定值为0时，为PARAM1420的值。

PARAM 1421　各轴的快速移动倍率的F。速度　[mm/min]

PARAM 1424　各轴的手动快速移动速度　[mm/min]

注：当PARAM1424为0时，回零速度为PARAM1420的值。

图 6—28　关于快速方式速度的参数

手轮和增量的倍率：MP1，MP2（G19.4，G19.5），如图 6—29 所示。

MP2	MP1	倍率
0	0	×1
0	1	×10
1	0	×m
1	1	×n

PARAM	7113	手轮进给的倍率m（1~127）
PARAM	7114	手轮进给的倍率n（1~1000）

图 6—29　手轮和增量的倍率

在自动方式下，切削进给速度 = 程序中设定的 F × 切削进给倍率，如图 6—30 所示。

切削进给倍率 G12

G012	*FV7	*FV6	*FV5	*FV4	*FV3	*FV2	*FV1	*FV0

PARAM	1422	最大切削进给速度（所有轴通用）	mm/min
PARAM	1430	各轴最大切削进给速度	mm/min

注：PARAM1430仅在直线差补、圆弧差补时有效。在极坐标差补和圆筒差补时，即使指定了PARAM1430的值，也会被PARAM1422钳制。

图 6—30　切削进给速度

有了操作模式和各模式下所需的运行速度后，机床的运行还需要运行信号来启动。

在手动方式、增量方式、回零方式下选择相应轴的进给方向，当信号为“1”时轴开始运动。在选通方式接通前接通该信号是无效的。

轴选择信号如图 6—31 所示。

		#7	#6	#5	#4	#3	#2	#1	#0
	G100	+J8	+J7	+J6	+J5	+J4	+J3	+J2	+J1
	G102	–J8	–J7	–J6	–J5	–J4	–J3	–J2	–J1
PARAM	1002								JAX

#0（JAX）0：手动进给时同时控制轴数为1

1：手动进给时同时控制轴数最多为3

图 6—31　轴选择信号

自动方式下的循环启动/停止如图 6—32 所示。

机床在自动运转方式下，NC 会根据不同的运行状态反馈这些信号，如机床工作灯的处理等（见表 6—8）。

G007						ST		
G008			*SP					

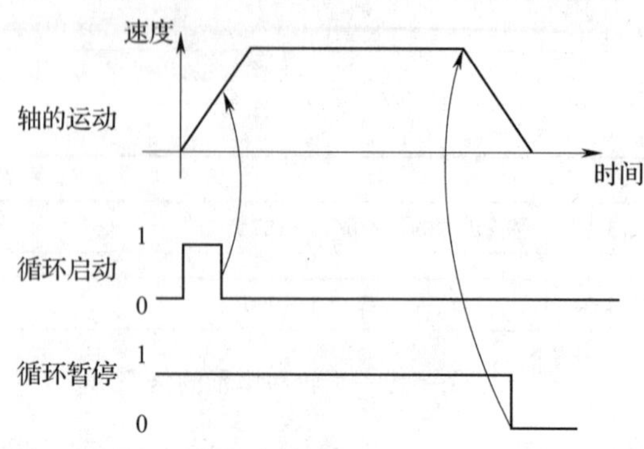

ST：循环启动信号。此信号为下降沿有效。
*SP：循环暂停信号。程序运行时保持为“1”。

F000	OP		STL	SPL				

OP：自动运转信号
STL：自动运转中启动信号
SPL：自动运转中停止信号

图 6—32　自动方式下的循环启动/停止

项目 6

表 6—8　　**机床工作灯的处理**

机床工作灯	OP	STL	SPL
复位状态	0	0	0
自动运转状态	1	1	0
自动运转暂停状态	1	0	1
自动运转停止状态	1	0	0

自动方式下的几种功能：

单段（SBK）：G46. 1 程序单节执行。

空运行（DRN）：G46. 7。程序中的进给速度无效，执行 NO1410 的速度。

程序段选跳（BDT）：G44. 0，G45。当程序运行的单节前标有/1（2 ~9）跳断标记时，如果相应的跳断信号有效则跳过此单节运行，反之正常运行此单节。

手动绝对值（＊ABSM）：G6. 2。当此信号为 1 时，手动的移动量不会计算到工件坐标系中，因此实际的结果会造成工件坐标系的偏移。所以在使用此信号时要多加注意，以免造成撞刀等故障。可采用手动回零消除偏差。

任务9 M、S、T 功能的处理

当以上信号处理完成后，机床的伺服轴具备了在各种模式下运行的条件。下一步就需要处理机床的辅助动作，包括 M 代码的处理、S 主轴功能的处理、T 刀具交换的处理。

NC 的指令的发出有两种形式，一种是以 G 代码的形式发出用来指定伺服电动机按照一定的轨迹来运行，一种是以 M、S、T 的代码形式发出，而具体执行的动作需要 PMC 赋予。具体执行的时序如图 6—33 所示。

1. 首先 NC 会把具体代码的数值发送到 PMC 特定的代码寄存器中，同是会有相应的辅助功能触发信号也送到 PMC 中去。

2. PMC 会根据 NC 的特定信息而执行译码动作，并触发相应的机床动作功能。例如，主轴的旋转控制、换刀动作等。

3. 当动作执行完成后，PMC 会发一个完成信号给 NC 表示动作执行状态已完成，NC 可以继续执行以下动作。

4. 当 NC 接到完成 PMC 的完成信号后，会切断辅助功能的触发信号，表示 NC 响应了 PMC 的完成信号。

5. 当 NC 的触发信号关断后，PMC 切断返回给 NC 的完成信号。

6. 当 NC 采样到 PMC 的完成信号的下降沿后，程序开始往下执行，辅助功能循环结束。

图 6—33 以 M 代码为例，S、T 代码的处理时序与此类同。

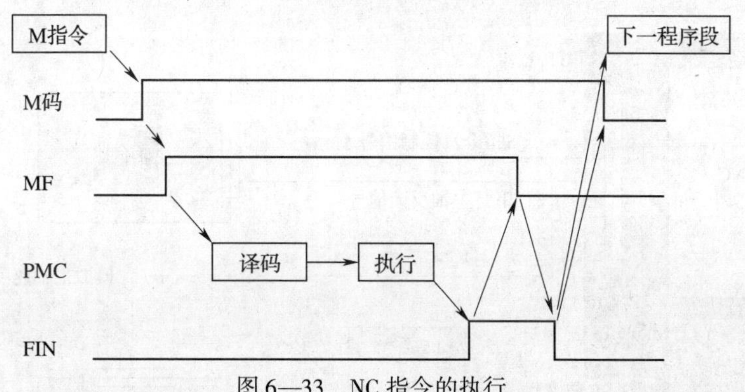

图 6—33 NC 指令的执行

M、S、T 功能的相关信号见表 6—9。

表 6—9　　M、S、T 功能的相关信号

	M 功能	S 功能	T 功能
代码寄存器信号	F10 ~ F13	F22 ~ F25	F26 ~ F29
触发信号	F7.0	F7.2	F7.3
完成信号	G4.3		

注：在 M 代码中有一些为系统专用的 M 代码，系统本身会发出相应的 F 地址，它们不需要另行译码。

程序结束代码：M02－F9.5/M30－F9.4。

程序选择停止代码：M01－F9.6。

程序停止代码：M00－F9.7。

系统专用不需要 PMC 处理的 M 代码。

子程序呼叫/返回代码：M98/M99。

宏中断代码：M96/M97。

练习：比较下列两种辅助功能完成程序编法的不同（见图 6—34），会造成什么影响？

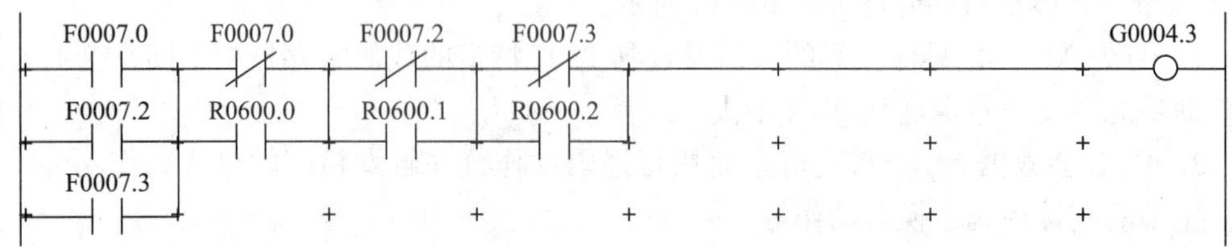

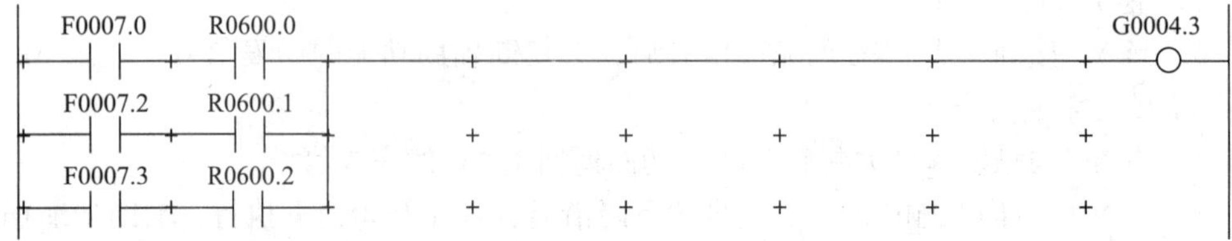

R600.0：M功能完成汇总。R600.1：S功能完成。R600.2：T功能完成。

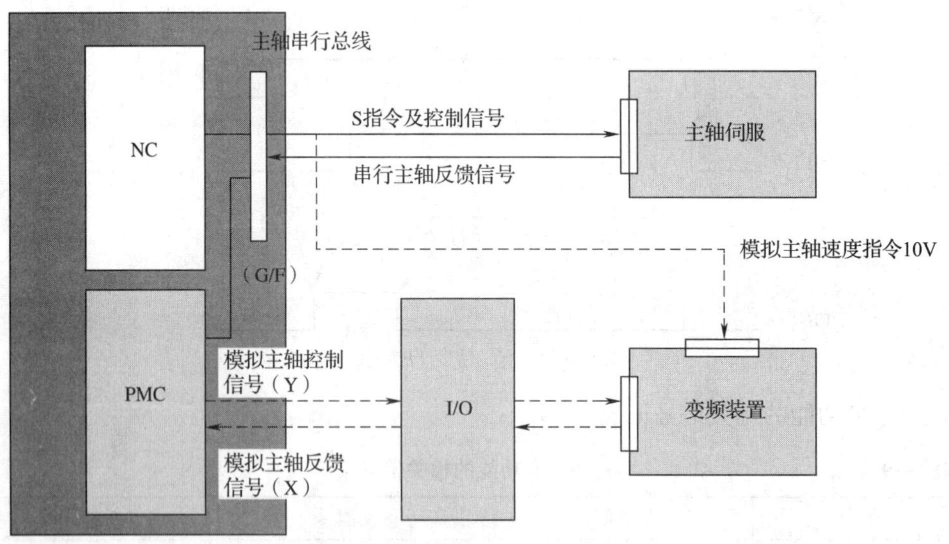

图 6—34　两种辅助功能完成的编制

作为主轴的控制分两路控制，一路是串行主轴的控制，一路是模拟主轴的控制。

串行主轴的速度指令是由 NC 以数字形式发送给主轴放大器的。

S 指令主要控制的是主轴的速度，主轴要想获得速度指令首先要注意以下几个信号：

（1）主轴急停：＊G71.1。

（2）机床准备：G70.7。

（3）主轴停止：＊G29.6。

当以上信号不正确时，主轴是不能获得速度指令的。

S 触发信号：F7.3，S 代码：F22 ~ F25；S 指令：F36.0 ~ F37.3，SAR：主轴速度到达 G29.4。

No. 3708#0 = 1 检查主轴速度到达信号。当到达信号为 0 时，禁止伺服轴的进给。

齿轮换挡：M 系：F34.0 ~ 2　　　　No. 3706#4 GTT：0 M 型

　　　　　T 系：G28.2，G28.1　　　　　　　　　1 T 型

＊SSTP = 0 G29.6 和 SOR G29.5 主轴定向停止 G29.5 = 1 使主轴电动机在一定速度下运行。No. 3705#1 GST = 0，No. 3706 定位方向。

定向或换挡时主轴电动机的速度 No. 3732（r/min）。

齿轮换挡的速度设定如下。

A 型换挡方式（No. 3705#2 = 0）如图 6—35 所示。

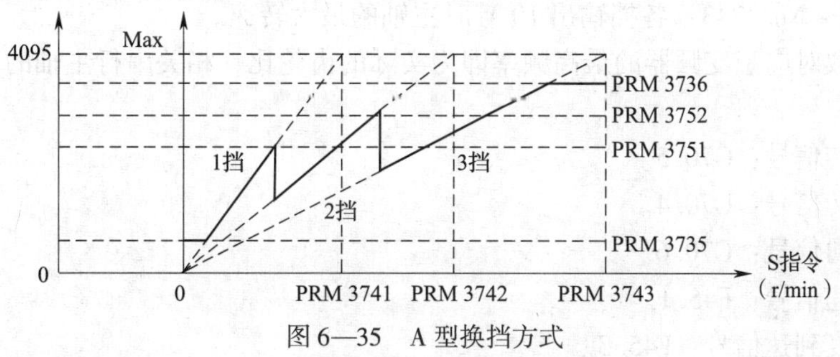

图 6—35　A 型换挡方式

No. 3741 ~ No. 3743：各挡主轴的最高转速（r/min）。

No. 3735、No. 3736：主轴最低/最高钳制速度（钳制速度/主轴最高转速 ×4095）。

No. 4020：主轴电动机的最高转速。

注：各挡主轴的最高转速和主轴电动机的最高转速参数之比是实际各挡的齿轮比

A 型换挡即为换挡时主轴电动机都处在最高转速下。

B 型换挡方式（No. 3705#2 = 1）如图 6—36 所示。

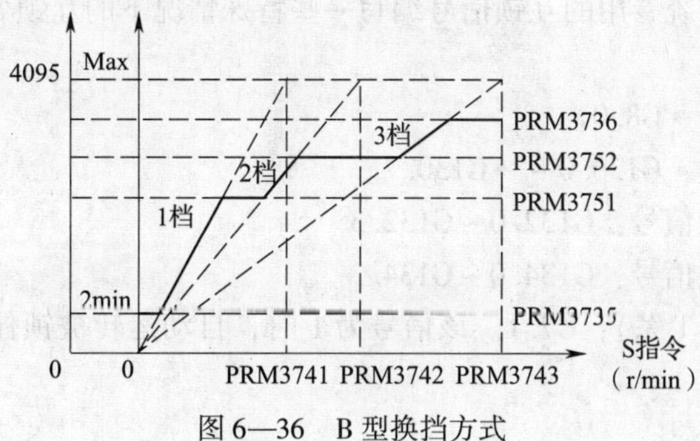

图 6—36　B 型换挡方式

B 型换挡即为各挡换挡时主轴电动机在一个特定的转速下。

No. 3751：低挡到中挡时主轴电动机的界限速度。

No. 3752：中挡到高挡时主轴电动机的界限速度。

设定值 = （主轴电动机的界限速度/主轴电动机的最高速度） ×4095。

模拟主轴的速度控制指令是 NC 以 ±10 V 的模拟量输送给变频器等控制装置，如图 6—37 所示。

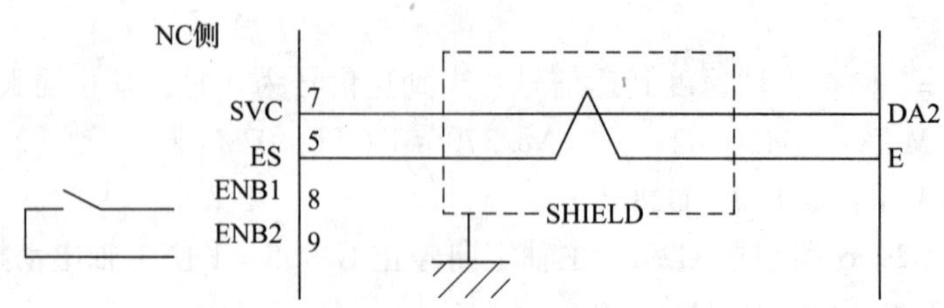

图 6—37 模拟主轴的速度控制

SVC ~ ES：模拟电压端。

ENB1 ~ ENB2：当 NC 发出指令电压后，此触点接通。

No. 3741 ~ No. 3743：各挡输出 10 V 时主轴的最大转速。

以上参数对应于变频器的最高频率即为实际的齿轮比，相关串行主轴的控制信号如下。

主轴正转信号：G70. 5。

主轴反转信号：G70. 4。

主轴定向信号：G70. 6。

主轴零速信号：F45. 1。

主轴速度到达信号：F45. 3。

主轴速度检出信号：F45. 2。

主轴定向完成信号：F45. 7。

任务 10 互锁的处理

以上机床信号处理完成后，机床的伺服轴和主轴、刀具动作在正常情况下运行完成，可以使用一些系统专用的互锁信号编写一些特殊情况下的互锁处理，如图 6—38 所示。

全轴互锁信号：＊G8. 0。

各轴互锁信号：＊G130. 0 ~ ＊G130. 7。

正方向各轴互锁信号：G132. 0 ~ G132. 3。

负方向各轴互锁信号：G134. 0 ~ G134. 3。

启动锁住信号（T 系）：G7. 1。该信号为 1 时，自动运转被锁住，运转中的轴减速停止运转。

G130	*IT8	*IT7	*IT6	*IT5	*IT4	*IT3	*IT2	*IT1	
G132					+MIT4	+MIT3	+MIT2	+MIT1	M系
G134					–MIT4	–MIT3	–MIT2	–MIT1	M系
G007							STLK		T系
G008								*IT1	

图 6—38　系统专用的互锁信号

相关参数如图 6—39 所示。

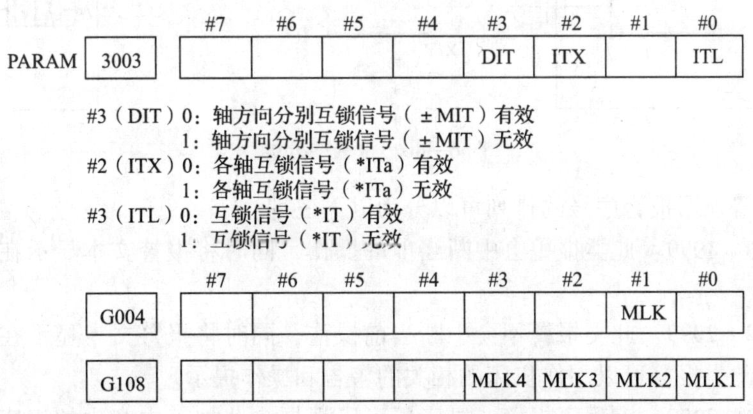

图 6—39　互锁信号的相关参数

当机床锁住信号有效后，系统不向伺服发送移动指令脉冲，同时系统会根据指令更新绝对坐标的显示，用此功能可以判断程序执行的轨迹是否正确。但要注意机床锁住后会造成实际位置和当前绝对坐标显示值的不符，应在恢复正常加工前校准当前位置。

全轴机床锁住信号：G44.1。

分轴机床锁住信号：G108#1/#2/#3/#4。

练习：通过信号试验了解各类互锁信号的执行状态，并熟悉如何通过参数来屏蔽互锁信号。特别是要了解机床锁住信号的使用对机床坐标的影响（可结合手动绝对值信号一起比较）。

任务 11　报警信号的处理

FANUC 的报警可以分成两大类。一类为内部报警，主要是 FANUC 系统根据它所控制的对象，如伺服放大器、串行主轴放大器、NC 本体等的运行状态产生的相应报警文本，这类报警是系统本身所固有的。另一类为外部报警，主要是机床厂针对所设计的机床外围部件的运行状态通过 I/O 单元来产生相应的报警文本，如图6—40 所示。

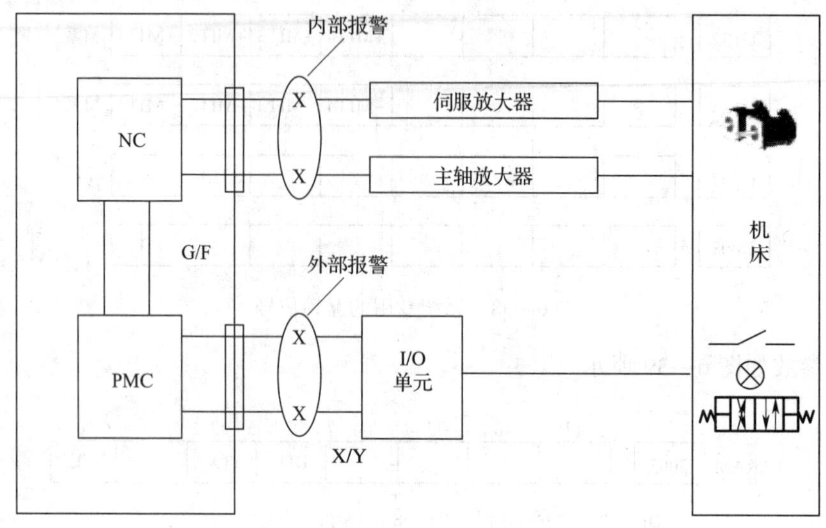

图 6—40　报警的分类

外部报警根据报警序号的排列可以分为以下三种：

1．1000～1999：此类报警会中断当前的操作，同时将报警文本显示在系统的报警界面。

2．2000～2999：此类报警不会中断当前操作，同时将报警文本显示在系统的操作信息界面。此类报警可以用作机床的相关的警告和操作提示。

3．3000～3200：宏程序报警。机床厂可以根据一些加工中产生的机床状态，在执行专用宏程序当中通过专用语句产生相应的报警提示，同时中断当前的操作。

例：N1 G01X100F500；

N2 #300＝20（TOOL NO FOUND）；执行此语句时，显示“3020 tool no found”报警

前两种报警信息是通过 PMC 中报警寄存器 A 来启动的，因此在维修过程中如果发生相应的报警，可以通过查找具体的报警寄存器回路来分析故障原因。

掌握：以上是关于 FANUC 系统信号的一个简明介绍，也是一般机床厂设计人员编制 PMC 的思路，了解和掌握这些信号后，就可以了解一些机床基本的逻辑控制原理，可以帮助用户在实际工作中解决很多问题（例如机床的一些软故障）。

练习：通过一些基本的 PMC 实例来了解这些机床的相关信号，熟悉机床的各种模式下的控制信号和主轴的运行信号等。

任务 12　功能指令

掌握了相关的机床信号后，如果想更好地分析读懂 PMC 程序，还要进一步了解相关的功能指令，如图 6—41 所示。

切削倍率

	#7	#6	#5	#4	#3	#2	#1	#0	
G12	*FV8	*FV7	*FV6	*FV5	*FV4	*FV3	*FV2	*FV1	设定值
0%	1	1	1	1	1	1	1	1	0
10%	1	1	1	1	0	1	0	1	–11
20%	1	1	1	0	1	0	1	1	–21
30%	1	1	1	0	0	0	0	1	–31
≀								≀	
130%	0	1	1	1	1	1	0	1	125
140%	0	1	1	0	0	0	0	1	115

图 6—41　相关的功能指令

任务实施

根据上面讲的知识，在实验台中完成两种方式的 PMC 程序设计。并在 PMC 练习板（见图 6—42）中进行程序的调试。

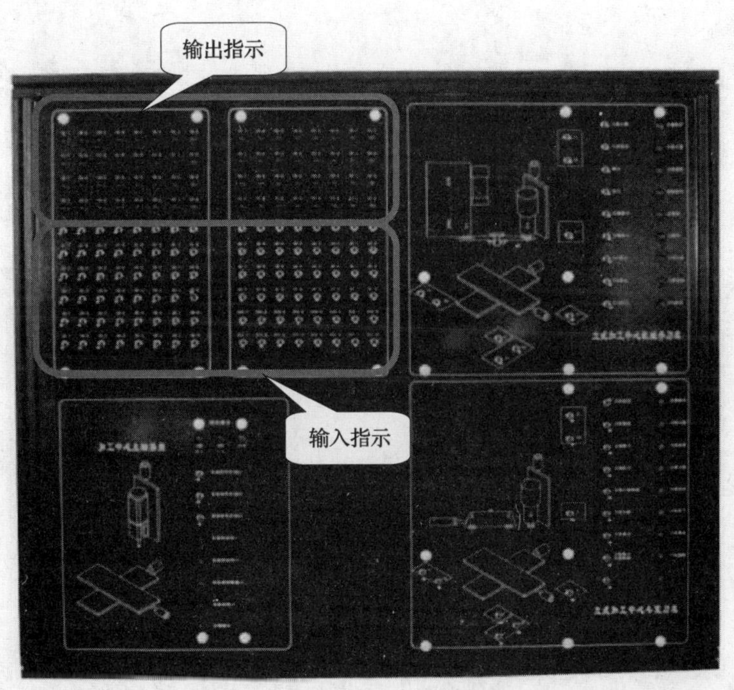

图 6—42　PMC 练习板

任务实施评价表见表 6—10。

表 6—10　　任务实施评价表

产品类型	所连接试验台规格
系统型号	
面板方式选择类型	
任　务　评　价　结　果	
波段开关方式选择	
按键方式选择	
LADDER 软件的使用与操作	

思考题

数控机床是如何实现方式选择控制的？

项目七

FANUC 使用存储卡进行数据备份和数据恢复

任务1　相关知识

FANUC 数控系统中加工程序、参数、螺距误差补偿、宏程序、PMC 程序、PMC 数据，在机床不使用时是依靠控制单元上的电池进行保存的。如果发生电池失效或其他意外，会导致这些数据的丢失。因此，有必要做好重要数据的备份工作，一旦发生数据丢失，可以通过恢复数据的办法保证机床的正常运行。

任务2　操作流程

数控系统的启动和计算机的启动一样，会有一个引导过程。在通常情况下，使用者不会看到这个引导系统。但是使用存储卡进行备份时，必须要在引导系统界面进行操作。在使用这个方法进行数据备份时，首先必须要准备一张符合 FANUC 系统要求的存储卡（工作电压为 5 V）。

使用系统引导界面备份数据方便、快捷，进入引导界面的方法如下：在系统上电时按下系统面板上软菜单最右边的两个按钮（如果错过了引导时间再按也不会出现引导界面），如图 7—1 所示。

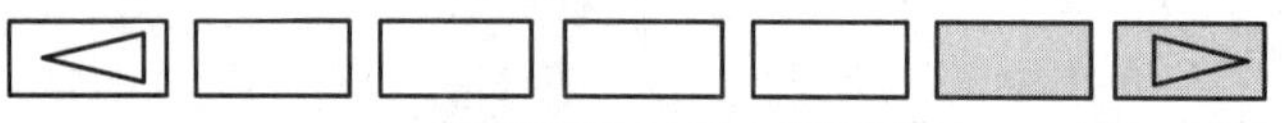

一直同时按此2个键，直到出现BOOT SYSTEM画面。

图 7—1　系统面板软菜单

CF 卡如果初次使用要事先格式化；抽取或安装 CF 卡先关闭控制器电源避免 CF 卡损坏；不要在格式化或数据存取的过程中关闭控制器电源，以避免 CF 卡损坏。

F－ROM 中存放的是系统软件和机床厂家编写的 PMC 程序以及 P－CODE 程序。S－RAM 中存放的是参数、加工程序、宏变量等数据。通过进入 BOOT 界面（见图 7—2）可以对这两个区的数据进行操作。

用软件 UP　DOWN 进行选择处理。把光标移到要选择的功能上，按 SELECT 键，英文显示“请确认”后按“YES”或“NO”进行确认。正常结束时英文显示“请按 SELECT 键”。最终选择 END 结束引导系统 BOOT SYSTEM，启动 CNC，进入主界面。

［<1］［SELECT 2］［YES 3］［NO 4］［UP 5］［DOWN 6］［7>］使用软键启动时，数字显示部的数字不显示。用软键或数字键进行 1～7 操作说明见表 7—1。

数据存储区见表 7—2。

SYSTEM MONITOR MAIN MENU （显示标题。右上角显示的是引导系统的系列号和版号。）

1. SYSTEM DATA LOADINC （把系统文件、用户文件从存储卡写入到数控系统的快闪存储器中。）
2. SYSTEM DATA CHECK （显示数控系统快闪存储器上存储的文件一览表，以及各文件128KB的管理单位数和软件的系列、确认ROM版号。）
3. SYSTEM DATA DELETE （删除数控系统快闪存储器上存储的文件。）
4. DATA SAVE （对数控系统 F-ROM 中存放的用户文件，系统软件和机床厂家编写 PMC 程序以及 P-CODE 程序写到存储卡中。）
5. SRAM DATA BACKUP （对数控系统 S-RAM 中存放的 CNC 参数、PMC 参数、螺距误差补偿量、加工程序、刀具补偿量、用户宏变量、宏 P-CODE 变量、SRAM 变量参数全部下载到存储卡中，*作备份用或复原到存储器中*。注：使用绝对编码器的系统，若要把参数等数据从存储卡恢复到系统 SRAM 中去，要把 1815 号参数的第 4 位设为 0，并且重新设置参考点。*备份：SRAM BACKUP[CNC - ---MEMORY CARD]；恢复：.RESTOR SRAM[MEMORY CARD----CNC]*）
6. MEMORY CARD FILE DELETE （删除存储卡上存储的文件）
7. MEMORY CARD FORMAT （可以进行存储卡的格式化。买了存储卡第一次使用时或电池没电了，存储卡的内容被破坏时，需要进行格式化。）
8. END （结束引导系统 BOOT SYSTEM，启动 CNC。）

*** MESSAGE ***

SELECT MENU AND HIT SELECT KEY （显示简单的操作方法和错误信息）

〔SELECT〕 〔YES〕 〔NO〕 〔UP〕 〔DOWN〕

图 7—2 BOOT 界面

表 7—1 用软键或数字键进行 1～7 操作

序号	显示	键	动作	
1	<	1	在界面上不能显示时，返回前一界面	
2	SELECT	2	选择光标位置的功能	
3	YES	3	确认执行时，按“是”回答	
4	NO	4	不确认执行时，按“否”回答	
5	UP	5	光标上移一行	
6		6	光标下移一行	
7	>	7	在界面上不能显示时，移向下一界面	

表 7—2 数据存储区

数据的种类	保存处	备注
CNC 参数	SRAM	
PMC 参数	SRAM	
顺序程序	F-ROM	
螺距误差补偿量	SRAM	任选：Power Mate i-H 上没有

续表

数据的种类	保存处	备注
加工程序	SRAM	
刀具补偿量	SRAM	
用户宏变量	SRAM	FS16i 为任选
宏 P－CODE 程序	F－ROM	宏执行程序（任选）
宏 P－CODE 变量	SRAM	宏执行程序（任选）
C 语言执行程序、应用程序	F－ROM	C 语言执行程序（任选）
SRAM 变量	SRAM	C 语言执行程序（任选）

任务 3 操作步骤

1. 按住以下 2 个键的同时接通电源。

（1）软按键：右端的软键（NEXT 键）及其左边的键，如图 7—3 所示。

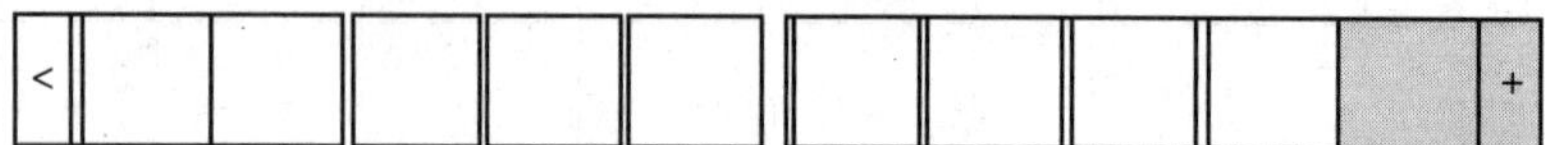

图 7—3 软按键

（2）数字键：6 和 7 键，如图 7—4 所示。

```
SYSTEM MONITOR

 1. SYSTEM DATA LOADING
 2. SYSTEM DATA CHECK
 3. SYSTEM DATA DELETE
 4. SYSTEM DATA SAVE
 5. SRAM DATA BACKUP
 6. MEMORY CARD FILE DELETE
 7. MEMORY CARD FORMAT

10. END
*** MESSAGE ***
SELECT MENU AND HIT SELECT KEY

‹1 [SEL 2] [YES 3] [NO 4] [UP 5] [DOWN 6] 7›
```

使用软键启动时，软键显示部的数字不显示。

图 7—4 数字键

2. 用软键或数字键 1 ~ 7 进行操作（见表 7—3）。

表 7—3　　用软键或数字键操作

显示	键	动作
<	1	在界面上不能显示时，返回前一界面
SELECT	2	选择光标位置的功能
YES	3	确认执行时，用“是”回答
NO	4	不确认执行时，用“否”回答
UP	5	光标上移一行
DOWN	6	光标下移一行
>	7	在界面不能显示时，移向下一界面

- 把 SRAM 的内容存到存储卡（或恢复到 SRAM）

1. 用 SYSTEM MONITOR 画面，按以下步骤选择 SRAM DATA BACKUP 画面。

①按软键［UP］.［DOWN］，把光标移至 5. SRAM DATA BACK UP

②按软键［SELECT］。

显示 SRAM DATA BACKUP 画面，如图 7—5 所示。

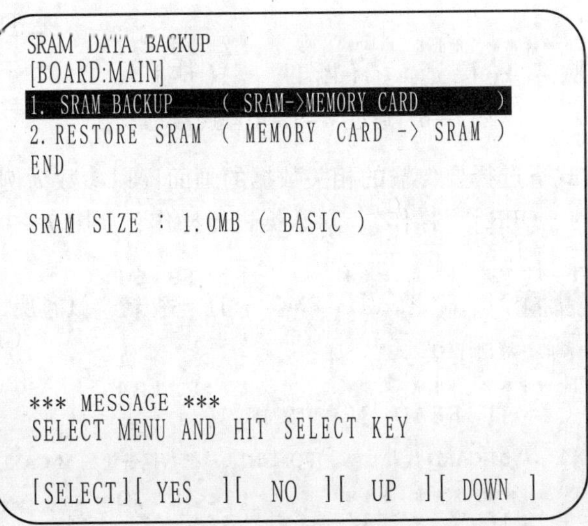

图 7—5　SRAM DATA BACKUP 画面

2. 按软键［UP］.［DOWN］，选择功能

把数据存至存储卡时：SRAM BACKUP

把数据恢复到 SRAM 时：RESTORE SRAM

3. 按以下顺序操作，进行数据的退出/恢复

①按软键［SELECT］。

②按软键［YES］。

中止处理时，按软键［NO］。

SRAM 的数据按 512kB 单位进行分割后存储/恢复

一块存储卡存不下时，需要插入下一块存储卡，按指示信息进行操作

使用绝对脉冲编码器时，将 SRAM 数据恢复后，需要重新设定参考点。

备份 PMC 时选择第四项“SYSTEM DATA SAVE”，在选择该项目下的“PMC – RA”或“PMC – SB”即可。

（注：通过这种方法备份数据，备份的是系统数据的整体，下次恢复或调试其他相同机床时，可以迅速完成。但是数据为机器码且为打包形式，不能在计算机上打开。）

使用 M – CARD 分别备份系统数据（默认命名）。

1）首先要将 20#参数设定为 4 表示通过 M – CARD 进行数据交换，如图 7—6 所示。

```
参数          (SETTING)                 O0001 N00018

 0020 I/O CHANNEL                              4
 0021                                          0
 0022                                          0
 0023                                          0
 0024                                          0



) ^                                    S    0 T0000
EDIT **** *** ***         17:21:37
[NO検索][接通:1][断開:0][+輸入 ][ 輸入 ]
```

图 7—6　通过 M – CARD 进行数据交换

2）要在编辑方式下选择要传输的相关数据的画面（以参数为例）

按下软键右侧的［OPR］（操作），对数据进行操作，如图 7—7 所示。

```
EDIT **** *** ***         17:13:51
[ 参数 ][ 診断 ][ PMC  ][ 系統 ][(操作)]
按下右侧的扩展建 [? ]
EDIT **** *** ***         17:22:24
[      ][ READ ][PUNCH ][      ][      ]
[READ]表示从M-CARD读取数据，[PUNCH]表示把数据备份到M-CARD
EDIT **** *** ***         17:22:39
[      ][      ][ ALL  ][      ][NON-0 ]
[ALL]表示备份全部参数，[NON-0]表示仅备份非零的参数
EDIT **** *** ***         17:22:53
[      ][      ][      ][ CAN  ][ EXEC ]
```

图 7—7　传输的相关数据

执行即可看到［EXECUTE］闪烁，参数保存到 M – CAID 中。

通过这种方式备份数据，备份的数据以默认的名字存于 M – CARD 中。如备份的系统参数器默认的名字为“CNCPARAM”。

（注：把 100#3　NCR 设定为 1 可以传出的参数紧凑排列）

（从 M – CARD 输入参数时选择［READ］）

使用这种方法再次备份其他机床相同类型的参数时，之前备份的同类型的数据将被覆盖。

使用 M－CARD 分别备份系统数据（自定义名称）

若要给备份的数据起自定义的名称，则可以通过［ALL IO］画面进行。

按下 MDI 画板上［SYSTEM］键，然后按下显示器下面软键的扩展键［?］数次出现如图 7—8 所示画面。

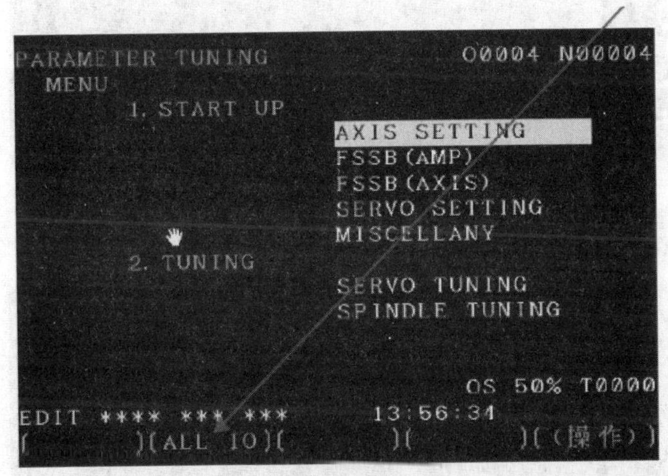

图 7—8　数据备份页面

按下［操作］键，出现可备份的数据类型（见图 7—9），以备份参数为例：按下［参数］键。

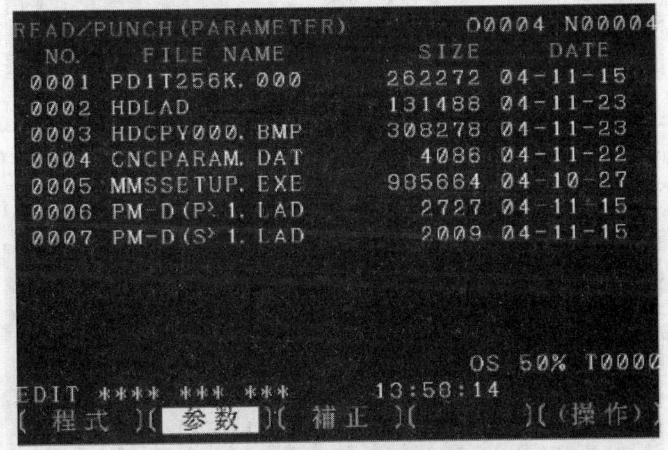

READ/PUNCH(PARAMETER)　O0004 N00004

NO.	FILE NAME	SIZE	DATE
0001	PD1T256K.000	262272	04-11-15
0002	HDLAD	131488	04-11-23
0003	HDCPY000.BMP	308278	04-11-23
0004	CNCPARAM.DAT	4086	04-11-22
0005	MMSSETUP.EXE	985664	04-10-27
0006	PM-D(P)1.LAD	2727	04-11-15
0007	PM-D(S)1.LAD	2009	04-11-15

OS 50% T0000
EDIT **** *** ***　13:58:14
(程式)(参数)(補正)(　)((操作))

图 7—9　备份的数据类型

按下［操作］键，出现可备份的操作类型，如图 7—10 所示。

［F READ］为在读取参数时按文件名读取 M－CARD 中的数据

［N READ］为在读取参数时按文件号读取 M－CARD 中的数据

［PUNCH］传出参数

［DELETE］删除 M－CARD 中数据

```
READ/PUNCH(PARAMETER)              O0004 N00004
 NO.     FILE NAME              SIZE    DATE
0001 PD1T256K.000             262272 04-11-15
0002 HDLAD                    131488 04-11-23
0003 HDCPY000.BMP             308278 04-11-23
0004 CNCPARAM.DAT               4086 04-11-22
0005 MMSSETUP.EXE             985664 04-10-27
0006 PM-D(P>1.LAD               2727 04-11-15
0007 PM-D(S>1.LAD               2009 04-11-15

                                  OS 50% T0000
EDIT **** *** ***          13:57:33
(F検索 )(F READ)(N READ)(PUNCH )(DELETE)
```

图 7—10　M－CARD 中的已备份的数据

在向 M－CARD 中备份数据时选择［PUNCH］，按下该键出现如图 7—11 所示画面。

```
READ/PUNCH(PARAMETER)              O0004 N00004
 NO.     FILE NAME              SIZE    DATE
0001 PD1T256K.000             262272 04-11-15
0002 HDLAD                    131488 04-11-23
0003 HDCPY000.BMP             308278 04-11-23
0004 CNCPARAM.DAT               4086 04-11-22
0005 MMSSETUP.EXE             985664 04-10-27
0006 PM-D(P>1.LAD               2727 04-11-15
0007 PM-D(S>1.LAD               2009 04-11-15

PUNCH  FILE NAME=

>HDPRA^                           OS 50% T0000
EDIT **** *** ***          13:59:02
(F名称 )(      )( STOP )( CAN  )( EXEC )
```

图 7—11　按下［PUNCH］会出现的画面

输入要传出的参数的名字例如［HDPRA］，按下［F 名称］即可给传出的数据定义名称，执行即可，如图 7—12 所示。

```
READ/PUNCH(PARAMETER)              O0004 N00004
 NO.     FILE NAME              SIZE    DATE
0001 PD1T256K.000             262272 04-11-15
0002 HDLAD                    131488 04-11-23
0003 HDCPY000.BMP             308278 04-11-23
0004 CNCPARAM.DAT               4086 04-11-22
0005 HDCPY001.BMP             308278 04-11-23
0006 HDCPY002.BMP             308278 04-11-23
0007 MMSSETUP.EXE             985664 04-10-27
0008 HDCPY003.BMP             308278 04-11-23
0009 HDPRA                     76024 04-11-23
PUNCH  FILE NAME=

>_                                OS 50% T0000
EDIT **** *** ***          14:00:03
(F名称 )(      )( STOP )( CAN  )( EXEC )
```

图 7—12　数据选择画面

通过这种方法备份参数可以给参数起自定义的名字，这样也可以备份不同机床的多个数据。对于备份系统其他数据也是相同。

在程序画面备份系统的全部程序时输入 0－9999，依次按下［PUNCH］，［EXEC］可以把全部程序传出到 M－CARD 中。

3201#6 NPE 可以把备份的全部程序一次性输入到系统中，如图 7—13 所示。

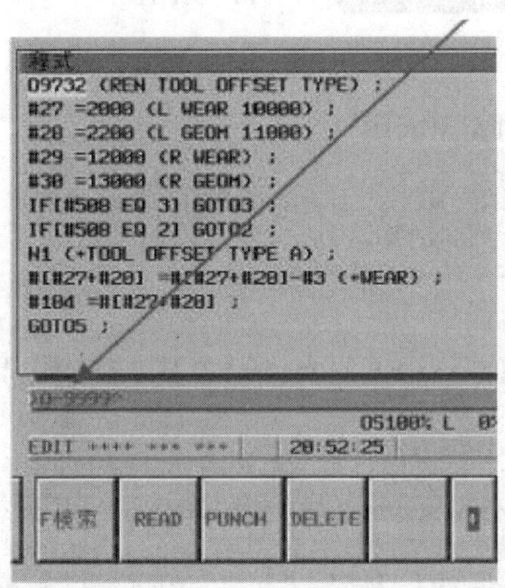

图 7—13 加工程序传输

在此画面选择 10 号文件 PROGRAM. ALL 程序号输入 0－9999 可把程序一次性全部传入系统中，如图 7—14 所示。

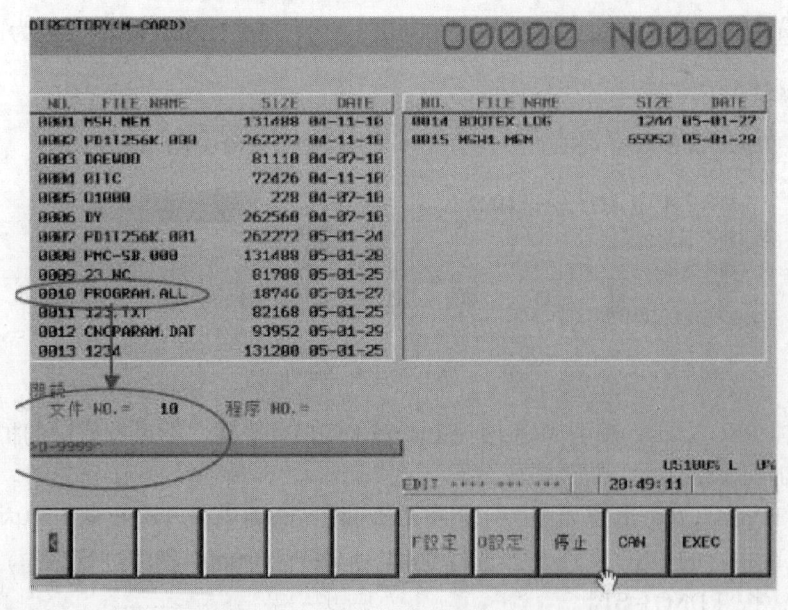

图 7—14 使用 M－CARD 备份梯形图

存储设置页面如图 7—15 所示。

项目 7

按下 MDI 面板上[SYSTEM]，依次按下软建上[PMC]，[?]，[I/O]。
在 DEVIECE 一栏选择[M-CARD]

PMC I/O PROGRAM　　　　MONIT RUN

DEVICE = M-CARD

FUNCTION = WRITE

DATA KIND = LADDER

FILE NO. = @PMC-RA. 000
(@ NAME)

(EXEC)(CANCEL)(M-CARD)(F-ROM)(FDCAS)

使用存储卡备份梯形图时，
DEVICE 处设置为 M-CARD
FUNCTION 处设置为 WRITE(当从 M-CARD-->CNC 时设置为 READ)
DATAKIND 处设置为 LADDER 时仅备份梯形图也可选择备份梯形图参数
FILE NO.为梯形图的名字（默认为上述名字）也可自定义名字输入@XX
(XX 为自定义名子，当时用小键盘没有@符号时，可用#代替)
注意备份梯形图后 DEVICE 处设置为 F-ROM 把传入的梯形存入到系统 F-ROM 中

图 7—15　存储设置页面

4. 使用存储卡进行 DNC 加工

1）首先将参数#20 设定为 4（外部 PCMICLA 卡，DATASERVER 设置为 5），如图 7—16 所示。

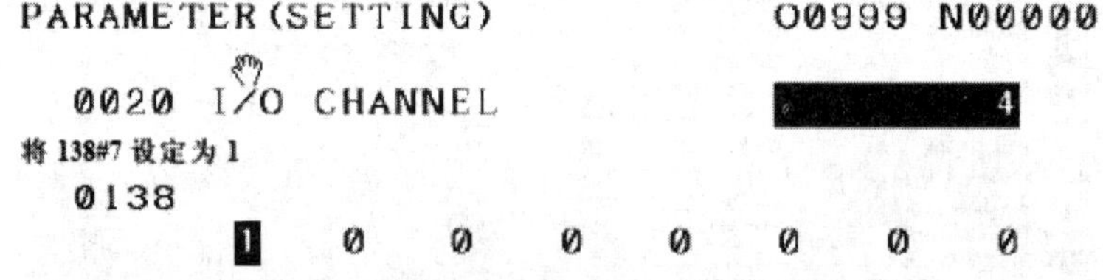

图 7—16　设定参数#20

2）选择 DNC 方式，按下 MDI 面板上［PROGRAM］键，然后按软键的扩展键找到如图 7—17 所示画面。

选择［DNC - CD］出现如图 7—18 所示画面。（画面中内容为存储卡中内容）

选择想要执行的 DNC 文件（如选择 0004 号文件的 O0001 程序进行操作）。

输入 4，按［DNC - ST］。

此时，DNC 文件名变成 O0001，即可选择了相关的 DNC 文件。

按下循环启动即可使用 M - CARD 中的 O0001 程序进行 DNC 加工。

```
DNC OPERATION(M-CARD)          O0999 N00000
  NO.     FILE NAME           SIZE     DATE
 0001 PMC-RA.000            131488 04-04-14
 0002 PMC-RA.PRM              4179 04-04-03
 0003 HDCPY009.BMP           38462 04-04-14
 0004 O0001                     54 04-04-12
 0005 1                     131488 04-04-13
 0006 CNCPARAM.DAT           77842 04-04-14
 0007 HDCPY007.BMP           38462 04-04-14
 0008 HDCPY008.BMP           38462 04-04-14
 0009 SM                    131200 04-04-04

   DNC FILE NAME : SM
)4^                            S     0 T0000
 RMT **** *** ***        16:18:42
(F SRH )(        )(        )(        )(DNC-ST)
```

图 7—17 选择存储卡里的加工程序

```
DNC OPERATION(M-CARD)          O0999 N00000
  NO.     FILE NAME           SIZE     DATE
 0004 O0001                     54 04-04-12
 0005 1                     131488 04-04-13
 0006 CNCPARAM.DAT           77842 04-04-14
 0007 HDCPY007.BMP           38462 04-04-14
 0008 HDCPY008.BMP           38462 04-04-14
 0009 HDCPY010.BMP           38462 04-04-14
 0010 SM                    131200 04-04-04


   DNC FILE NAME : O0001
)^                             S     0 T0000
 RMT **** *** ***        16:18:57
(F SRH )(        )(        )(        )(DNC-ST)
```

图 7—18 存储卡中的内容选择

项目 7

任务实施

根据上面讲的知识在设备上进行相同的操作。

项目八

FANUC 0 系统故障与处理

任务1　故障追踪方法

当机床或系统出现故障时，正确把握发生故障的类型至关重要，在分析和定位了故障类型后，采取适当措施，可及时修复机床。

故障分析与定位的一般步骤如图 8—1 所示。

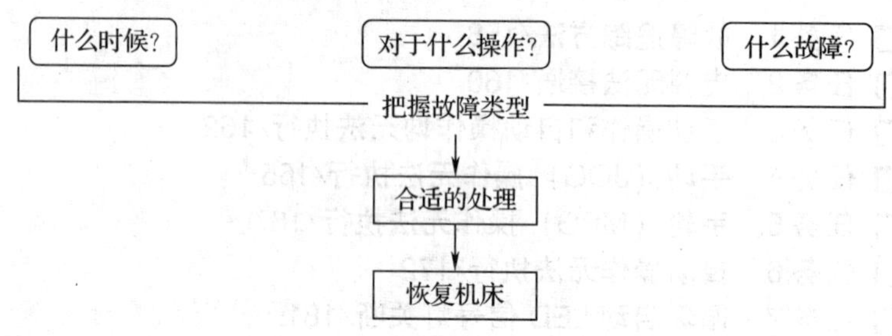

图 8—1　故障分析与定位步骤

从以下三个方面出发掌握故障发生的情况。

一、故障出现的频率

1. 出现的日期和时间。
2. 是否在操作中出现（操作时间有多长）。
3. 是否在电源接通时出现。
4. 是否出现雷击、电源故障或其他电源干扰，出现了多少次：

（1）只有一次。

（2）出现多次（每小时、每天或每月多少次）。

二、操作记录

1. 出现故障时的 NC 方式/模式（手动方式/存储器操作方式/MDI 方式/返回参考点方式）。

2. 如果在程序操作中出现故障，应记录以下内容：

（1）在程序中什么地方出现。

（2）什么程序号和顺序号。

（3）什么程序。

（4）是否在轴运动中出现。

（5）是否在执行 M/S/T 代码时出现。

（6）故障是否是程序特有的。

1）同样的操作是否引起同样的故障（检查故障的重复性）。

2）数据输入/输出时出现（进给轴和主轴）。

3）对于与进给轴伺服有关的故障，应记录以下内容：

①是否在低进给速度和高进给速度时均出现。

②是否只对某个轴发生该故障（在断开电缆情况下）。

4）对于与主轴相关的故障应记录什么时候出现该故障（电压接通时、加速时、减速时或恒速转动时）。

三、故障现象

1. CRT 报警显示内容。

2. CRT 界面是否正确。

3. 如果加工尺寸不正确，应记录以下内容：

（1）误差有多大。

（2）CRT 上的位置显示是否正确。

（3）偏移量是否正确。

四、其他信息

1. 机床是否有噪声源

如果故障不是频繁出现，则可能原因是电源的外部噪声或机械电缆的感应噪声。操作使用同一电源的其他机床，并查看其他机床的操作与发生的故障之间是否有关。

2. 在机床侧是否采取了如下防噪措施

（1）机床侧电缆分组布置

1）初级 AC 电源线、次级电源线、AC/DC 电源线（包括伺服和主轴电动机电源线）、AC/DC 电磁线圈、AC/DC 继电器等分为一组，称为 A 组。

2）DC 电磁线圈（24 V）、DC 继电器（24 V）、CNC 和电气柜之间的 DI/DO 电缆、CNC 和机床之间的 DI/DO 电缆等分为一组，称为 B 组。

3）CNC 和伺服放大器之间的电缆、位置和速度反馈电缆、CNC 和主轴放大器之间的电缆、位置编码器电缆、手摇脉冲发生器电缆、CNC 和 CRT/MDI 之间的电缆、RS-232 及 RS-422 接口电缆、电池电缆、要用屏蔽覆盖的其他电缆等分为一组，称为 C 组。

尽量将 A、B、C 组的电缆各自屏蔽，捆绑时，组与组之间的距离应不少于 10 cm。

（2）接地

1）信号接地系统（SG）：提供给电子信号系统的参考电压（0 V）。

2）外壳接地系统（FG）：用于安全，并消除外部和内部噪声。机架、单元外壳、面板和单元间的接口电缆屏蔽都统一连接到 FG 中。

3）系统接地系统：将连接于装置或单元之间的机外壳接地与大地相连。

接地系统的连接要求如下：

①只能在 CNC 控制单元中的一个地方将信号接地（0 V）与机壳接（FG）连接起来。

②系统接地按 3 级接地要求（接地电阻应小于或等于 100 Ω）。

③系统接地电缆必须有足够的横截面积，保证当诸如短路一类的事故发生时，能使

故障电流安全地流入系统接地（一般必须具有 AC 电缆所具有的或更大的横截面）。

④采用含有 AC 电源线和系统接地线的电缆，以便在连接接地线的状态下提供电源。

（3）消除噪声。AC/DC 电磁阀和继电器的通断将会产生噪声（浪涌电压），对电子线路产生干扰，FANUC 公司推荐采用 CR（电阻和电容串联构成）灭弧器作为 AC 继电器消声器件，采用二极管作为 DC 继电器的消声器件。灭弧器的参考电容和电阻应符合：电阻为线圈等效 DC 电阻；电容为 $I^2/10 \sim I^2/20$（μF）（I 为线圈稳定状态下的电流）。

（4）电缆卡与屏蔽保护。电缆卡主要用于支撑全部电缆及恰当的屏蔽接地（剥开部分电缆绝缘层露出屏蔽网，用电缆卡将该屏蔽网与接地板卡住）。

1）检查输入电源电压下列各项：

①电压是否有变化。

②各相电压是否有异。

③供应的是否为标准电压。

2）控制单元的环境温度有多高：操作时为 0～45°C。

3）控制单元上是否有强振动：操作时≤0.5G。

（5）需要与 FANUC 维修服务中心联系时，请指明下列几项：

1）NC 单元的名称。

2）机床厂家的名称以及机床类型。

3）软件系列/NC 的版本。

4）伺服放大器和电动机的规格（与伺服相关的故障）。

5）主轴放大器与主轴电动机的规格（与主轴相关的故障）。

①关于 NC 单元和伺服/主轴放大器的位置：参见机床厂家公布的图样。

②FANUC 采用下列规格代码（“□”表示数字）。

伺服/主轴放大器：A06B—□□□□—H□□□□。

伺服/主轴电动机：A06B—□□□□—B□□□。

任务 2　电源无法接通

一、操作要点

检查输入单元或电源单元 AI 上的状态灯 LED。

二、故障原因和解决措施

1. 如果没有检测到电源报警（红色“ALM”状态灯 LED 未亮）

（1）如果 PIL 状态灯 LED 不亮

1）检查输入单元或电源单元 AI 的输入熔丝，若熔丝未烧毁，则用万用表测量电源单元 AI 的 CP1 连接器上或输入单元的连接端子板上的 R 端点和 S 端点之间的电压，并检查 200 VAC 是否存在。若在连接器 CP1 上检测不到 200 VAC，则检查机床中的电源输入电路。

2）如果熔丝和电源电压均正常，则输入单元或电源单元 AI 的印制电路板可能有故障。

（2）如果 PIL 状态灯 LED 点亮，且输入电压正常：查看接通电源的条件（见图 8—2）是否满足。

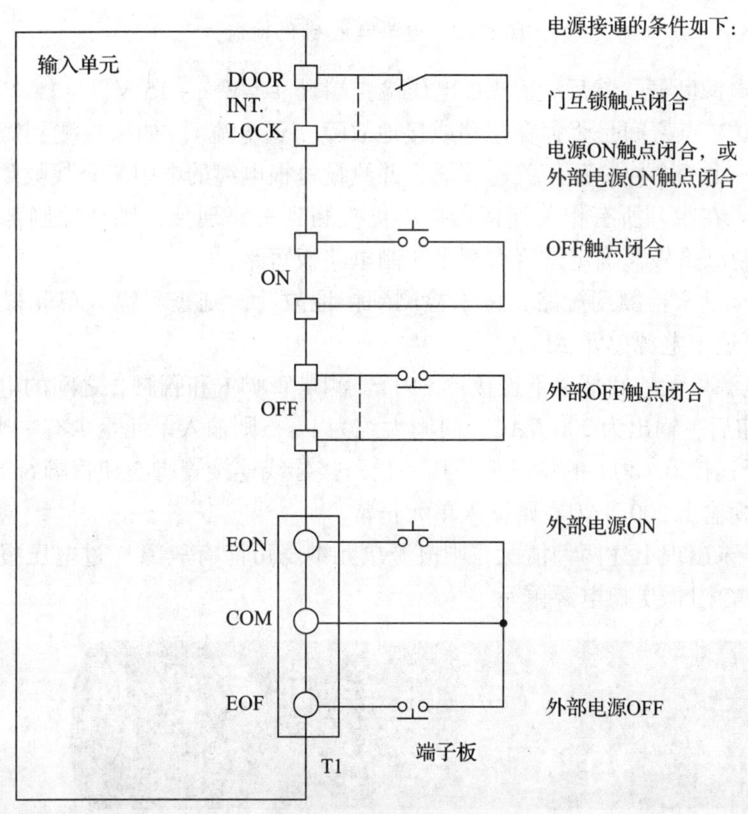

图 8—2 电源接通的条件

1）AI 以外的电源单元检测方法：如果在电源连接器 CP11 的管脚 1 和 2 之间检测到 200 VAC 的电压，且为时大约 1 s，则意味着满足接通（ON）状态（此方法不适于 AI 电源单元）。

2）电源单元 AI：从电源单元前部松开连接器 CP3（满足 CE 标准要求的电源单元为 CP4），用万用表检查对应于电源接通和电源断开的电路及开关的操作情况，如图 8—3 所示。

2. 如果检测到电源报警（红色“ALM”状态灯 LED 点亮）

最可能的原因是电源故障（短路或接地错误）或电源单元有故障。按下述步骤检查（注意：别断开存储器备用电池电缆）：

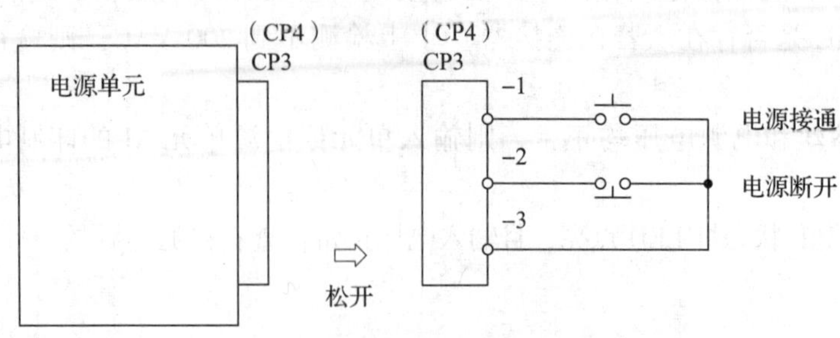

图 8—3　电源单元 AI 的检查

（1）将电源断开，然后查看 DC 电压检查端（+5 V、+15 V、−15 V、+24 V 和 +24 E）与 0 V 点之间是否存在短路或接地故障（过电流）。如果检测到短路或接地故障，则通过一个一个地脱开相关连接器，并测量每根电缆的电阻来查找故障原因。

（2）如果在脱开所有相关连接器后，仍检测到短路现象，则从控制部分一个接一个地取下印制电路板，确定是否有某个印制电路板短路。

（3）如果既未检测到短路，也未检测到接地故障，则查看输入单元操作是否正常（这种方式不适于电源单元 AI）。

1）从电源单元的底部取下连接器 CP11，测量管脚 1 和管脚 2 之间的电压，如果在按电源 ON 钮后，输出为 200 VAC，时间大约为 1 s，则输入单元至少有一半正常。

2）断开连接器 CP11 的情况下，用一根跨接导线连接管脚 5 和管脚 6，然后接通电源，如果连续输出 200 VAC，则输入单元正常。

3）如果未出现上述两种情况，则电源单元本身可能有故障（过电压报警或内部调节器电路异常），需更换电源单元。

任务 3　手动操作和自动操作均无法执行

一、操作要点

1. 在手动操作和自动操作均无法执行时，执行下列程序。
2. 查看位置显示装置是否显示正确位置。
3. 查看 CNC 状态显示。
4. 利用诊断功能查看 CNC 内部状态。

二、故障原因和解决措施

1. 位置显示（相对、绝对、机床坐标）不改变

（1）紧急停止状态（急停信号接通）（见图 8—4）。

DGN	#7	#6	#5	#4	#3	#2	#1	#0
0021				*ESP				
0121				*ESP				

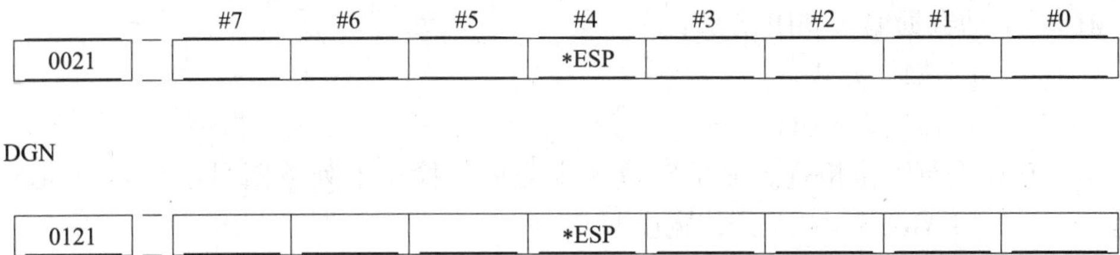

*ESP=0 表示急停信号被输入

图 8—4　紧急停止状态

（2）复位状态（复位信号接通）

1）PMC 输入信号如图 8—5 所示。

DGN	#7	#6	#5	#4	#3	#2	#1	#0
0121	ERS							

当外部复位信号（ERS）为1时

DGN								
0104		RRW						

当RRW为1时，复位和倒带信号被输入

图 8—5　PMC 输入信号

2）MDI 键盘上的［RESET］键起作用。当 PMC 输入信号为 0 时，［RESET］键可能起作用。可用万用表检查［RESET］键的触点。若接触异常，则更换键盘。

（3）确定工作模式/方式。CRT 上应显示工作模式，若无此显示，则模式选择信号未输入。可通过 PMC DGN 检查其信号状态。

各模式的显示如图 8—6 所示。

DGN	#7	#6	#5	#4	#3	#2	#1	#0
0122	ERS					MD4	MD2	MD1

手动操作（JOG）方式	1	0	1
手轮（MPG）方式	1	0	0
手动数据输入（MDI）方式	0	0	0
自动操作（AUTO）方式	0	0	1
存储器编辑（EDIT）方式	0	1	1

图 8—6　工作模式方式的显示

JOG：手动操作 JOG 方式。

HNDL：手轮 MPG 方式。

MDI：手动数据输入 MDI 方式。

AUTO：自动操作方式。

EDIT：存储器编辑 EDIT 方式。

（4）正在进行到位检查。显示定位还未完成。检查下列诊断号的内容：DGN 800［位置误差］>PARAM 500［到位宽度］。

1）根据参数表检查参数，如图 8—7 所示。

0517	全轴的伺服环增益 （正常：3000）

DGN

0512	全轴的伺服环增益 （正常：3000）

DGN

⋮

0515	全轴的伺服环增益 （正常：3000）

DGN

图 8—7 根据参数表检查参数

2）伺服系统可能异常。参见伺服报警 400、4n0 和 4n1。

（5）互锁或启动锁定信号被输入。互锁信号有多个，首先检查图 8—8 所示的参数处，确认机床厂家所用的互锁信号。

[M系列]

PRM49#0	PRM08#7	PRM15#2	PRM12#1	信号名	诊断号
1	–	–	–	*+MIT1~*–MIT4	142#0~142#7
–	1	–	–	*ITX，*ITY，*ITZ	128#0~128#3
–	0	0	0	*ILK（所有轴）	117#0
–	0	0	1	*ILK（只对Z轴）	
–	0	1	0	*RILK（所有轴）	008#5
–	0	1	1	*RILK（只对Z轴）	

[T系列]

	#7	#6	#5	#4	#3	#2	#1	#0
0128					IT4	IT3	ITZ	ITX

DNG

IT α 1：坐标轴互锁信号被输入（当PRM008.7为1时有效）。

	#7	#6	#5	#4	#3	#2	#1	#0
0008			–MIT2	+MIT2	–MIT1	+MIT1		

DNG

± MITn 1: 坐标轴方向互锁信号被输入（当PRM024.7为1时有效）。

图 8—8 互锁或启动锁定信号被输入

(6) JOG 进给速度倍率为0%。利用 PMC 的诊断功能（PMC DGN）检查信号，如图 8—9 所示。

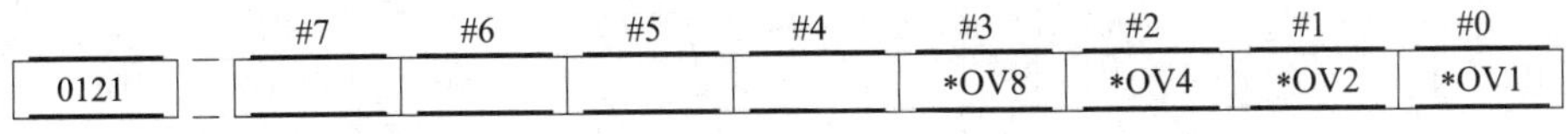

DNG

图 8—9　利用 PMC 的诊断功能检查信号

对于 PRM003.4（OVRI）为 0 的情况：当上述所有地址位均为 1111 时；倍率为 0%。当 PRM003.4（OVRI）为 1 时，上述所有位均为 0000 时，倍率为 0%。

当 JOV8 ~ JOV1 为 0000 时，倍率为 0%，如图 8—10 所示。

[M系列]

	#7	#6	#5	#4	#3	#2	#1	#0
0104					JOV8	JOV4	JOV2	JOV1

DNG

图 8—10　JOV8 ~ JOV1 为 0000

(7) NC 处于复位状态

2. 当机床坐标轴在位置显示中未被更新时

机床锁定信号（MLK）被输入，如图 8—11 所示。

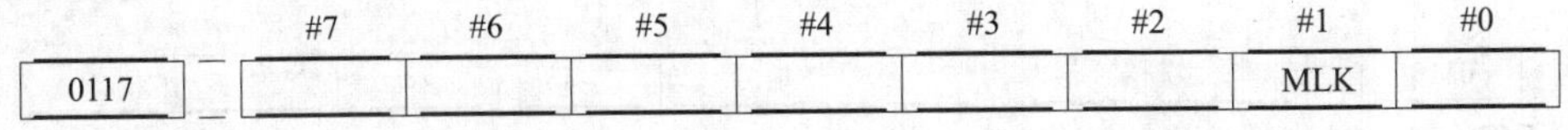

DNG

MLK：机床所有轴锁定（当该信号为1时有效）。

图 8—11　机床锁定信号被输入

项目 8

任务4　手动（JOG）操作无法执行

一、操作要点

1. 检查位置显示是否起作用。
2. 检查 CNC 状态显示。
3. 利用诊断功能检查内部状态。

二、故障原因和解决措施

位置显示（相对、绝对、机床坐标）都不变化时：

1. 检查工作模式（未选 JOG 模式）。若模式显示为 JOG 则正常；若不显示 JOG

时，则未选择模式选择信号。利用 PMC 的诊断功能（PMC DGN）来确认模式选择信号，如图 8—12 所示。

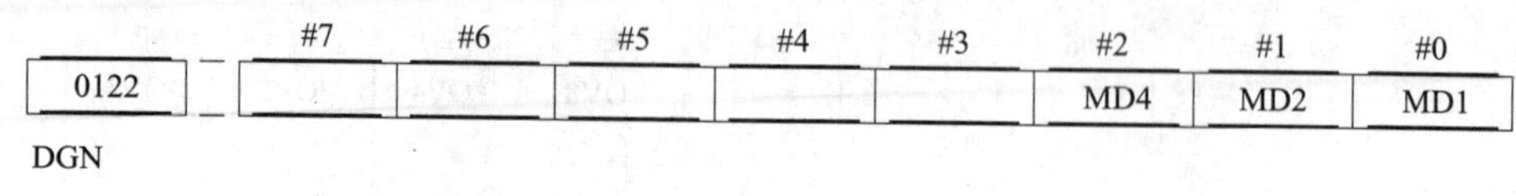

DGN	#7	#6	#5	#4	#3	#2	#1	#0
0122						MD4	MD2	MD1

	MD4	MD2	MD1
手动操作（JOG）方式	1	0	1

图 8—12　检查工作模式

2. 进给轴和方向选择信号未输入。利用 PMC DGN 检查信号状态，如图 8—13 所示。

[M系列]

DGN	#7	#6	#5	#4	#3	#2	#1	#0
0116					–X	+X		
0117					–Y	+Y		
0118					–Z	+Z		
0119					–4	+4		

[T系列]

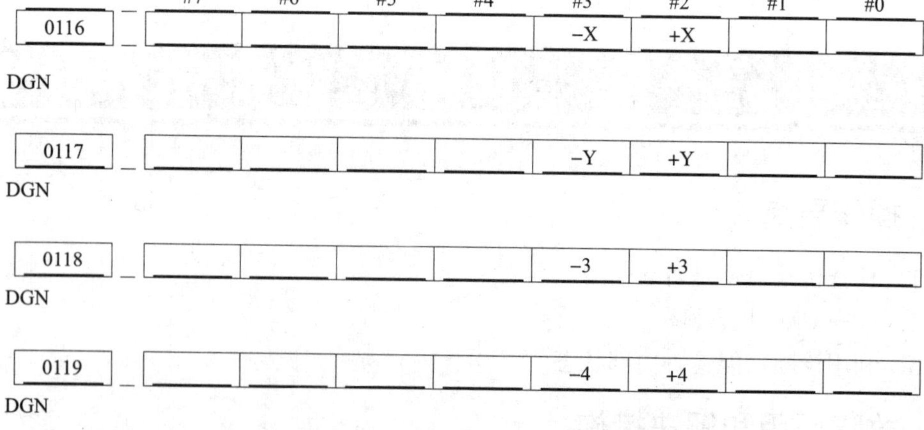

DGN	#7	#6	#5	#4	#3	#2	#1	#0
0116					–X	+X		
0117					–Y	+Y		
0118					–3	+3		
0119					–4	+4		

说明：只有当在JOG模式下，按操作面板上的“+X”键时信号+X为1有效。

图 8—13　利用 PMC DGN 检查信号状态

(1) －a. 正在进行到位检查。

表示定位还未完成。检查下列诊断号的内容:

DGN 800 (位置误差) >PARAM 500 (到位宽度)

1) 根据参数表检查参数:参见8.3节的 (1) 中的 (d) 内容描述。

2) 伺服系列可能异常:参见伺服报警400、410和411号。

(2) －b. 互锁或启动信号被输入:参见8.3节的 (1) 中 (e) 内容描述。

(3) －c. 手动 (JOG) 进给速度倍率为0%:参见8.3节的 (1) 中 (f) 描述。

(4) －d. NC处于复位状态。

3. 手动进给速度 (参数) 设定不正确 (见图8—14)。

0559	各轴手动进给速度 [mm/min]

PRM

0562	各轴手动进给速度 [mm/min]

PRM

图8—14 手动进给速度 (参数) 设定不正确

4. 选择每转手动进给量 (只对T系列)。该功能使某个轴的进给与主轴旋转同步进行,是否使用该功能通过下列参数来选择,如图8—15所示。

	#7	#6	#5	#4	#3	#2	#1	#0
0116				MFPR				

DGN

MFPR 0: 手动进给是每分钟的进给量

1: 手动进给是每转的进给量

(a) 当参数MFPR 被设为1 时,坐标轴的进给速度通过与各轴的旋转同步化来计算。

(b) 即使主轴旋转时坐标轴也不运动,则检查主轴的检测器 (位置编码器) 以及位置编码器和CNC 之间的电缆是否短路或接地 (参见有关的连接图—FANUC 0系统维修说明书2.3节)。

图8—15 选择每转手动进给量

任务5 手轮 (MPG) 操作无法执行

一、操作要点

1. 查看另一种手动操作 (JOG) 方式是否合格。

2. 查看CNC状态显示。

二、故障原因和解决措施

1. 手动操作不执行:参见任务3和任务4的相关内容。

2. 仅手轮（MPG）操作不能执行

（1）查看 CRT 左下角的 CNC 状态显示。当状态显示为 HND 时，状态选择正确。如果显示不是 HND，则状态选择信号没有正确输入。利用 PMC 的诊断功能（PMC DGN）检查方式选择信号，如图 8—16 所示。

DGN	#7	#6	#5	#4	#3	#2	#1	#0
0122						MD4	MD2	MD1
手轮操作（HND）方式						1	0	0

图 8—16 利用 PMC 的诊断功能检查方式选择信号

（2）手轮进给轴选择信号未被输入。利用 PMC 的诊断功能（PMC DGN）检查信号，如图 8—17 所示。

[M系列]

DGN	#7	#6	#5	#4	#3	#2	#1	#0
0116	HX							
0117	HY							
0118	HZ							
0119	H4							

图 8—17 利用 PMC 的诊断功能检查信号

手摇脉冲发生器坐标轴选择信号及其选择编码如下：

1）只有 1 个手轮时，如图 8—18 所示。

HX	HY	HZ	H4	选择的坐标轴
0	0	0	0	无
1	0	0	0	X轴
0	1	0	0	Y轴
0	0	1	0	Z轴
0	0	0	1	第4轴

图 8—18 只有 1 个手轮时

2）如果有 2 个或 3 个手轮时，如图 8—19 所示。

	#7	#6	#5	#4	#3	#2	#1	#0
0003	HSLE							

PRM

HSLE：若用3个手轮时，规定可否启用手轮轴选信号：

0：停用(第1、2、3个手轮脉冲发生器分别固定在*X*、*Y*、*Z*轴上)

1：启用，如下所示：

	#7	#6	#5	#4	#3	#2	#1	#0
0019								MHPGB

PRM

MHPGB：选择多手轮功能的规格：

0：规格 A

1：规格 B

A规格：

HX	HY	HZ	H4	选择的轴		
				第 1 个手轮	第 2 个手轮	第 3 个手轮
1	1	0	0	*X* 轴	*Y* 轴	无选择
1	0	1	0	*X* 轴	*Z* 轴	无选择
0	1	1	0	*Y* 轴	*Z* 轴	无选择
1	1	1	0	*X* 轴	*Y* 轴	*Z* 轴
1	0	0	1	*X* 轴	第 4 轴	无选择
0	1	0	1	*Y* 轴	第 4 轴	无选择
1	1	0	1	*X* 轴	*Y* 轴	第 4 轴
0	0	1	1	*Z* 轴	第 4 轴	无选择
1	0	1	1	*X* 轴	*Z* 轴	第 4 轴
0	1	1	1	*Y* 轴	*Z* 轴	第 4 轴

多个手轮为 B 规格时：

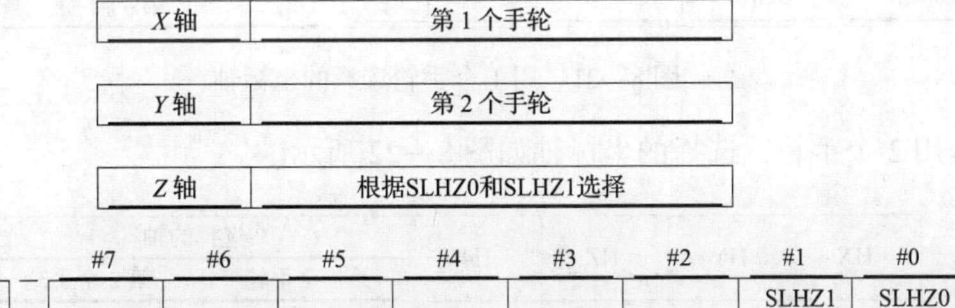

	#7	#6	#5	#4	#3	#2	#1	#0
0113							SLHZ1	SLHZ0

DGN

SLHZ1	SLHZ0	*Z* 轴
0	0	根据117 号参数选择
0	1	第 1 个手摇脉冲发生器
1	0	第 2 个手摇脉冲发生器
1	1	第 3 个手摇脉冲发生器

0117	第 4 轴和 *Z* 轴的手轮

PRM

图 8—19　有 2 个或 3 个手轮时

例：若 Z 轴采用第 2 个手轮、第 4 轴采用第 3 个手轮，则 PRM 117 = （3/第 4 轴）/（2/Z 轴），如图 8—20 所示。

[T系列]

	#7	#6	#5	#4	#3	#2	#1	#0
0116 DGN	HX							
0117 DGN	HY							
0118 DGN	HZ							
0119 DGN	H4							

只有当参数0031的第5位等于1时有效。（适用于 0119）

图 8—20　Z 轴采用第 2 个手轮、第 4 轴采用第 3 个手轮

手轮坐标轴选择信号及被选坐标轴如下：

1）如果用 1 个手轮，选择的坐标轴如图 8—21 所示。

HX	HY	HZ	H4	选择的坐标轴
0	0	0	0	无
1	0	0	0	X 轴
0	1	0	0	Z 轴
0	0	1	0	第 3 轴
0	0	0	1	第 4 轴

图 8—21　用 1 个手轮选择的坐标轴

2）若用 2 个手轮，选择的坐标轴如图 8—22 所示。

HX	HY	HZ	H4	选择的轴	
				第 1 个手轮	第 2 个手轮
1	1	0	0	X 轴	Z 轴
1	0	1	0	X 轴	第 3 轴
0	1	1	0	Z 轴	第 3 轴
1	1	1	0	X 轴	Z 轴
1	0	0	1	X 轴	第 4 轴
0	1	0	1	Z 轴	第 4 轴
1	1	0	1	X 轴	Z 轴
0	0	1	1	第 3 轴	第 4 轴
1	0	1	1	X 轴	第 3 轴
0	1	1	1	Z 轴	第 3 轴

图 8—22　用 2 个手轮选择的坐标轴

3）手轮进给倍率不正确。利用 PMC 的 PMC DGN 检查下列信号，此外还要根据参数表确定下列参数，如图 8—23 所示。

[M系列]

	#7	#6	#5	#4	#3	#2	#1	#0
0120			MP2	MP1				

DGN

[T系列]

	#7	#6	#5	#4	#3	#2	#1	#0
0117								MP1

DGN

	#7	#6	#5	#4	#3	#2	#1	#0
0118								MP2

DGN

MP2	MP1	倍率
0	0	×1
0	1	×10
1	0	×*m*
1	1	×*n*

0121	手轮进给倍率*m*(1~127)

PRM

0699	手轮进给倍率*n*(1~±1000)

PRM

	#7	#6	#5	#4	#3	#2	#1	#0
0386	HDPIG4	HDPIG3	HDPIG2	HDPIG1	HPNEG4	HPNEG3	HPNEG2	HPNEG1
					只对M系列			

PRM

HDPIGX　手轮进给倍率(×1000)

1：无效

0：有效

HPNEGX　MPG的方向

1：反向

0：同向

[M系列]

0118	所用手轮的数目

PRM

图 8—23　手轮进给倍率不正确

4）检查手轮

①电缆不正确：检查电缆是否断线或短路。

②手轮不良：当旋转 MPG（手轮）时，用同步示波器在 MPG 背部的螺纹端子上测量信号，如果没有输出信号，测量为 +5 V 电压，如图 8—24 所示。

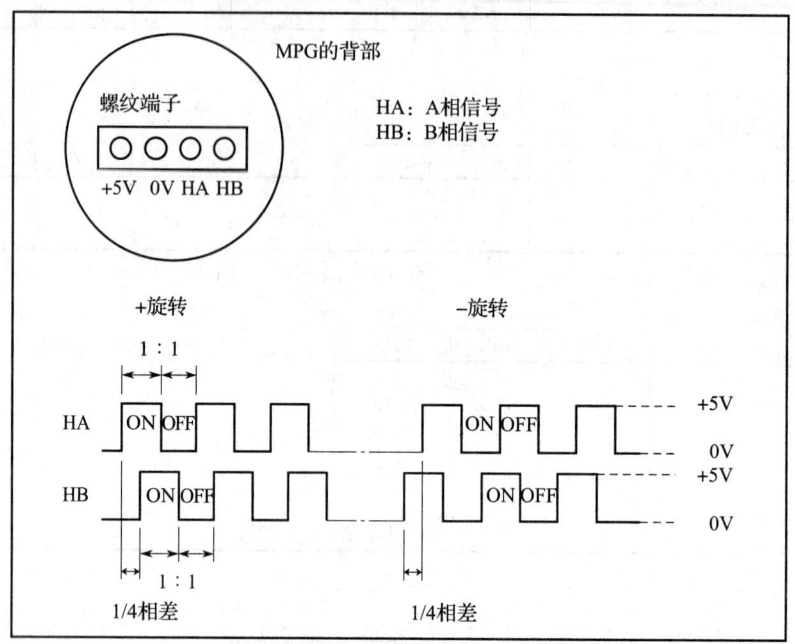

查看ON和OFF比及HA和HB的相差。

图 8—24 手轮不良的信号测量

任务 6 自动操作无法执行

一、操作要点

1. 检查手动操作是否可以执行。
2. 检查机床操作面板上循环启动信号灯 LED 的状态。
3. 检查 CNC 的状态。

二、故障原因和解决措施

当手动操作也无法执行时，则根据前面“手动操作无法执行”一节中介绍的方法采取措施。根据 CNC 状态显示所示的方式选择状态，确认选择了正确方式，此外，通过确认自动操作状态，还可以诊断循环操作处于启动、进给暂停和停止中的哪种状态。

1. 当循环操作不启动时（循环启动 LED 不点亮）

在 CRT 的状态显示处显示“＊＊＊＊”。

（1）工作模式选择信号不正确。当模式选择信号被正确输入时，则进行下列状态显示。

MDI：手动数据输入模式（MDI）。

AUTO：自动操作方式。

如果状态显示处没有显示正确状态，则利用 PMC 的诊断功能（PMC DGN）检查状态信号，如图 8—25 所示。

DGN	#7	#6	#5	#4	#3	#2	#1	#0
0122						MD4	MD2	MD1

MD4	MD2	MD1	模式选择
0	0	0	手动数据输入方式MDI
0	0	1	自动操作方式AUTO

图 8—25　状态显示处没有显示正确状态

（2）循环启动信号未输入。在按循环启动按钮时，该信号变为 1，在松开它时，变为 0。当该信号从 1 变为 0 时，循环启动开始动作。利用 PMC 的诊断功能（PMC DGN）检查信号的状态，如图 8—26 所示。

DGN	#7	#6	#5	#4	#3	#2	#1	#0
0120						ST		

ST：循环启动信号未输入。

图 8—26　循环启动信号未输入

（3）进给暂停信号被输入。正常状态下，在没有按进给暂停钮时，进给暂停信号为 1。利用 PMC 的诊断功能（PMC DGN）检查该信号的状态，如图 8—27 所示。

DGN	#7	#6	#5	#4	#3	#2	#1	#0
0120			*SP					

*SP：进给暂停信号。

图 8—27　进给暂停信号被输入

2. 在执行自动操作时（启动灯被点亮）（见图 8—28）

DGN	#7	#6	#5	#4	#3	#2	#1	#0
0700		CSCT	CITL	COVZ	CINP	CDWL	CMTN	CFIN

图 8—28　执行自动操作时（启动灯被点亮）

下列说明适用于相位为 1 时的情况：

a. CFIN：正在执行 M、S 或 T 功能。

b. CMTN：自动操作中正在执行一个移动指令。

c. CDWL：正在执行一个暂停指令。

d. CINP：正在执行到位检测指令。

e. COVZ：倍率为 0%。

f. CITL：互锁信号接通。

g. CSCT：机床在等待主轴速度到达信号接通。

h. 急停、外部复位、复位和倒带或 MDI 控制面板上的复位按钮接通。

项目 a ~ h 与自动操作相关。详情如下：

（1）正在执行一种辅助功能［等待 FIN（结束）信号］。在某个程序中指定的辅助功能 M/S/T/B 没有结束。根据下列程序进行检查，首先确认辅助功能接口的类型，如图 8—29 所示。

	#7	#6	#5	#4	#3	#2	#1	#0
0045	HSIF							

PRM

#7（HSIF） 0：M/S/T/B为普通接口。
1：M/S/T/B为高速接口。

图 8—29 指定的辅助功能未结束

1）普通接口。当辅助功能结束信号从 1 变为 0 时，表明辅助功能就要结束，下一个程序段已被读出准备执行。利用 PMC 的诊断功能（PMC DGN）确认该信号的状态，如图 8—30 所示。

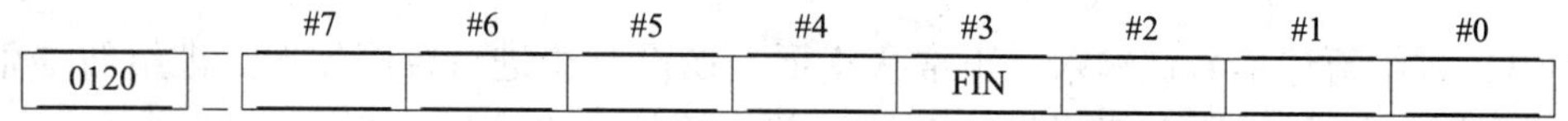

	#7	#6	#5	#4	#3	#2	#1	#0
0120					FIN			

DGN

#3（FIN）：辅助功能结束信号。

图 8—30 普通接口

2）高速接口。当信号处于下列状态时，表明辅助功能就要结束。利用 PMC 的诊断功能（PMC DGN）对其进行诊断，如图 8—31 所示。

（2）正在执行移动指令：CNC 正在读取某个程序中某个轴移动指令（X、Y、Z…），并给坐标轴发指令。

（3）正在执行一个暂停指令：CNC 正在读取某个暂停指令（G04），并在执行暂停指令。

（4）正在执行到位检查（确认正在定位）。对某个指定坐标轴的规定位置进行定位的操作（G00）没有完成。定位是否完成是通过伺服位置误差来检查的。用 CNC 的诊断功能进行如下检查：DGN 800（位置误差）>PARAM 500（到位宽度）。

0115	#7	#6	#5	#4	#3	#2	#1	#0
	BFIN	BFIN2			TFIN	SFIN		MFIN

DGN

#0（MFIN）：M 功能结束信号。

#2（SFIN）：S 功能结束信号。

#3（TFIN）：T功能结束信号。

#6（BFIN2）：B功能结束信号（只对 M 系列）。

#7（BFIN）：B功能结束信号。

0115	#7	#6	#5	#4	#3	#2	#1	#0
	BF	BF2			TF	SF		MF

DGN

#0（MF）：M 功能选通信号。

#2（SF）：S 功能选通信号。

#3（TF）：T功能选通信号。

#6（BF2）：B功能选通信号（只对 M 系列）。

#7（BF）：B功能选通信号。

信号	结束状态	
结束信号	0	1
选通信号	0	1

图 8—31　高速接口

当轴的定位完成时，位置误差几乎变为 0，因此当位置误差进入位宽度范围时，可以假定定位已经完成，正在执行下一个程序段。如果位置误差没有进入位宽度范围内，参见伺服报警 400、4n0 和 4n1。

（5）进给速度倍率为 0%。实际的进给速度由倍率信号形成的倍率乘以程序给定的指令速度。利用 PMC 的诊断功能（PMC DGN）检查倍率信号，如图 8—32 所示。

（普通倍率信号）

0121	#7	#6	#5	#4	#3	#2	#1	#0
					*OV8	*OV4	*OV2	*OV1

DGN

对于PRM 003#4 OVRI=0的情况，当上述地址的所有位均为1111 时倍率为0%；对于PRM 003#4 OVRI=1的情况，当上述地址的所有位均为0000 时倍率为0%。

[M系列]

0104	#7	#6	#5	#4	#3	#2	#1	#0
					JOV8	JOV4	JOV2	JOV1

DGN

当JOV8~JOV1=0000时，倍率为0%。

图 8—32　进给速度倍率为 0%

项目 8

（6）互锁信号或启动锁定信号被输入

［T 系列］

1）所有轴互锁信号（STLK）被输入，如图 8—33 所示。

	#7	#6	#5	#4	#3	#2	#1	#0
0120							STLK	

DGN

STLK：当该信号为1时，启动锁定信号被输入。

图 8—33　所有轴互锁信号（STLK）被输入

2）各轴互锁信号（ITX ~ IT4）被输入，如图 8—34 所示。

	#7	#6	#5	#4	#3	#2	#1	#0
0008	EILK							

PRM

EILK 0：各轴互锁信号无效。

1：各轴互锁信号有效。

	#7	#6	#5	#4	#3	#2	#1	#0
0128						IT3	ITZ	ITX

DGN

ITn：当这些位为1时，相应轴的各轴互锁信号被输入。

图 8—34　各轴互锁信号（ITX ~ IT4）被输入

3）各轴各向互锁信号有效（± MIT1，± MIT2）被输入，如图 8—35 所示。

	#7	#6	#5	#4	#3	#2	#1	#0
0024	EDILK							

PRM

EDILK 0：各轴各向互锁信号无效。

1：各轴各向互锁信号有效。

	#7	#6	#5	#4	#3	#2	#1	#0
0008			−MIT2	+MIT2	−MIT1	+MIT1		

DGN

当这些位为1时，相应轴的各轴各向互锁信号被输入。

图 8—35　各轴各向互锁信号有效

［M 系列］

1）普通互锁信号（＊ILK）和高速互锁信号（＊RILK）被输入，如图 8—36 所示。

	#7	#6	#5	#4	#3	#2	#1	#0
0015						RILK		

PRM

RILK 0：普通互锁信号（*ILK）有效。

1：高速互锁信号（*RILK）有效。

	#7	#6	#5	#4	#3	#2	#1	#0
0012							ZILK	

PRM

ZILK 0：互锁用于所有坐标轴。

1：互锁只用于Z轴。

	#7	#6	#5	#4	#3	#2	#1	#0
0008			*RILK					

DGN

0117								*ILK

DGN

当这些位为0时，表示相应的互锁信号被输入。

图 8—36　普通互锁信号和高速互锁信号被输入

2）各轴互锁信号（＊ITX ~ ＊IT4）被输入，如图 8—37 所示。

	#7	#6	#5	#4	#3	#2	#1	#0
0008	EILK							

PRM

EILK 0：各轴互锁无效。

1：各轴互锁有效。

	#7	#6	#5	#4	#3	#2	#1	#0
0128					*IT4	*ITZ	*ITY	*ITX

DGN

当这些位为0时，表示相应的轴互锁信号被输入。

图 8—37　各轴互锁信号被输入

项目 8

3）各轴各向互锁信号（±＊MITX～±＊MIT4）被输入，如图8—38所示。

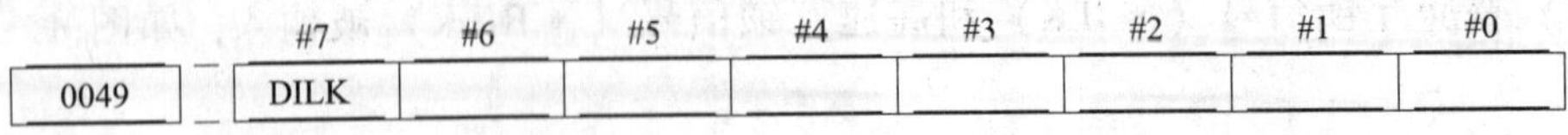

PRM

DILK 0：各轴各向互锁无效。
1：各轴各向互锁有效。

	#7	#6	#5	#4	#3	#2	#1	#0
0142	-*MIT4	-*MITZ	-*MITY	-*MITX	+*MIT4	+*MITZ	+*MITY	+*MITX

DGN

当这些位为0时，表示相应的各轴各向互锁信号被输入。

图8—38　各轴各向互锁信号

（7）CNC正在等待输入主轴速度到达信号。实际的主轴速度没有达到程序中指定的速度。用PMC的诊断功能（PMC DGN）确认信号状态，如图8—39所示。

	#7	#6	#5	#4	#3	#2	#1	#0
0120				SAR				

DGN

图8—39　CNC正在等待输入主轴速度到达信号

SAR当信号为0时，主轴速度没有达到指定的速度值。当PARAM 024#2 =1时，该功能有效。

项目 8

（8）NC处于复位状态。在这种情况下，CNC的状态显示处显示RESET。

1）只有定位（G00）中的快速移动没有起作用，确认下列参数和PMC信号。

①快移速度的设定值如图8—40所示。

图8—40　快移速度的设定值

②快移速度倍率信号如图 8—41 所示。

	#7	#6	#5	#4	#3	#2	#1	#0
0116 (DGN)	ROV1							
0117 (DGN)	ROV2							
0003 (PRM)				OVRI				

ROV1	ROV2	OVRI=0	OVRI=1
0	0	100%	F0
1	1	50%	25%
0	1	25%	50%
1	1	F0	100%

0533	快移倍率F0时的速度[mm/min]

PRM

图 8—41 快移速度倍率信号

2）只有进给（除 G00 以外）不起作用

①参数设定的最大进给速度不正确，如图 8—42 所示。

PRM

图 8—42 参数设定的最大进给速度不正确

进给速度被限制在上述值。

②进给速度用每转进给量来指定（mm/r）。

a. 位置编码器不旋转。检查主轴和位置编码器之间的连接。考虑下列故障：

* 同步带断裂。
* 键被取掉。
* 联轴节松动。
* 连接点松动。
* 信号电缆的连接器被松开。

b. 位置编码器出故障。

③不能进行螺纹切削。

a. 位置编码器不旋转。检查主轴和位置编码器之间的连接。考虑下列故障：

* 同步带断裂。
* 键被取掉。
* 联轴节松动。
* 信号电缆的连接器被松开。

项目 8

b. 位置编码器出故障。

在采用串行主轴时，位置编码器被连接到主轴放大器上，或在采用模拟主轴时，位置编码器被连接到 CNC 上。

详细的连接如下所述：

[T 系列]

来自位置编码器的 A/B 相信号是否被正确读出，也可以通过 CRT 屏幕（位置画面）上的主轴速度显示值加以判断（当 PARAM 014#2 =0 时，不显示）。

串行主轴放大器的连接如图 8—43 所示。

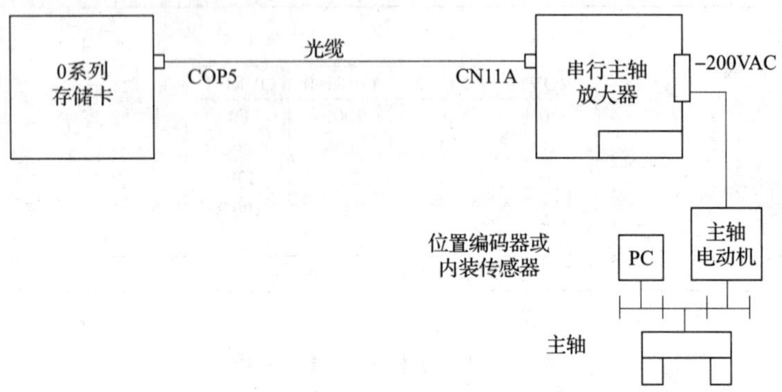

图 8—43 串行主轴放大器的连接

模拟主轴放大器的连接如图 8—44 所示。

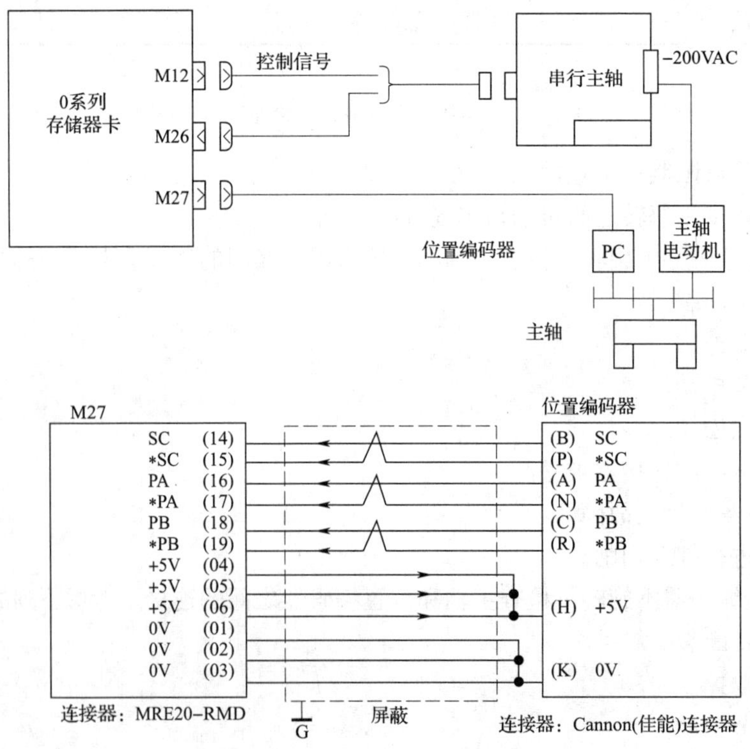

图 8—44 模拟主轴放大器的连接

任务 7　循环启动 LED 信号灯关断

一、操作要点

1. 进行循环操作启动。
2. 确认机床操作面板上的循环启动信号灯 LED 工作正常。
3. 确认 CNC 的诊断功能工作正常。

二、故障原因和解决措施

循环启动信号灯 LED（STL）断开的原因显示在 CNC 的诊断号 712 中，如图 8—45 所示。

	#7	#6	#5	#4	#3	#2	#1	#0
0712	STP	REST	EMS	RRW	RSTB			CSU

DGN

#7	#6	#5	#4	#3	#2	#1	#0	原因
1	1	1	0	0	0	0	1	a. 急停信号有效
1	1	0	0	0	0	0	0	b. 外部复位信号有效
1	1	0	1	0	0	0	0	c. 复位和倒带信号有效
1	1	0	0	1	0	0	0	d. MDI 上的复位按钮按下
1	0	0	0	0	0	0	1	e. 伺服报警
1	0	0	0	0	0	0	0	f. 进给暂停信号有效或切换为其他方式

图 8—45　循环启动信号灯断开的原因

信号 a ~ f 的详情如下：

利用诊断功能（PMC DGN）来确认相关信号。

1. 急停被输入（见图 8—46）

	#7	#6	#5	#4	#3	#2	#1	#0
0021				*ESP				

DGN

0121				*ESP				

DGN

图 8—46　急停被输入

*ESP = 0：急停信号输入有效。

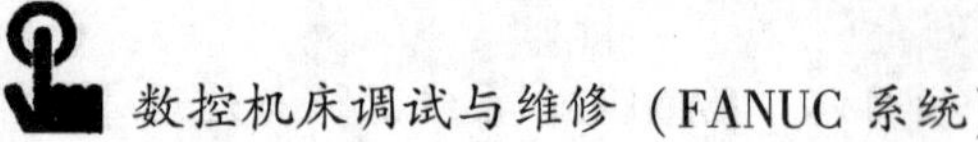

2. 外部复位信号被输入（见图 8—47）

DGN	#7	#6	#5	#4	#3	#2	#1	#0
0712	ERS							

图 8—47　外部复位信号被输入

ERS：当该位为 1 时，外部复位信号输入有效。当在一个程序中指定 M02 作为程序结束时，该信号通常用作 M02 的确认信号，因此在执行 M02 时该信号被输入。

3. 复位和倒带信号被输入（见图 8—48）

DGN	#7	#6	#5	#4	#3	#2	#1	#0
0104		RRW						

图 8—48　复位和倒带信号被输入

RRW：当该信号为 1 时，复位和倒带信号被输入。当在一个程序中指定 M30 作为程序结束时，该信号通常用作 M30 的确认信号，因此在执行 M30 时该信号被输入。

4. MDI 上的复位按钮按下

在按 MDI 面板上的 RESET 键时，自动操作进入复位状态。

5. 伺服报警已产生

在产生任何伺服报警时，循环操作进入复位状态，操作被停止。

6. 循环操作处于进给暂停状态

在下列情况下，循环操作变为进给暂停状态：

（1）操作方式从自动操作方式变为手动操作方式。

（2）进给暂停信号被输入。

模式选择信号如图 8—49 所示。

DGN	#7	#6	#5	#4	#3	#2	#1	#0
0122						MD4	MD2	MD1

		MD4	MD2	MD1
自动操作	存储器编辑（EDIT）	0	1	1
	自动操作（AUTO）	0	0	1
	手动数据输入（MDI）	0	0	0
手动操作	手动进给（JOG）	1	0	0
	手轮/步进	1	0	1
	手轮示教	1	1	1
	手动示教	1	1	0

图 8—49　模式选择信号

进给暂停信号如图 8—50 所示。

	#7	#6	#5	#4	#3	#2	#1	#0
0122			*SP					

DGN

图 8—50 进给暂停信号

＊SP：当该信号为 0 时，进给暂停信号被输入。

7. 在自动操作过程中成为单程序段停止（见图 8—51）

	#7	#6	#5	#4	#3	#2	#1	#0
0122							SBK	

DGN

图 8—51 在自动操作过程中成为单程序段停止

SBK：当该信号为 1 时，单程序段信号有效。

任务 8 电源接通时无画面显示

该电源单元输入处带有 F11 和 F12 熔丝，在 +24 V 输出处带有 F13 熔丝，在 +24E 输出处带有 F14 熔丝。熔丝熔断的原因及其修正方法如图 8—52 所示。

项目 8

一、熔丝 F11 和 F12

1. 浪涌吸收器 VS11 短路。
2. 二极管组 DS11 短路。
3. 开关晶体管 Q14 和 Q15 的集电极和发射极之间短路。
4. 二极管 D33 和 D34 短路。
5. 辅助电源电路中晶体管 Q1 的集电极和发射极之间短路。

二、熔丝 F13

1. CRT/MDI 单元中可能发生短路，或与之相连的 +24 V 电源电缆发生短路。从 CP15 上拆下电缆，仔细检查单元和电缆。

2. 主印制电路板上的 +24 V 电路发生短路。从 CP14 和 CP15 上拆下电缆。同样，从主印制电路板上拆下电源单元，仔细检查印制电路板。在更换熔丝时，利用相同额定值的替换件。熔丝 F13 的规格为 A60L－0001－0075#3. 2。

三、熔丝 F14

1. 各种印制电路板单元的 +24E 电源电缆短路。
2. 机床内 +24E 电源线接地故障或 +24E 电源线与其他电源线连接错误。

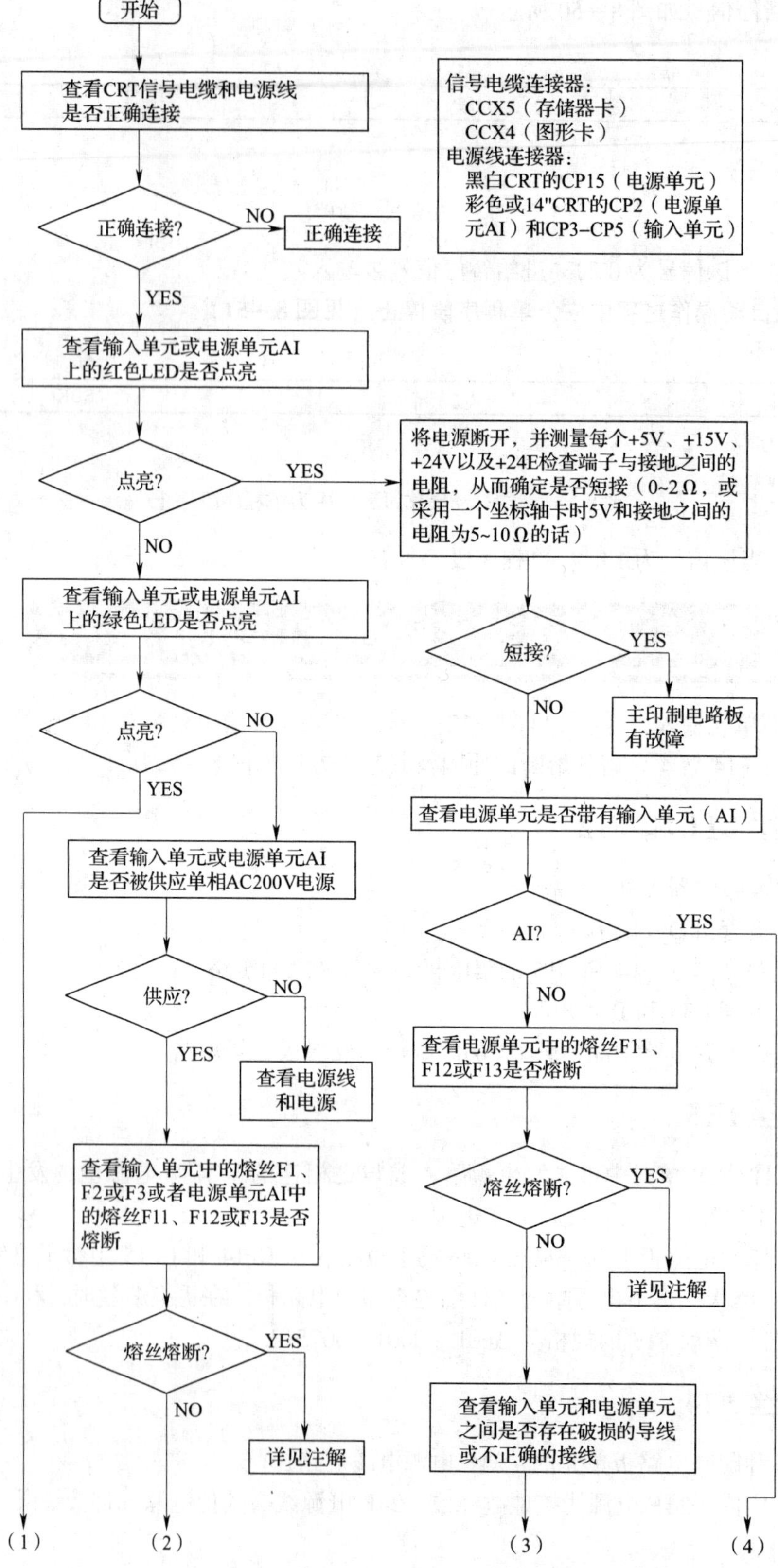
开始
查看CRT信号电缆和电源线是否正确连接
正确连接?
NO
正确连接
YES
信号电缆连接器:
CCX5（存储器卡）
CCX4（图形卡）
电源线连接器:
黑白CRT的CP15（电源单元）
彩色或14"CRT的CP2（电源单元AI）和CP3–CP5（输入单元）
查看输入单元或电源单元AI上的红色LED是否点亮
点亮?
YES
将电源断开，并测量每个+5V、+15V、+24V以及+24E检查端子与接地之间的电阻，从而确定是否短接（0~2Ω，或采用一个坐标轴卡时5V和接地之间的电阻为5~10Ω的话）
NO
查看输入单元或电源单元AI上的绿色LED是否点亮
短接?
YES
主印制电路板有故障
NO
点亮?
NO
YES
查看电源单元是否带有输入单元（AI）
查看输入单元或电源单元AI是否被供应单相AC200V电源
AI?
YES
NO
供应?
NO
YES
查看电源线和电源
查看电源单元中的熔丝F11、F12或F13是否熔断
熔丝熔断?
YES
NO
详见注解
查看输入单元中的熔丝F1、F2或F3或者电源单元AI中的熔丝F11、F12或F13是否熔断
熔丝熔断?
YES
NO
详见注解
查看输入单元和电源单元之间是否存在破损的导线或不正确的接线
（1）
（2）
（3）
（4）

项目 8

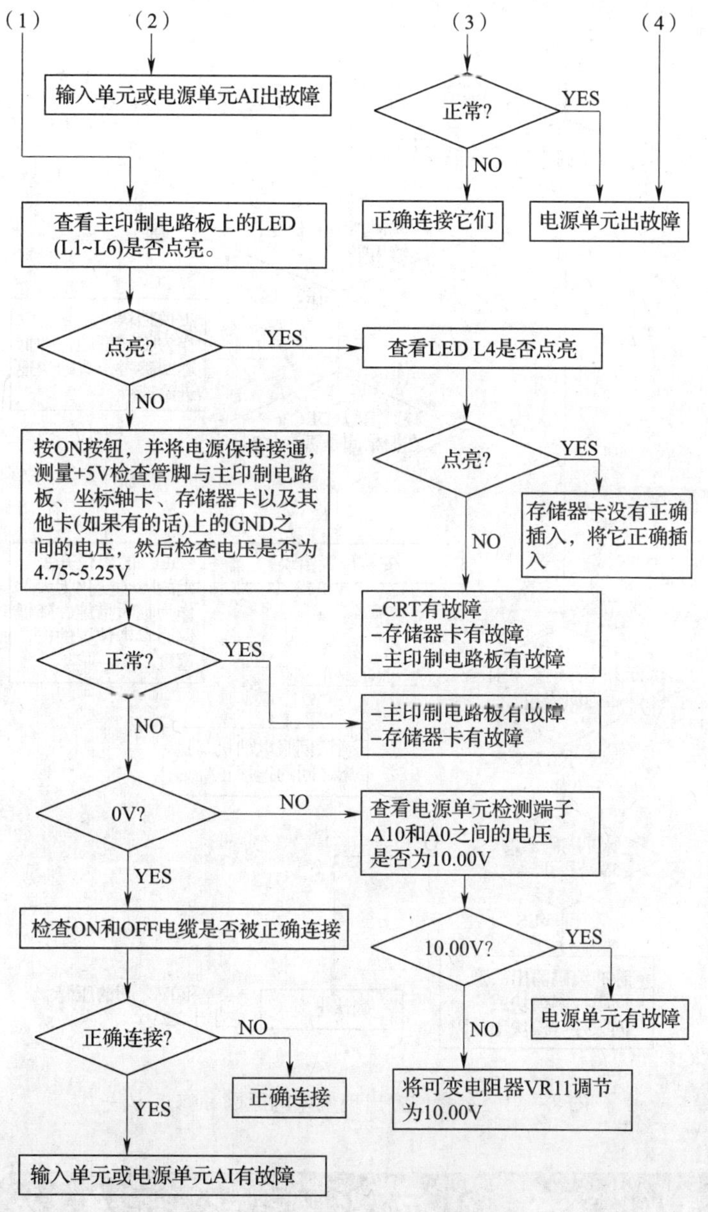

图 8—52　熔丝熔断的原因和修正方法

任务 9　参考位置出现偏差

参考位置出现偏差按图 8—53 所示的步骤及方法进行检查及修正。

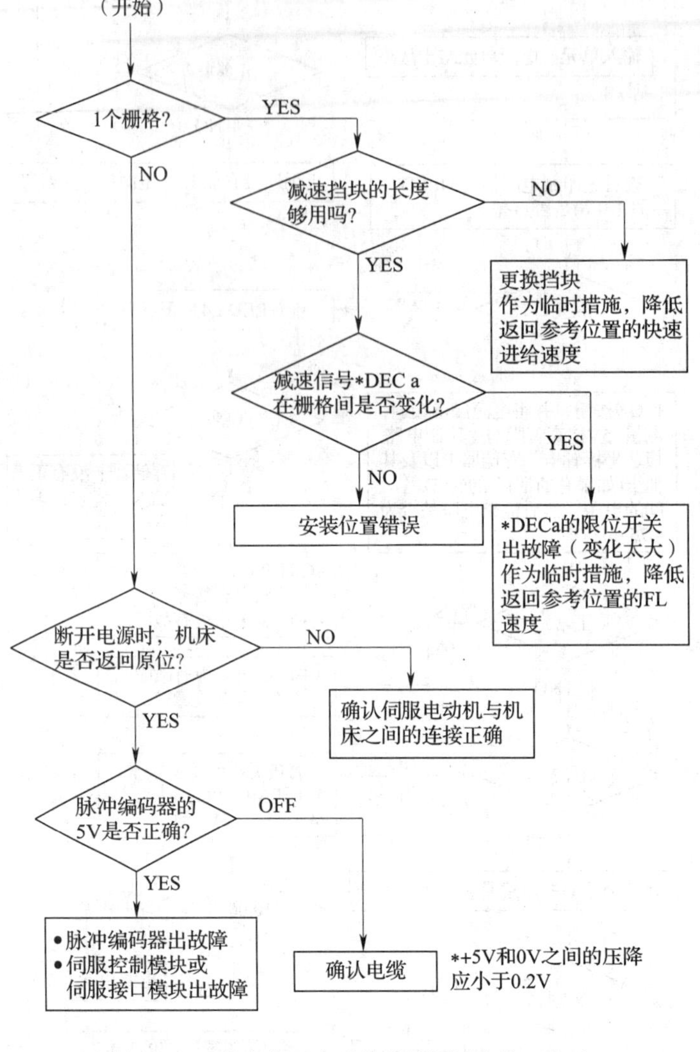

图 8—53　参考位置出现偏差的原因和修正方法

任务 10　90 号报警（返回参考位置异常）

一、原因

当坐标轴以高于相当于位置误差量（DGN800 ~ DGN807）为 128 个脉冲的速度返回参考位置时，CNC 至少有一次接收到 1 转信号（零脉冲信号）。

二、处理方法

90 号报警的处理方法如图 8—54 所示。

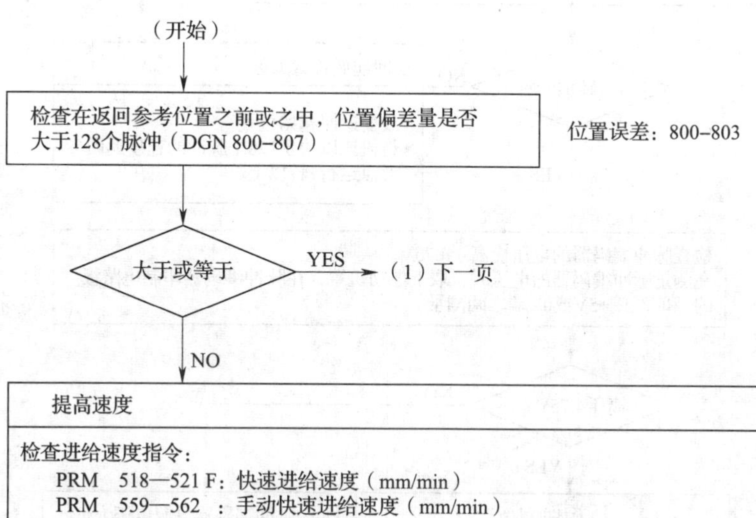

提高速度

检查进给速度指令：

PRM　518—521 F：快速进给速度（mm/min）

PRM　559—562　：手动快速进给速度（mm/min）

PRM　517　　G：伺服环增益（0.01 sec-1）

$$位置误差=\frac{F\times 5000/3}{G\times 检测单位（微米/脉冲）}$$

检测单位：移动量与指令脉冲比（通常为1 μ m）

在公制机床中，如果在位置显示画面上小数点的位置为4位，则检测单位为0.1 μ m。

检查快速进给倍率信号：

ROV1　DGN　116.7

DGN　1316.7　（对TT系列）

ROV2　DGN　117.7

DGN　1317.7　（对TT系列）

PRM　553　F_0速度

如果PRM　003.4=0，则倍率值如右表所示。

如果PRM　003.4=1，则倍率值为右表中的相反值。

ROV1	ROV2	倍率
0	0	100%
0	1	50%
1	0	25%
1	1	F_0速度

检查返回参考点减速信号

（M系列）　*DECX DGN 016.5　*DECY DGN 017.5　*DECA DGN 018.5

*DEC4 DGN 019.5

（T系列）　*DECX DGN 016.5 *DEGZ DGN 017.5　*DEC3 DGN 019.7

*DEC4 DGN 019.5　（*DEC3，*DEC4　当PRM 0038#0为0时）

*DEC3 DGN 016.7　*DEC4 DGN 017.7

（*DEC3，*DEC4　当PRM 0038#0为1时）

返回参考位置从减带信号0状态开始时，进给速度为FL速度。

PRM 534 FL速度

减速信号根据PRM0001#5设为"1"/"0"，减速信号可为"1"/"0"时开始减速。

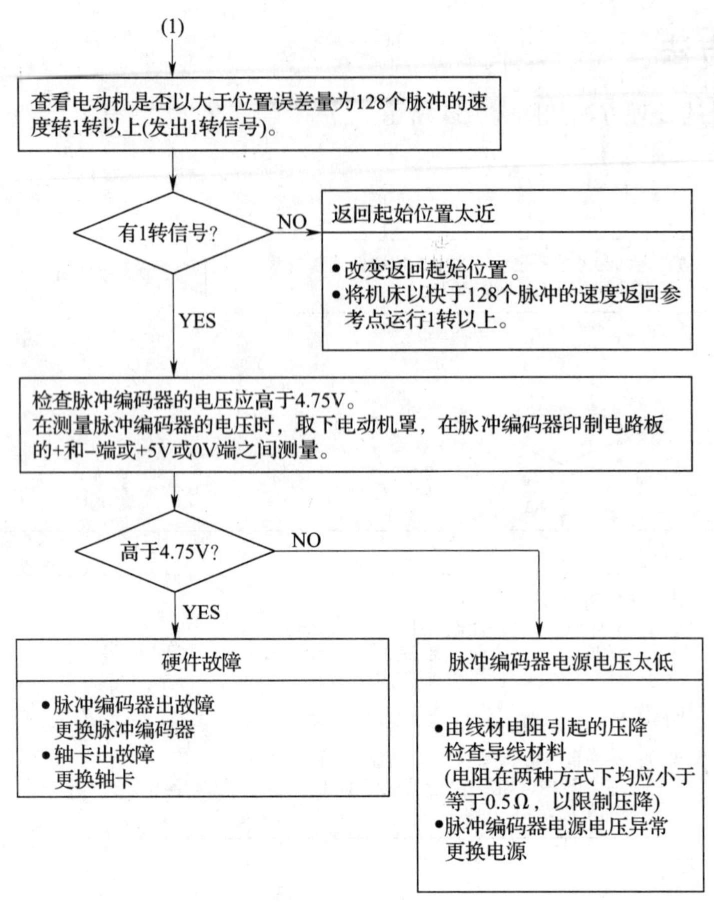

图 8—54　90 号报警的处理方法

三、注意

在更换脉冲编码器或电动机后，参考位置或机床的基准点可能与以前不同，必须正确设定。

要求采用一个高于 128 个脉冲的速度，如果速度低于此值，一转的信号不能稳定地产生作用，从而引起不正确的位置检测。

任务 11　3n0 号报警（请求返回参考点）

一、原因

串行脉冲编码器的绝对位置数据丢失（在更换串行脉冲编码器或断开串行脉冲编码器的位置反馈信号电缆的情况下会发生该报警）。

二、处理方法

机床位置必须用下列方式存储。

1. 有返回参考点功能时

（1）只对发生该报警的坐标轴执行手动返回参考位置。由于另一个报警而无法执行手动返回参考位置时，改变参数号 0021 来解除报警，再执行手动操作。

（2）在返回参考位置结束时按［RESET］键，解除报警。

2. 无返回参考点功能时

执行无挡块参考位置设定以记忆参考位置。

3. 更换串行脉冲编码器时

由于参考位置与以前的不同，因此要改变栅格偏移量（PRM No. 508 ~ 511、641、642、7508、7509）以修正位置。

相关参数如图 8—55 所示。

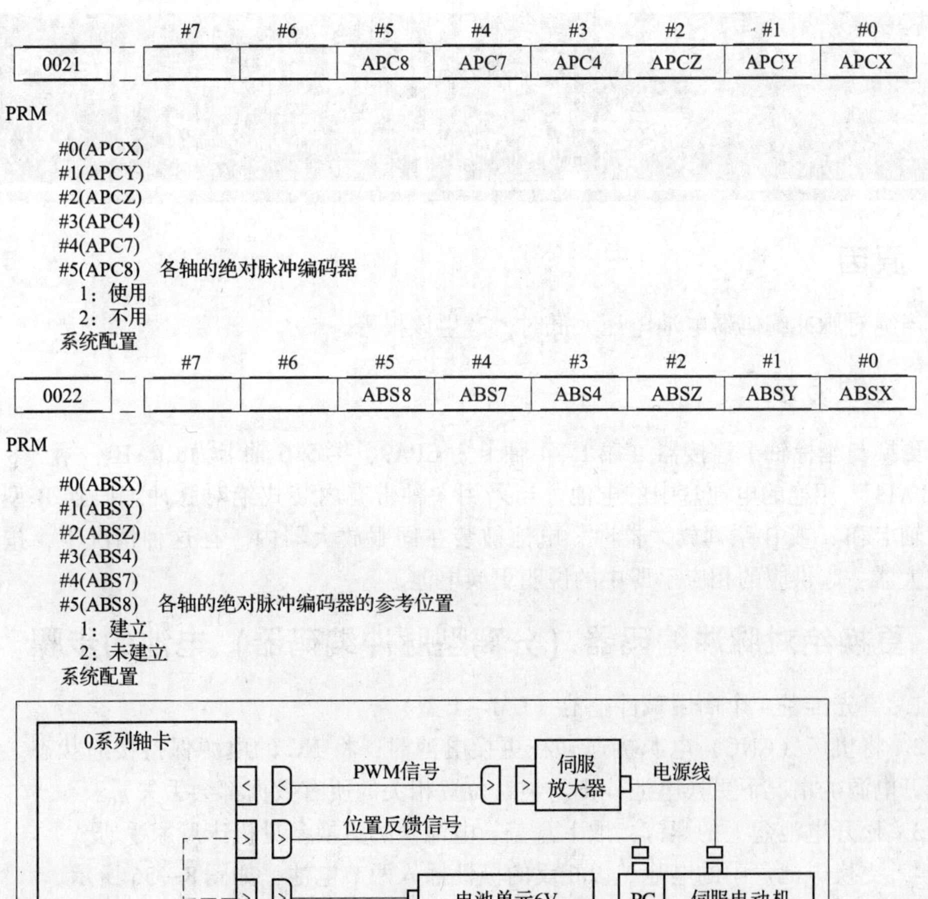

图 8—55 相关参数

任务12 3n1 号~3n6 号报警（绝对脉冲编码器出故障）

一、原因

绝对脉冲编码器、电缆或伺服接口模块出现故障。

二、处理方法

1. 轻推从伺服电动机连到轴卡上的反馈电缆，留意是否出现报警，如果出现报警，则更换电缆。

2. 更换轴卡。

任务13 3n7 号、3n8 号报警（绝对脉冲编码器电池电压太低）

一、原因

当绝对脉冲编码器电池电压太低时，产生该报警。

二、处理方法

更换与坐标轴卡连接器（第 1 ~ 4 轴卡为 CPA9，第 5/6 轴卡为 CPA10，第 7/8 轴卡为 CPA11）相连的电池盒中的电池。当采用一种带有内装式绝对脉冲编码器 B 型伺服接口轴卡和 α 或 β 系列放大器时，电池被装在伺服放大器内。在这种情况下，按随伺服放大器一起供应的相应手册中的说明更换电池。

三、更换绝对脉冲编码器（分离型脉冲编码器）电池的步骤

1. 事先准备 4 个商用碱性电池（UM－1 型）。

2. 将机床（CNC）电源接通（在更换电池时，将 NC 的电源保持接通状态。如果在断开电源的情况下更换电池，则与绝对位置相关的所有数据都会丢失）。

3. 松开电池盒上的螺钉，取下盒盖。电池盒的更换参见机床厂家手册。

4. 更换电池盒中的电池。以相反的极性插入两节电池，如图 8—56 所示。

5. 在更换电池后，装上盒盖。

6. 将机床（CNC）电源断开。

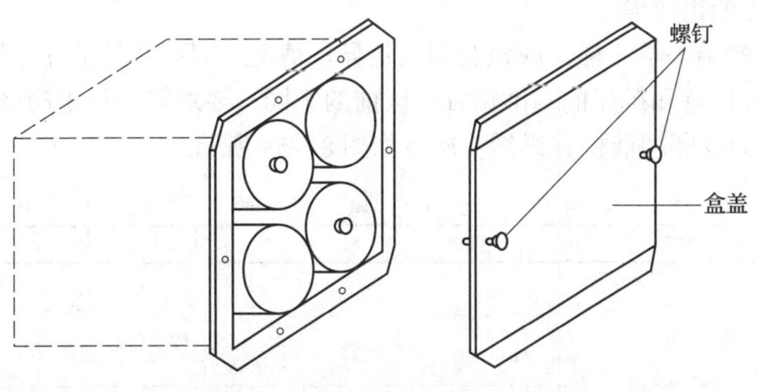

图 8—56 以相反的极性插入两节电池

四、注意

1. 在更换 α 系列伺服放大器模块的电池时，要使伺服放大器的电源保持接通状态。

2. 不允许更换控制单元（用于存储备份）的电池。

任务 14 3n9 号报警（串行脉冲编码器异常）

一、要点

通过诊断功能 0760 ~ 0767 检查详细情况，如图 8—57 所示。

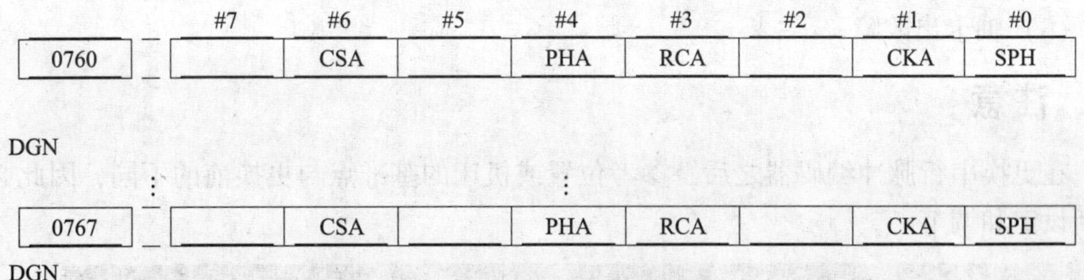

DGN	#7	#6	#5	#4	#3	#2	#1	#0
0760		CSA		PHA	RCA		CKA	SPH
⋮				⋮				
0767		CSA		PHA	RCA		CKA	SPH

图 8—57 通过诊断功能 0760 ~ 0767 检查详细情况

#6（CSA）：发生诊断和报警。

#4（PHA）：发生相位数据异常报警。

#3（RCA）：发生速度计数异常报警。

#1（CKA）：发生时钟报警。

#0（SPH）：发生软相位数据异常报警。

1. 如果报警频繁发生，利用上述诊断功能检查其内容。如果诊断数据相同，则串行脉冲编码器可能出故障。

2. 如果诊断结果不一样，或检测到其他异常情况，则可能是某种外部干扰引起的。

注意：参考位置和机床的基准位置与以前的不同，要对其进行正确调节和设定。

利用 CNC 的诊断功能检查详细情况，如图 8—58 所示

DGN	#7	#6	#5	#4	#3	#2	#1	#0
0770	DTE	CRC	STB					
⋮				⋮				
0777	DTE	CRC	STB					

图 8—58 利用 CNC 的诊断功能检查详细情况

#7（DTE）：发生数据丢失。

#6（CRC）：产生串行通信错误。

#5（STB）：产生停止位错误。

二、原因

1. #7（DTE）串行脉冲编码器无响应

（1）信号电缆断线。

（2）串行脉冲编码器出故障。

（3）串行脉冲编码器的 +5 V 降低。

2. #6（CRC）、#5（STB）：串行通信出故障

（1）信号电缆断线。

（2）串行脉冲编码器出故障。

（3）轴卡出故障。

三、注意

在更换串行脉冲编码器之后，参考位置或机床的基准点与更换前的不同，因此必须重新设定和调节。

任务 15 400 号、402 号、406 号、490 号报警（过载）

一、原因

检测到放大器或电动机过热，如图 8—59 所示。

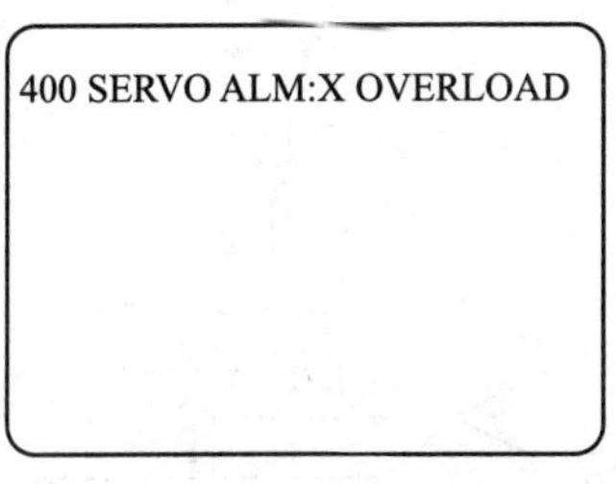

图 8—59 检测到放大器或电动机过热

二、要点

利用 CNC 的诊断功能确认详细情况，如图 8—60 所示。

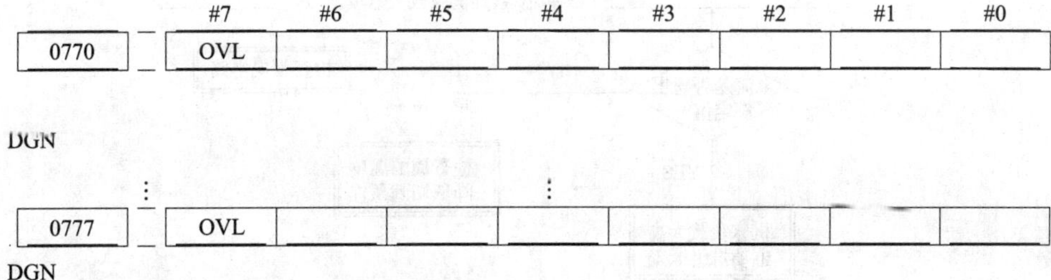

图 8—60 利用 CNC 的诊断功能确认详细情况

#7（OVL）：1 显示“过载报警”。

1. 伺服电动机过热（见图 8—61）

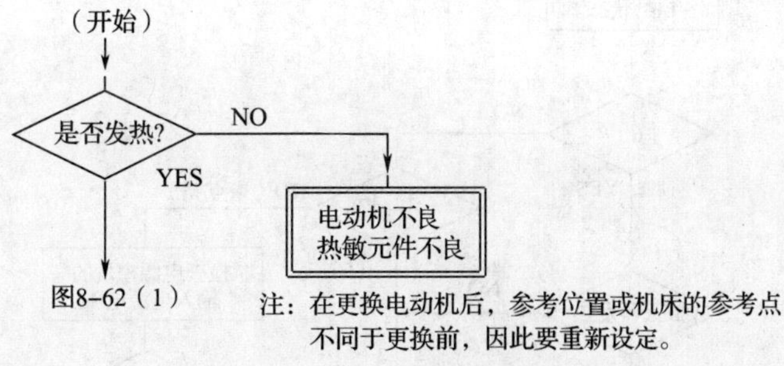

图 8—61 伺服电动机过热

2. C 系列伺服放大器过热（见图 8—62）

伺服放大器的 LED 显示为 6。

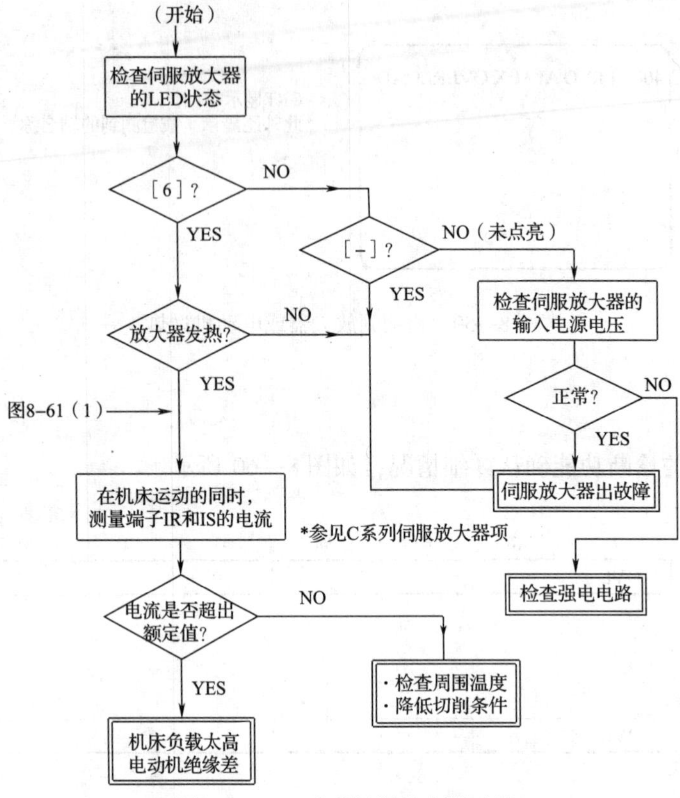

图 8—62　C 系列伺服放大器过热

3. α 系列电源模块过热（见图 8—63）

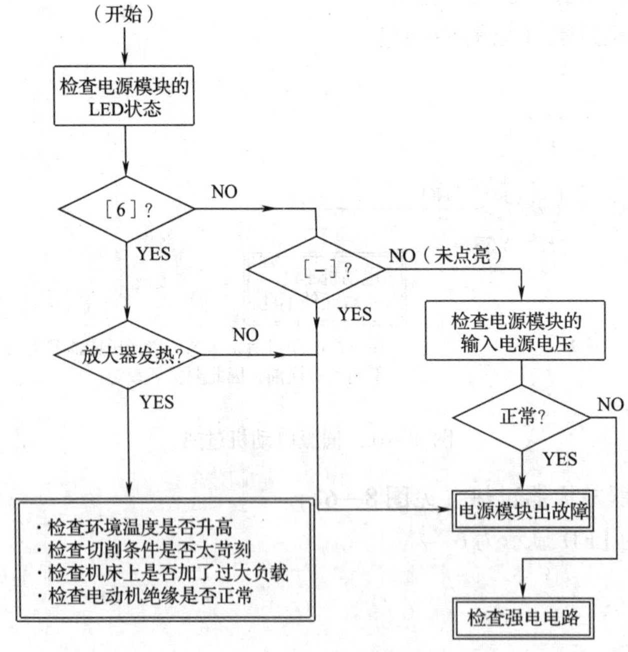

图 8—63　α 系列电源模块过热

任务16　401号、403号、406号、491号报警（＊DRDY 信号断开）

一、原因

伺服放大器准备好信号（＊DRDY）没接通或运行中断开。

二、处理方法

1. C 系列伺服放大器（见图 8—64）

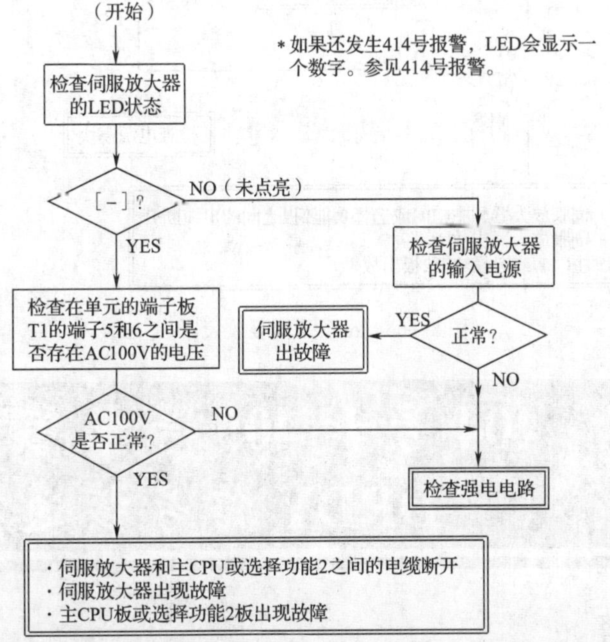

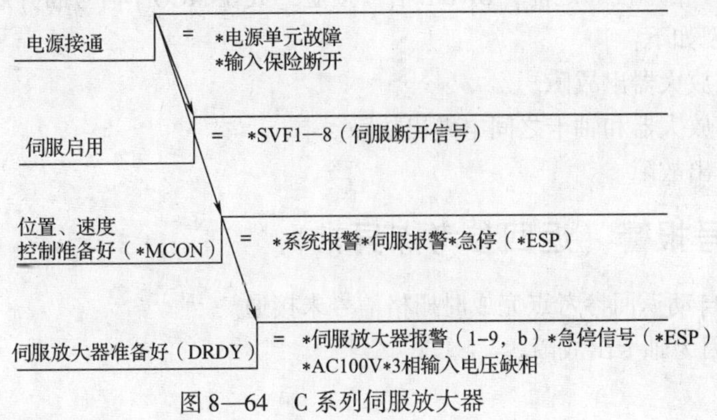

图 8—64　C 系列伺服放大器

2. α系列伺服放大器（见图 8—65）

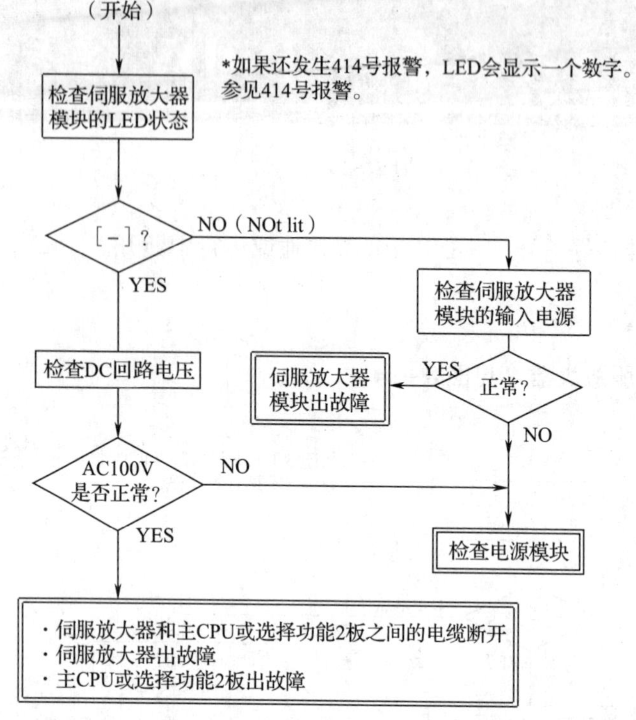

图 8—65　α 系列伺服放大器

任务 17　404 号和 405 号报警（＊DRDY 信号接通）

一、404 号报警

在 MCON 信号接通之前，DRDY 信号接通，或在 MCON 信号断开后 DRDY 未断开。

故障原因如下：

1. 伺服放大器出故障。
2. 伺服放大器和轴卡之间电缆出故障。
3. 轴卡出故障。

二、405 号报警（返回参考点异常）

在 G28 自动返回参考点完成时栅格信号未接通。

故障原因为轴卡出故障。

任务18 4n0号报警（停止时出现过大的位置偏差）

停止时位置偏差（DGN800～807）超出由参数593～596、649、650、7593、7594等设定的数值，如图8—66所示。

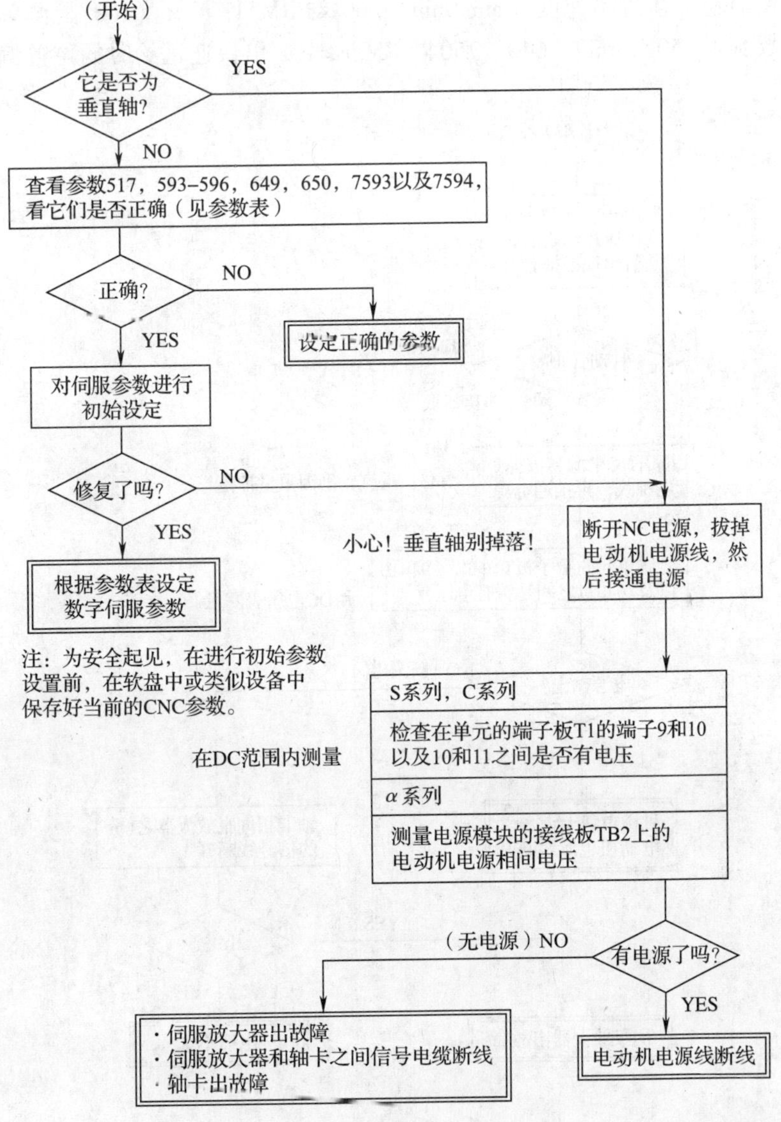

图8—66 停止时出现过大的位置偏差

任务19　4n1号报警（移动中出现过大的位置偏差）

在移动过程中位置偏差（DGN800～807）超出由参数504～507、639、640、7504、7505等设定的数值，如图8—67所示。

注意：

1. 位置偏差=［进给速度（mm/min）/60×PRM517］×（100/检测单位）。
2. 参数504～507、639、640、7504、7505≥1.2倍快速进给时的位置偏差。

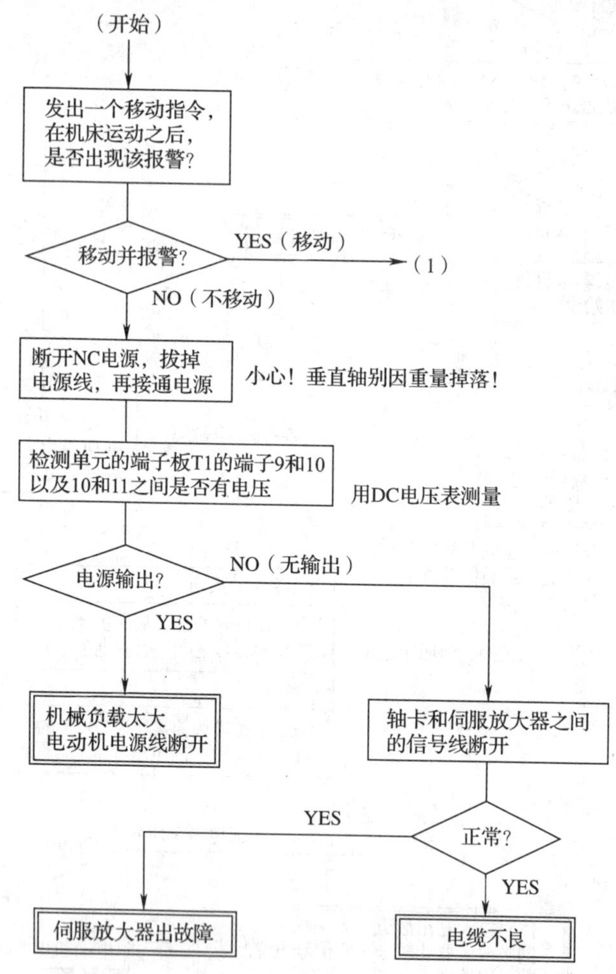

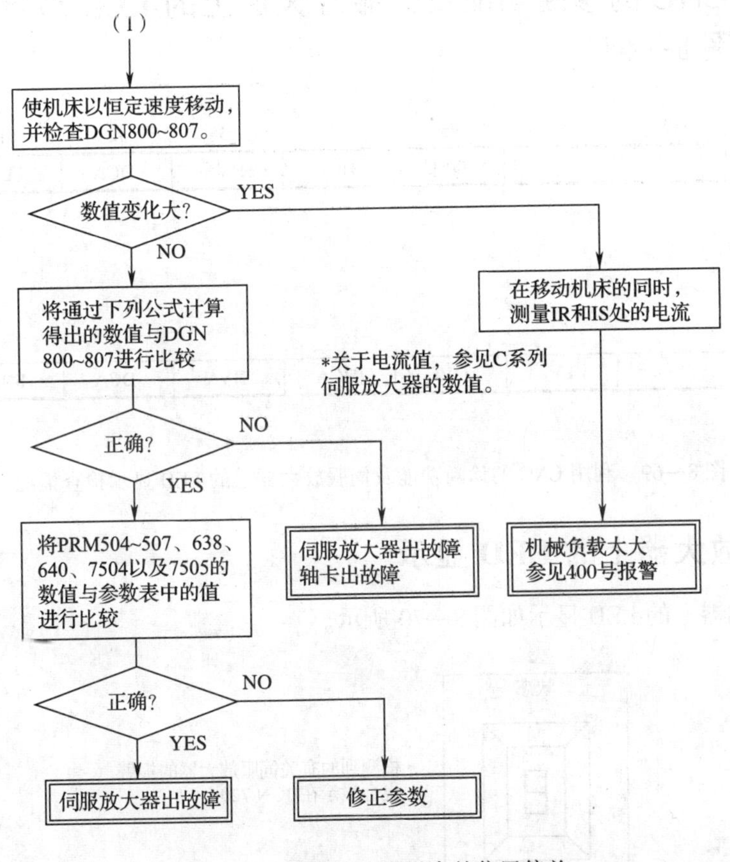

图 8—67　移动中出现过大的位置偏差

任务 20　4n4 号报警（数字伺服系统异常）

4n4 号报警如图 8—68 所示。

```
414 SRRVO ALARM：X-AXIS
                 DETECTION
                 SYSTRM ERROR
```

显示举例
显示被检测到的坐标轴名

图 8—68　4n4 号报警

一、利用 CNC 的诊断功能及伺服放大器上的 LED 显示检查详细情况（见图 8—69）

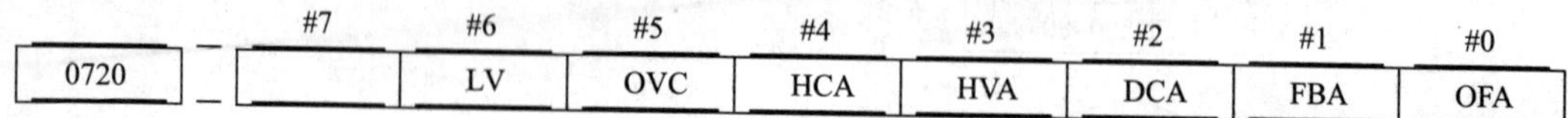

DGN	#7	#6	#5	#4	#3	#2	#1	#0
0720		LV	OVC	HCA	HVA	DCA	FBA	OFA
⋮								
0727		LV	OVC	HCA	HVA	DCA	FBA	OFA

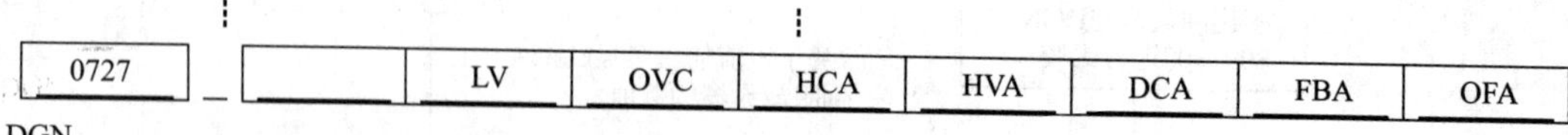

图 8—69　利用 CNC 的诊断功能及伺服放大器上的 LED 显示检查情况

二、伺服放大器上的 LED 显示

伺服放大器上的 LED 显示如图 8—70 所示。

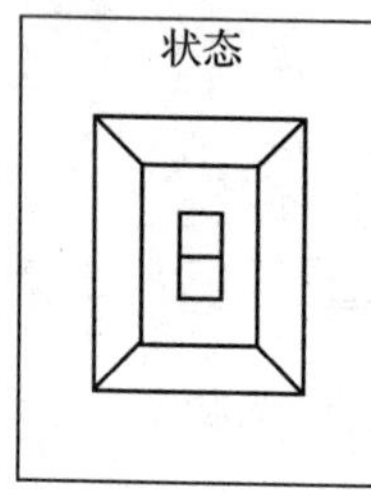

状态
* 检测到的有关伺服放大器的报警
也会显示在DGN 720上。

图 8—70　伺服放大器上的 LED 显示

DGN 上显示 1 时如图 8—71 所示。

DGN	#7	#6	#5	#4	#3	#2	#1	#0
0720		LV	OVC	HCA	HVA	DCA	FBA	OFA

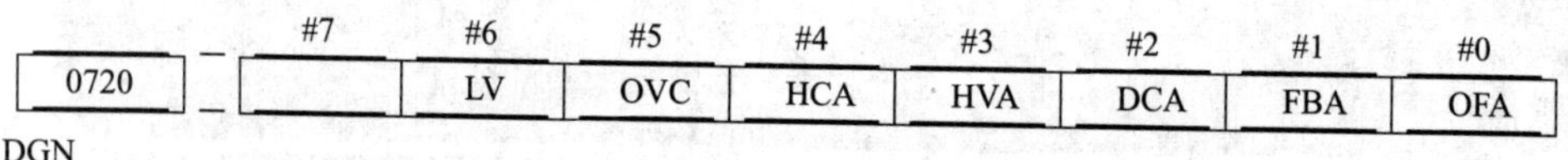

图 8—71　DGN 上显示 1 时

#6（LV）：低电压报警→LED［2］或［3］点亮。
#5（OVC）：过电流报警。
#4（HCA）：异常电流报警→LED［8］点亮。
#3（HVA）：过电压报警→LED［1］点亮。
#2（DCA）：放电报警→LED［4］或［5］点亮。
#1（FBA）：断线报警。
#0（OFA）：溢出报警。

任务 21　4n6 号报警（断线报警）

4n6：位置检测反馈信号线断线或短路。

一、要点

利用 CNC 的诊断功能检查详细情况（见图 8—72）。

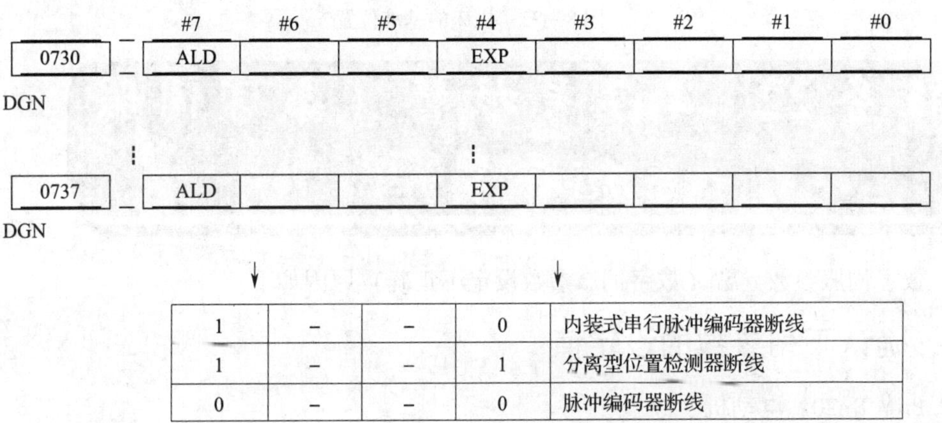

1	–	–	0	内装式串行脉冲编码器断线
1	–	–	1	分离型位置检测器断线
0	–	–	0	脉冲编码器断线

图 8—72　利用 CNC 的诊断功能检查详细情况

二、注意

该报警与全闭环系统有关。

三、原因

1. 信号电缆断线或短路。
2. 串行脉冲编码器或位置检测器出故障。
3. 轴卡出故障。
4. 如果没有用分离型脉冲编码器，则分离型脉冲编码器参数设定错误。

PRM0037 的第 0 ~ 第 5 位。

PRM7037 的第 0 位和第 1 位

如果这些数位为 1，则必须采用一个分离型脉冲编码器。

注意：在更换了脉冲编码器后，参考位置或机床的基准位置会与以前的有所不同，因此要对其进行正确设定，如图 8—73 所示。

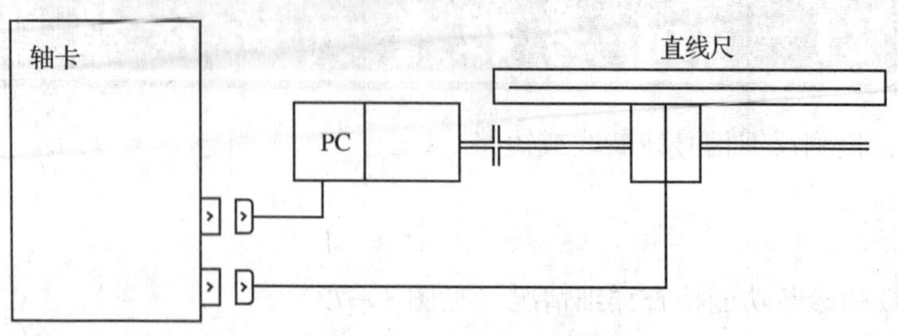

图 8—73　机床的基准位置

任务 22　4n7 号报警（数字伺服系统异常）

数字伺服参数异常（数字伺服参数设定不正确）原因如下。

一、确认下列参数的设定值

PRM 8n20：电动机型号。

PRM 8n22：电动机旋转方向。

PRM 8n23：速度反馈脉冲数。

PRM 8n24：位置反馈脉冲数。

PRM 0269 ~ 0274：伺服坐标轴号。

PRM 8n84：柔性进给齿轮比。

PRM 8n85：柔性进给齿轮比。

利用 CNC 侧的诊断功能确认详细情况。

二、将该参数的设置改为 0

PRM 8047：观察器参数。

三、对数字伺服参数进行初始设定

参见“伺服参数的初始设定”。

任务 23　700 号报警（控制侧过热）

由于控制单元的环境温度变高，因此 NC 底板上的恒温器动作并发出报警。

处理方法如图 8—74 所示。

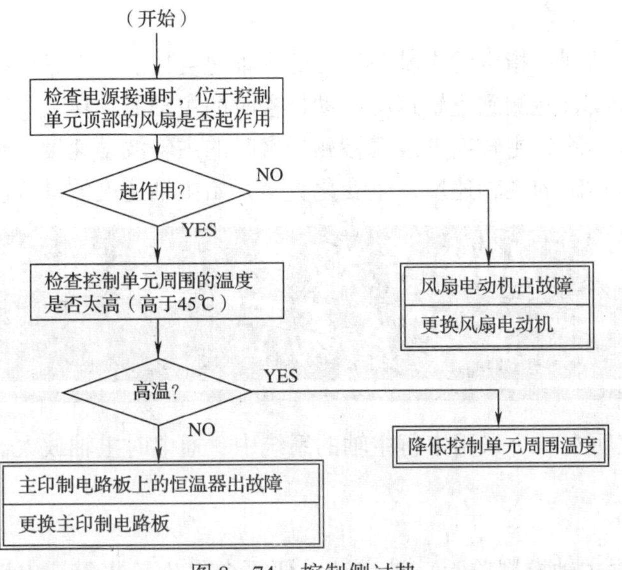

图 8—74 控制侧过热

任务24 704号报警（主轴速度波动检测报警）

该报警表示由于负载而引发主轴速度异常变化。

处理方法如图 8—75 所示。

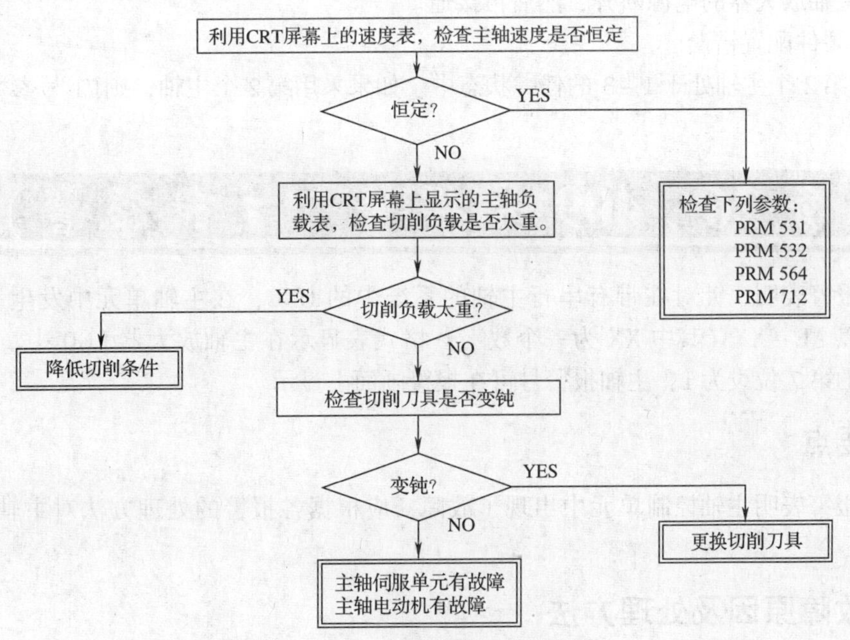

图 8—75 主轴速度波动检测报警

参考：

PRM 531：主轴到达指定的主轴速度时的主轴速度比。

PRM 532：在没有检测到主轴速度波动报警时的主轴波动比。

PRM 564：未检测到主轴速度波动检测报警时的主轴波动速度。

PRM 712：从指定的主轴速度发生变化直至开始主轴速度波动检测的时间。

任务25　408 号报警（主轴串行链未正常启动）

408 号报警表明在一个采用串行主轴的系统中，通电时主轴放大器没有正常启动。

一、要点

一旦系统（含主轴控制单元）被启动，便不会发生该报警。电源接通过程中，在系统启动之前，可能出现该报警。一旦系统被启动，则会以系统报警 945 的方式显示错误。

二、故障原因

1. 光缆连接不良，或主轴放大器的电源断开。

2. 当主轴放大器显示为 SU－01 或任何 AL－24 以外的报警状态时，试图将 NC 电源接通。发生这种问题的主要原因是在串行主轴运行过程中断开 NC 电源。这种情况下应先将主轴放大器的电源断开，然后再接通。

3. 硬件配置错误。

4. 第 2 个主轴处于 1～3 的任一状态中。如果采用第 2 个主轴，则 71 号参数的第 4 位为 1。

任务26　409 号报警（主轴报警）

该报警表明，针对在带有串行主轴的系统中的 CNC，在主轴单元中发生了报警。该报警以 AL－XX（其中 XX 为一个数字）格式表显示在主轴放大器 LED 中。将 0397 号参数的第 7 位设为 1，主轴报警号可在报警画面上显示。

一、要点

该报警表明主轴控制单元中出现了故障，应根据各报警的处理方法对主轴进行检修。

二、故障原因及处理方法

关于报警号参见 AC 主轴伺服单元（串行接口）的维护手册。

任务 27 998 号报警（ROM 奇偶错误）

发生了 ROM 奇偶错误，如图 8—76 所示。

原因：ROM 或安装 ROM 的印制电路板出现故障。

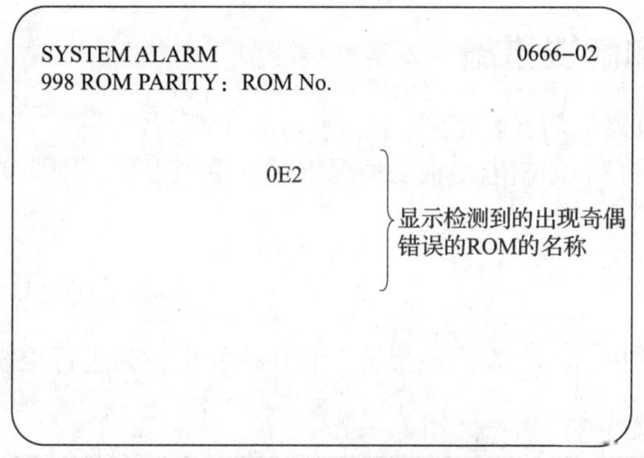

图 8—76 ROM 奇偶错误

此外，再检查显示在屏幕右角处的控制软件系列和版本。

任务 28 920 号 ~922 号报警（监控电路或 RAM 奇偶错误）

920：监控电路报警或伺服系统报警（第 1 ~4 轴）。

921：子 CPU 监控电路报警或第 5/6 轴伺服系统报警。

922：第 7/8 轴伺服系统报警。

1. 监控电路定时器报警

用于监控 CPU 操作的定时器被称作监控电路定时器。每隔恒定时段后，CPU 便将定时器复位。当 CPU 或外围电路中出现故障时，定时器不能复位而发生报警。

2. 轴印制电路板出现故障

除伺服模块包括伺服 RAM、监控定时器电路等硬件故障外，也可能是检测电路异常而导致的故障。

3. 主印制电路板出现故障

CPU 或外围电路可能出现故障。更换主印制电路板。

4. 存储器印制电路板出现故障

由于存储器印制电路板出现故障，软件可能无法正常工作。更换存储器印制电路板。

5．电源单元出现故障

电源单元的 DC 输出电压可能异常。更换电源单元。

任务 29　941 号报警（存储印制电路板安装不正确）

该报警表明存储印制电路板连接不良。查看各连接部位是否紧固。

一、故障原因和解决措施

确保所有印制电路板均安装牢固。

如果在牢固安装存储印制电路板的情况下仍发生该报警，则要更换主印制电路板以及存储印制电路板。

二、注意

在正常操作过程中，不会发生该报警。它往往发生在为进行检修而拔出印制电路板再将其插入或更换时。

任务 30　930 号报警（CPU 错误）

发生 CPU 错误（异常中断）。

产生原因通常是主 CPU 板出故障，产生了通常操作中不会发生的中断，CPU 的外围电路也可能出现异常情况。解决措施是更换主 CPU 板。如果在电源断开再接通时操作正常，则可能是外部干扰引起的故障。

任务 31　945 号和 946 号报警（串行主轴通信错误）

945：在第 1 个串行主轴中发生了通信错误。

946：在第 2 个串行主轴中发生了通信错误。

产生原因是在存储印制电路板和串行主轴放大器之间的下列各点可能出现接触不良现象，如图 8—77 所示。

- 存储印制电路板有故障。
- 存储印制电路板和光学 I/O 链路适配器之间的电缆中有断裂的导线或脱开。
- 光学 I/O 链路适配器不良。
- 光缆断线或脱开。
- 串行主轴放大器出故障。

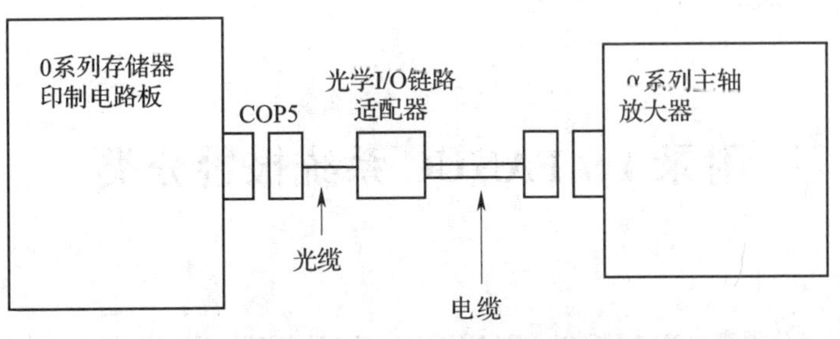

图 8—77 串行主轴通信错误

任务 32 960 号报警（子 CPU 错误）

960：出现子 CPU 错误（非法中断）。

产生原因是子 CPU 印制电路板出故障，出现了通常情况下不会出现的中断。也可能是由于 CPU 的外围电路出故障。解决措施是更换子 CPU 印制电路板。如果通过先断开电源，然后又接通电源的方式可以恢复正常操作，则故障可能是由于噪声干扰引起的。

任务 33 950 号报警（熔丝熔断）

950：+24E 熔丝熔断。

故障原因是在 +24E 回路中有过电流，+24E 回路是用于 I/O 印制电路板和机床强电电路的。在机床 24 V 回路和 0 V 或 I/O 电缆之间可能出现短路。在消除故障原因后更换电源单元中的熔丝。

附录1 FANUC 系统报警分类

报警分类表（FANUC 0i、FANUC16i、FANUC18i、FANUC21i 系统）

报警号	分类
000 ~	程序和设定、操作部分
300 ~	脉冲编码器部分
400 ~	伺服部分
500 ~	超程部分
700 ~	过热（温度异常）部分
749 ~	主轴部分
900 ~	CNC 系统部分
1000 ~	机床侧（外部）顺序（PMC）部分
2000 ~	机床侧顺序（PMC）部分
3000 ~	宏程序部分
5000 ~	程序和设定、操作部分

FANUC 0 系统报警代码一览表（M 系统）

- 系统的程序操作错误（P/S 报警）

编号	含义	内容
000	PLEASE TURN OFF POWER	输入了某个要求断开电源的参数，系统需断电重启后生效
001	TH PARITY ALARM	TH 报警（输入了一个带有奇偶性错误的字符），对纸带进行修正
002	TV PARITY ALARM	TV 报警（某个程序段中的字符为奇数）。只有在 TV 校验有效时才产生该报警
003	TOO MANY DIGITS	输入的数据位数超出了最大允许数值（参见操作手册中最大可编程尺寸一项）
004	ADDRESS NOT FOUND	在某个程序段开始处没有输入地址的情况下输入了一个数字或“－”符号，需对程序进行修正
005	NO DATA AFTER ADDRESS	地址后没有紧随相应数据而是另一个地址或 EOB 代码。需对程序进行修正
006	ILLEGAL USE OF NEGATIVE SIGN	符号“－”输入错误（在某个不能使用“－”符号的地址后输入了该符号，或者输入了两个或两个以上的“－”符号）。需对程序进行修正

续表

编号	含义	内容
007	ILLEGAL USE OF DECIMAL POINT	小数点“.”输入错误（在某个不能使用“.”的地址后输入了小数点，或者输入了两个或两个以上的“.”）。需对程序进行修正
008	ILLEGAL USE OF PROGRAM END	由于在程序末端没有 M02、M30 或 M99 却试图执行 EOR（%）。需对程序进行修正
009	ILLEGAL ADDRESS INPUT	在有特殊意义的区域输入了不能用的字符。需对程序进行修正
010	IMPROPER G－CODE	指定了一个不能用的 G 代码或针对某个没有提供的功能指定了某个 G 代码。需对程序进行修正
011	NO FEEDRATE COMMANDED	对某个切削进给没有指定进给速度或进给速度不够。需对程序进行修正
014	CAN NOT COMMAND G95	在没有螺纹切削/同步进给选项的情况下指定了同步进给
015	TOO MANY AXES COMMANDED	指定的移动坐标轴数超出联动轴数
020	OVER TOLERANCE OF RADIUS	在圆弧插补（G02 或 G03）中，圆弧起始点和圆弧中心之间的距离与圆弧终点和圆弧中心之间的距离之差超出了 876 号参数设定的值
021	ILLEGAL PLANE AXIS COMMANDED	在圆弧插补中指定了某个在所选择的平面中不包括的坐标轴（采用 G17、G18、G19）。需对程序进行修正
025	CANNOT COMMAND F0 IN G02/G03	圆弧插补中指定了 F0（快速进给）。需对程序进行修正
027	NO AXES COMMANDED IN G43/G44	在 G43 和 G44 程序段中没有对刀具长度补偿 C 指定坐标轴。补偿未取消，但对另一个坐标轴进行刀具长度补偿 C。需对程序进行修正
028	ILLEGAL PLANE SELECT	在平面选择指令中，在同一方向指定了两个或两个以上的坐标轴。需对程序进行修正
029	ILLEGAL OFFSET VALUE	由 H 代码指定的补偿值太大。需对程序进行修正
030	ILLEGAL OFFSET NUMBER	由 D/H 代码指定的用于刀具长度补偿或刀尖半径补偿的补偿号太大。需对程序进行修正
031	ILLEGAL P COMMAND IN G10	在用 G10 设定补偿量时，地址 P 后的补偿号太大或没有指定该补偿号。需对程序进行修正
032	ILLEGAL OFFSET VALUE IN G10	在用 G10 设定补偿量或用系统变量写入某个补偿量时，指定的补偿量太大
033	NO SOLUTION AT CRC	对刀尖半径补偿不能确定交叉点。需对程序进行修正
034	NO CIRC ALLOWED IN ST－UP/EXT BLK	在刀尖半径补偿方式中，启动或取消 G02 或 G03 操作。需对程序进行修正

附
录

续表

编号	含义	内容
035	CAN NOT COMMANDED G39	在刀尖补偿B取消方式中或在除补偿平面以外的平面中指定了G39。需对程序进行修正
036	CAN NOT COMMANDED G31	在刀尖半径补偿方式中，指定了跳跃切削（G31）。需对程序进行修正
037	CAN NOT CHANGE PLANE IN CRC	在刀尖补偿B中，给补偿平面以外的平面指定了G40。在刀尖补偿C方式中，切换了G17、G18或G19选择的补偿平面。需对程序进行修正
038	INTERFERENCE IN CIRCULAR BLOCK	在刀尖半径补偿中，由于起始点或终点与圆弧中心重合而出现过切。需对程序进行修正
041	INTERFERENCE IN CRC	在刀尖补偿C中会出现过切。在刀尖半径补偿下，连续指定了两个或两个以上的程序段，在其中没有移动指令，只执行辅助功能和暂停功能
042	G45/G48 NOT ALLOWED IN CRC	刀尖半径补偿中指定了刀具偏置（G45～G48）。需对程序进行修正
043	ILLEGAL T－CODE COMMAND	在DRILL－MATE中，在某个程序段中没有与M06代码一起指定一个T代码，或者T代码超出范围
044	G27－G30 NOT ALLOWED IN FIXED CYC	在固定循环方式中，指定了G27～G30指令之一。需对程序进行修正
046	ILLEGAL REFERENCE RETURN COMMAND	返回第二、第三以及第四个参考位置指令中，指定了非P2、P3以及P4的指令
050	CHF/CNR NOT ALLOWED IN THRD BLK	在螺纹切削程序段中指定了倒角或拐角R。需对程序进行修正
051	MISSING MOVE AFTER CHF/CNR	在指令了倒角或拐角R程序段的下一程序段中指定了不恰当的移动或移动量对程序进行修正
052	CODE IS NOT G01 AFTER CHF/CNR	指令了倒角或拐角R程序段的下一程序段不是G01。需对程序进行修正
053	TOO MANY ADDRESS COMMANDS	在没有追加任意角倒角或拐角R的系统中，指定了一个逗号或在具有这种特征的系统中，在逗号后没指定R或C，而是别的内容。需对程序进行修正
055	MISSING MOVE VALUE IN CHF/CNR	在任意角度倒角或拐角R程序段中，移动距离小于倒角或拐角R值
058	END POINT NOT FOUND	在任意角度倒角或拐角R切削程序段，指定坐标轴不在选定的平面内。需对程序进行修正
059	PFOGRAM NUMBER NOT FOUND	在某个外部程序号搜索中，没有找到指定的程序号。另一种情况是：某个指定用于搜索的程序正被后台处理器加以编辑。检查程序号和外部信号或终止后台编辑

附录

续表

编号	含义	内容
060	SEQUENCE NUMBER NOT FOUND	指定的顺序号在顺序号搜索中未找到。检查顺序号
070	NO PROGRAM SPACE IN MEMORY	存储容量不够。删除各种不必要的程序，然后重试
071	DATA NOT FOUND	要搜索的地址未找到。或者带有指定程序号的程序在搜索中未找到。需检查数据
072	TOO MANY PROGRAMS	要存储的程序数量超过 63（基本）、125（可选）、200（可选）。删除各种不必要的程序，并再执行一次程序登录
073	PROGRAM NUMBER ALREADY IN USE	指定的程序号已经被使用。更改程序号或删除不必要的程序，并再执行一次程序登录
074	ILLEGAL PROGRAM NUMBER	程序号为 1 ~ 9999 以外的数字。需修改程序号
076	ADDRESS P NOT DEFINED	在包括 M98、G65 或 G66 指令的程序段中，没有指定地址 P（程序号）。需对程序进行修正
077	SUB PROGRAM NESTING ERROR	调用的子程序数超出极限值。需对程序进行修正
078	NUMBER NOT FOUND	由包括一个 M98、M99、M65 或 G66 的程序段中的地址 P 指定的程序号或顺序号未找到。由一个 GO TO 语句指定的顺序号未找到。另一种情况是：某个调用的程序工被后台处理器进行编辑。需对程序进行修正或终止后台编辑
079	PROGRAM VERIFY ERROR	在存储器与程序校对中，存储器中某个程序与从外部 I/O 设备读出的不一致。需检查存储器中的程序以及外部设备中的程序
080	G37 ARRIVAL SIGNAL NOT ASSERTED	在自动刀具长度测量功能（G37）中，测量位置达到信号（XAE、YAE 或 ZAE）在参数（数值 ε）指定的某个区域中未接通。这是由于设定或操作错误引起的
081	OFFSET NUMBER NOT FOUND IN G37	在没有 H 代码的情况下，指定了自动刀具长度测量（G37）（自动刀具测量功能）。需对程序进行修正
082	T－CODE NOT ALLOWED IN G37	在同一个程序段中指定了 H 代码和自动刀具长度测量（G37）（自动刀具长度测量功能）。需对程序进行修正
083	ILLEGAL AXIS COMMAND IN G37	在自动刀具长度测量中，指定了一个非法坐标轴或移动指令是增量指令。需对程序进行修正
085	COMMUNICATION ERROR	在使用阅读机/穿孔机接口往存储器中输入数据时，产生了超程奇偶性或成帧错误。输入数据的位数或波特率的设定或 I/O 单元的规格号不正确
086	DR SIGNAL OFF	在使用阅读机/穿孔机接口往存储器中输入数据时，阅读机/穿孔机的准备信号（DR）断开。I/O 单元的电源断开或电缆没有连接好或某个印制电路板出故障

附录

续表

编号	含义	内容
087	BUFFER OVERFLOW	在使用阅读机/穿孔机接口往存储器中输入数据时，尽管指定了阅读终止指令，但在阅读了 10 个字符后，输入仍未中断。I/O 单元或印制电路板出现故障
090	REFERENCE RETURN INCOMPLETE	返回参考位置无法正常执行，因为返回参考位置起始点太靠近参考位置或速度太低。将起始点与参考位置分开足够远的距离，或对返回参考位置指定一个足够快的速度
091	MANUAL RETURN IMPOSSIBLE DURING PAUSE	手动返回参考位置无法执行，因为系统处于暂停状态。按 RESET（复位）键，手动返回参考位置
092	AXES NOT ON THE REFERENCE POINT	由自动返回参考位置（G28）或由 G27（返回参考位置检测）指定的坐标轴没有返回参考位置
094	P TYPE NOT ALLOWED（COORD CHG）	在重新启动程序时，无法指定 P 类型（在自动操作被中断后，设定坐标系操作）。按照操作手册执行正确操作
095	P TYPE NOT ALLOWED（EXT OFS CHG）	在重新启动程序时，无法指定 P 类型（在自动操作被中断后，外部工件补偿量被改变）
096	P TYPE NOT ALLOWED（WRK OFS CHG）	在重新启动程序时，无法指定 P 类型（在自动操作被中断后，工件偏移量被改变）
097	P TYPE NOT ALLOWED（AUTO EXEC）	在重新启动程序时，无法指定 P 类型（在电源接通后，在急停或 P/S 94～97 复位后，没有执行自动操作）。需执行自动操作
098	G28 FOUND IN SEQUENCE RETURN	在指定某个程序重新启动指令时，在电源接通或急停后，没有返回参考位置，并在搜索过程中找到了 G28
099	MDI EXEC NOT ALLOWED AFT. SEARCH	在程序重新启动中的搜索完成后，用 MDI 发出了一个移动指令
100	PARAMETER WRITE ENABLE	在 PARAMETER SETTING（参数设置）界面上，PWE 参数允许写入，被设为 1。将其设为 0，然后使系统复位
101	PLEASE CLEAR MEMORY	在存储器被程序编辑操作改写时，电源断开。在发出该报警时，通过以下方式可以清除程序：将参数设置（PWE）设为 1，然后在按住 <DELETE> 键的同时接通电源。所有的程序将被删除
110	DATA OVERFLOW	固定的小数点显示数据的绝对值超出允许范围。需对程序进行修正
111	CALCULATED DATA OVERFLOW	计算结果无效，并发出 111 号报警
112	DIVIDED BY ZERO	指定了一个 0 除数（包括正切 90°）
113	IMPROPER COMMAND	指定了一个用户宏程序中不能使用的功能。需对程序进行修正

附录

续表

编号	含义	内容
114	FORMAT ERROR IN MACRO	用户宏程序 A 在某个 G65 程序段中指定了一个未定义的 H 代码。用户宏程序 B 除 <公式>以外的其他格式中存在一个错误。对程序进行修正
115	ILLEGAL VARIABLE NUMBER	在用户宏程序或高速循环加工中指定了一个没有被定义为变量号的数值；标题内容不合适。在下列情况下会发出该报警 1. 对应于被调用的、指定的加工循环号的标题未找到 2. 循环连接数值超出允许范围（0~999） 3. 标题中的数据值超出允许范围（0~32767） 4. 可执行的数据格式的起始数据变量号超出允许范围（#20000~#85535） 5. 可执行的数据格式中最后存储数据的变量号超出允许范围（#85535） 6. 可执行的数据格式的保存用起始数据变量号与标题中的变量号重合。需对程序进行修正
116	WRITE PROTECTED VARIABLE	替代语句左侧是一个变量，其替代被禁止。需对程序进行修正
118	PARENTHESIS NESTING ERROR	括号的嵌套超出上限（五重）。需对程序进行修正
119	ILLEGAL ARGUMENT	SQRT 自变量为负值或者 BCD 自变量为负值并且在 BIN 自变量的每一行中出现 0~9 以外的其他值对程序进行修正
122	DUPLICATE MACRO MODAL - CALL	宏模态调用被指定了两次。需对程序进行修正
123	CAN NOT USE MACRO COMMAND IN DNC	在 DNC 操作过程中采用了宏程序控制指令对程序进行修正
124	MISSING END STATEMENT	DO - END 不对应于 1:1。需对程序进行修正
125	FORMAT ERROR IN MACRO	用户宏程序 A 指定了 G65 程序段中不能指定的地址。用户宏程序 B <公式>格式出错
126	ILLEGAL LOOP NUMBER	在 DOn 中，未设定 $1 \leq n \leq 3$。需对程序进行修正
127	NC MACRO STATEMENT IN SAME BLOCK	NC 指令和用户宏程序指令同时存在。需对程序进行修正
128	ILLEGAL MACRO SEQUENCE NUMBER	在分支指令中指定的顺序号不是 0~9999，或者它无法搜索。需对程序进行修正
129	ILLEGAL ARGUMENT ADDRESS	在<自变量定义>中使用了一个不许使用的地址。需对程序进行修正
130	ILLEGAL AXIS OPERATION	PMC 向 CNC 控制的某个轴发出了一个坐标轴控制指令，或者 CNC 向某个由 PMC 控制的坐标轴发出了坐标轴控制指令。需对程序进行修正

附录

续表

编号	含义	内容
131	TOO MANY EXTERNAL ALARM MESSAGES	在外部报警信息中产生 5 个或 5 个以上的报警。参见 PMC 梯形图，找出其原因
132	ALARM NUMBER NOT FOUND	在外部报警信息中不存在相应的报警号。参见 PMC 梯形图
133	ILLEGAL DATA IN EXT. ALARM MSG	在外部报警信息或外部操作信息中，部分数据有错误。参见 PMC 梯形图
135	ILLEGAL ANGEL COMMAND	分度表分度定位角没有以最小角度数值的整数倍来指定。需对程序进行修正
136	ILLEGAL AXIS COMMAND	在分度台分度中，另一个控制轴与 B 轴一起被指定。需对程序进行修正
139	CAN NOT CHANGE PMC CONTROL AXIS	在指令中通过 PMC 轴控制进行坐标轴选择。需对程序进行修正
141	CAN NOT COMMAND G51 IN CRC	在刀具补偿方式中指定了 G51（缩放接通）。需对程序进行修正
142	ILLEGAL SCALE RATE	缩放倍数不是 1～999999。修正缩放倍率的设定值
143	SCALED MOTION DATA OVERFLOW	缩放结果、移动距离、坐标值和圆弧半径等超出最大指令值。需对程序进行修正或修正缩放倍率
144	ILLEGAL PLANE SELECTED	坐标旋转平面和弧度或刀尖半径补偿 C 平面必须相同。需对程序进行修正
148	ILLEGAL SETTING DATA	自动拐角倍率减速比超出可设定的调节角范围。需对参数 1710～1714 进行修正
150	ILLEGAL TOOL GROUP NUMBER	刀具寿命管理中的刀具组号超出最大允许值。需对程序进行修正
151	TOOL GROUP NUMBER NOT FOUND	在加工程序中指定的刀具寿命管理的刀具组未设定。需对程序或参数进行修正
152	NO SPACE FOR TOOL ENTRY	刀具寿命管理的一个组中刀具数超出最大可登录数。需修改刀具数
153	T－CODE NOT FOUND	在刀具寿命数据登录中，在应该指定一个 T 代码的地方却没有指定。需对程序进行修正
154	NOT USING TOOL IN LIFE GROUP	当在刀具寿命管理中没有指定刀具组时，指定了 H99 或 D99。需对程序进行修正
155	ILLEGAL T－CODE IN M06	在加工程序中，在同一个程序段中的 M06 和 T 代码与使用中的刀具寿命管理的组号不一致。需对程序进行修正
156	P/L COMMAND NOT FOUND	在设定刀具寿命管理的刀具组的程序标题时，没有指定 P 和 L。需对程序进行修正

附录

续表

编号	含义	内容
157	TOO MANY TOOL GROUPS	要设定的刀具寿命管理的刀具组数量超出最大允许值。需对程序进行修正
158	ILLEGAL TOOL LIFE DATA	要设定的刀具寿命太长。需修正设定值
159	TOOL DATA SETTING INCOMPLETE	在执行设定刀具寿命管理用的程序时，电源被断开。需重新设定
175	ILLEGAL G107 COMMAND	执行圆弧插补启动或取消的条件不对。要将方式改变成圆柱插补方式以“G07.1 旋转轴名称圆柱半径”的格式指定该指令
176	IMPROPER G－CODE IN G107	指定了不能在圆柱插补方式中指定的下列 G 代码之一 1. 定位用 G 代码：G28、G73、G74、G76、G81～G89，包括指定快移循环的代码 2. 设定坐标系的 G 代码：G52、G92 3. 选择坐标系的 G 代码：G53、G54～G59 需对程序进行修正
177	CHECK SUM ERROR（G05 MODE）	在高速远程缓冲中出现了检验和错误
178	G05 COMMANDED IN G41/G42 MODE	在 G41/G42 方式中指定了 G05。需对程序进行修正
179	PARAM. SETTING ERROR	由参数 7510 设定的控制坐标轴的数量超出最大数值。需修正参数设定值
180	COMMUNICATION ERROR（REMOTE BUF）	远程缓冲连接报警。确认电缆号、参数和 I/O 设备
181	FORMAT ERROR IN G81 BLOCK（滚齿机）	G81 程序段格式错误 1. T 齿数没有指定 2. 由 T、L、Q 或 P 指定了超出指令范围的数据 需对程序进行修正
182	G81 NOT COMMANDED（滚齿机）	未指定与 G81 同步指令 G83（C 轴伺服滞后量补偿）。需对程序进行修正
183	DUPLICATE G83（COMMANDS）（滚齿机）	在由 G83 补偿 C 轴伺服滞后量以后，在用 G82 取消之前又指定了 G83
184	ILLEGAL COMMAND IN G81（滚齿机）	发出了一个不能在 G81 同步运转中指定的指令 1. 由 G00、G27、G28、G29、G30 等指定了一个 C 轴指令 2. 由 G20、G21 发出了英制/公制转换指令
185	RETURN TO REFERENCE POINT（滚齿机）	在电源接通或急停后没有进行一次返回参考位置就指定了 G81。需执行返回参考位置
186	PARAMETER SETTING ERROR（滚齿机）	有关 G81 的参数错误 1. C 轴没有设为旋转轴 2. 某个滚齿轴和位置编码器齿轮比设定错误

附录

续表

编号	含义	内容
190	ILLEGAL AXIS SELECT	在恒表面速度控制中，指定坐标轴指令（P）包含一个非法数值。需对程序进行修正
194	SPINDLE COMMAND IN SYNCHRO－MODE	在串行主轴同步控制方式中，指定了 Cs 轮廓控制或刚性攻螺纹。需对程序进行修正
195	SPINDLE CONTROL MODE SWITCH	不能切换串行主轴控制方式。参见 PMC 梯形图
197	C－AXIS COMMANDED IN SPINDLE MODE	在当前控制方式不是串行主轴 Cs 轮廓控制时，发出了一个用于 Cs 坐标轴的移动指令。参见 PMC 梯形图或加工程序
199	MACRO WORD UNDEFINED	采用了未定义的宏语句。需修正用户宏程序
200	ILLEGAL S CODE COMMAND	在刚性攻螺纹中，S 值超出范围或未指定 S 值。需对程序进行修正
201	FEEDRATE NOT FOUND IN RIGID TAP	在刚性攻螺纹中没有指定 F 值对程序进行修正
202	POSITION LSI OVERFLOW	在刚性攻螺纹中，主轴分配值太大
203	PROGRAM MISS AT RIGID TAPPING	在刚性攻螺纹中，刚性 M 代码（M29）或 S 指令的位置不正确。需对程序进行修正
204	ILLEGAL AXIS OPERATION	在刚性攻螺纹中，在刚性 M 代码（M29）程序段与 G84（G74）程序段之间指定了一个坐标轴移动。需对程序进行修正
205	RIGID MODE DI SIGNAL OFF	尽管指定了刚性 M 代码（M29），但在执行 G84（G74）时，刚性方式 DI 信号却不接通。参见 PMC 的梯形图以找出 DI 信号（DGNG061. 1）未接通的原因。需对程序进行修正
210	CAN NOOT COMMAND M198/M199	在预定操作中执行了 M198 和 M199，或 M198 在 DNC 操作中执行
211	CAN NOT COMMAND HIGH－SPEED SKIP	在每转进给或刚性攻螺纹方式中，指定了高速跳跃（G31）功能。需对程序进行修正
212	ILLEGAL PLANE SELECT	在包括附加轴的平面中指定任意角度倒角或拐角 R。需对程序进行修正
213	ILLEGAL COMMAND IN SYNCHRO－MODE	在用简单同步化控制的操作中，出现以下任一种报警： 1. 程序给从动轴发布移动指令 2. 程序给从动轴发布手动连续进给/手动进给/增量进给指令 3. 在电源接通后没有执行手动返回参考位置，程序发布自动返回参考位置指令 4. 主、从坐标轴之间的位置误差之差超出参数中设定的数值

附录

续表

编号	含义	内容
214	ILLEGAL COMMAND IN SYMCHRO - MODE	在同步控制中设定了坐标系或执行了移位型的刀具补偿。需对程序进行修正
222	DNC OP. NOT ALLOWED IN BG. - EDIT	在后台编辑时进行输入和输出操作。需进行正确操作
224	RETURN TO REFERENCE POINT	在自动操作开始之前没有返回参考位置。需返回参考位置
230	R CODE NOT FOUND	对固定磨削循环的 G160 程序段，没有指定切入磨削量 R 或者 R 指令值为负值。需对程序进行修正
250	SIMULTANEOUS M06 AND Z - AXIS MOVEMENT NOT ALLOWED	在 DRILL MATE 中同时指定了换刀（M06）和 Z 轴移动。需对程序进行修正

- 后台编辑报警

编号	含义	内容
???	BP/S 报警	BP/S 报警以与 P/S 报警（在普通程序编辑中出现）相同编号出现：P/S070、071、072、073、074、085、086、087 等
140	BP/S 报警	试图在后台选择或删除某个正被前台选择的程序

注意：采用后台编辑功能时，在 MDI 操作 B 中可能显示后台报警。

- 绝对脉冲编码器（APC）报警

编号	含义	内容
3n0	第 n 轴请求返回原点	第 n（$n=1\sim8$）个坐标轴需要手动返回参考位置
3n1	APC 报警：第 n 轴通信	第 n 个坐标轴通信错误。数据传输故障。可能的原因包括 APC、电缆或伺服接口模块出故障
3n2	APC 报警：第 n 轴超时	第 n 个坐标轴 APC 超时错误。数据传输故障。可能的原因包括 APC、电缆或伺服接口模块出故障
3n3	APC 报警：第 n 轴成帧	第 n 个坐标轴成帧错误。数据传输故障。可能的原因包括 APC、电缆或伺服接口模块出故障
3n4	APC 报警：第 n 轴奇偶性	第 n 个坐标轴奇偶性错误。数据传输故障。可能的原因包括 APC、电缆或伺服接口模块出故障
3n5	APC 报警：第 n 轴脉冲错误	第 n 个坐标轴 APC 脉冲错误报警。APC 报警。APC 或电缆可能出故障
3n6	APC 报警：第 n 轴电池电压 0	第 n 个坐标轴 APC 电池电压下降至低电平，因此无法保存数据。APC 报警。电池或电缆可能出故障
3n7	APC 报警：第 n 轴电池低 1	第 n 个坐标轴 APC 电池电压达到一个必须换新电池的电平。APC 报警。更换电池
3n8	APC 报警：第 n 轴电池低 2	第 n 个坐标轴 APC 电池电压达到一个必须换新电池的电平（包括在电源断开时）。APC 报警

附
录

- 串行脉冲编码器（SPC）报警

在出现下列报警之一时，其可能原因是脉冲编码器或电缆出故障。

编号	含义	内容
3n9	SPC ALARM：n AXIS PULSE CODER	*N* 坐标轴脉冲编码器出故障

注：串行脉冲编码器 3n9 号报警的详细情况

串行脉冲编码器 3n9 号报警的详细情况在诊断地址（760～767 号，770～777 号）中显示：

	#7	#6	#5	#4	#3	#2	#1	#0
760 至 767		CSA	BLA	PHA	RCA	BZA	CKA	SPH

CSA：串行脉冲编码器出故障。需更换

BLA：电池电压太低，更换电池。该报警与串行脉冲编码器报警无关

PHA：串行脉冲编码器或反馈电缆出故障。更换串行脉冲编码器或反馈电缆

RCA：串行脉冲编码器出故障。需更换

BZA：串行脉冲编码器首次供电。确保电池电缆连接良好
将电源断开，再接通执行一次返回参考位置。该报警与串行脉冲编码器报警无关

CKA：串行脉冲编码器出故障。需更换

SPH：串行脉冲编码器或反馈电缆出故障。需更换串行脉冲编码器或反馈电缆

	#7	#6	#5	#4	#3	#2	#1	#0
770 至 777	DTE	CRC	STB					

DTE：串行脉冲编码器发生通讯错误。脉冲编码器、反馈电缆或反馈接收电路出故障更换脉冲编码器反馈电缆或 NC 轴板

CRC：串行脉冲编码器发生通讯错误。脉冲编码器、反馈电缆或反馈接收电路出故障更换脉冲编码器反馈电缆或 NC 轴板

STB：串行脉冲编码器发生通讯错误。脉冲编码器、反馈电缆或反馈接收电路出故障

- 伺服报警

编号	含义	内容
400	SERVO ALARM：1、2TH AXIS OVERLOAD	1 轴、2 轴过载信号接通。详情参见 720 号或 721 号诊断显示
401	SERVO ALARM：1、2TH AXIS VDRY OFF	1 轴、2 轴伺服放大器 READY（准备）信号（DRDY）断开
402	SERVO ALARM：3、4TH AXIS OVERLOAD	3 轴、4 轴过载信号接通。详情参见 722 号或 723 号诊断显示

续表

编号	含义	内容
403	SERVO ALARM：3、4TH AXIS VDRY OFF	3 轴、4 轴伺服放大器 READY（准备）信号（DRDY）断开
404	SERVO ALARM：n－TH AXIS VDRY ON	尽管第 *n* 轴卡（1～8 轴）READY（准备）信号（MCON）断开，但伺服放大器 READY（准备）信号 DRDY 依然接通。或者，当接通电源时，即使 MCON 断开，DRDY 也接通查。查看并确保轴卡和伺服放大器连接完好
405	SERVO ALARM：ZERO POINT RETURN FAULT	位置控制系统出错。由于返回参考位置中某个 NC 或伺服系统出故障，可能使返回参考位置无法正确执行。再试手动返回参考位置
406	SERVO ALARM：7、8TH ACIS OVERLOAD 7、8TH AXIS VDRY OFF	7 轴、8 轴过载信号接通。详情参见 726 号或 727 号诊断显示。7 轴、8 轴伺服放大器 READY（准备）信号（DRDY）断开
4n0	SERVO ALARM：n－TH AXIS － EXCESS ERROR	当第 *n* 轴停止时，位置偏差大于设定值。注：对每个轴的参数，必须设定极限值
4n1	SERVO ALARM：n－TH AXIS － EXCESS ERROR	当第 *n* 轴移动时，位置偏差大干设定值。注：对每个轴的参数，必须设定极限值
4n3	SERVO ALARM：n－TH AXIS－LSI OVERFLOW	第 *n* 轴误差寄存器的内容超出 2^{31} 。该误差往往由于参数设置不当而引起
4n4	SERVO ALARM：n－TH AXIS－DETECTION RELATED ERROR	第 *n* 轴数字伺服系统出故障。详情参见 720～727 号诊断显示
4n5	SERVO ALARM：n－TH AXIS－EXCESS SHIFT	在第 *n* 轴中试图设定一个超出 4000000 单位/s 的速度。该错误是由于 CMR 设置不当而引起的
4n6	SERVO ALARM：n－TH XIS－DISCONECTION	第 *n* 轴脉冲编码器中出现位置检测系统故障（断线报警）
4n7	SERVO ALARM：n－TH AXIS－PARAMETER INCORRECT	当第 *n* 轴处于下列条件之一时，出现该报警（数字伺服系统报警） 1）参数号 8n20（电动机型号）中设置的值超出指定范围 2）在参数号 8n22（电动机旋转方向）中没有设置适当值 111 或－111 3）在参数号 8n23（电动机每转的速度反馈脉冲数）中设置了非法数据某个小于 0 的数值等 4）在参数号 8n24（电动机每转的位置反馈脉冲数）中设置了非法数据某个小于 0 的数值等 5）参数号 8n84 和 8n85（柔性进给传动比）未设定 6）某个轴选择参数（从 269 号至 274 号）不正确 7）在参数计算中出现溢出

附录

续表

编号	含义	内容
490	SERVO ALARM：5，6－TH AXIS OVERLOAD	5 轴、6 轴过载信号接通。详情参见 724 号或 725 号诊断显示
491	SERVO ALARM：5、6－TH AXIS VDRY OFF	第 5、第 6 轴伺服放大器 READY（准备）信号（DRDY）断开
494	SERVO ALARM：5、6－TH AXIS VDRY ON	第 5、第 6 轴的轴卡准备信号（MCON）断开，但伺服放大器 READY（准备）信号依然接通。或者当接通电源时，即使 MCON 断开，DRDY 也接通。查看并确保轴卡和伺服放大器连接完好
495	SERVO ALARM：5、6－TH AXIS ZERO POINT RETURN	这是一个位置控制电路异常。可能是返回参考位置由于 NC 或伺服系统异常而失败。重试返回参考位置

注意：

如果在刚性攻螺纹中出现主轴误差过大的报警，则会显示攻螺纹进给轴误差过大的报警号。

- 4n4 号伺服报警详情：

4n4 号伺服报警的详细说明被显示在轴顺序的 720～727 号诊断号中

	#7	#6	#5	#4	#3	#2	#1	#0
720～727	OVL	LV	OVC	HCAL	HVA	DCAL	FBAL	OFAL

OVL：产生了一个过载报警（引起 400、402、406/490 号伺服报警）

LV：在伺服放大器中产生低电压报警。检查 LED

OVC：在数字伺服内部产生一个过电流报警

HCAL：在伺服放大器内产生一个异常电流报警。检查 LED

HVAL：在伺服放大器内产生一个过电压报警。检查 LED

DCAL：在伺服放大器中产生再生放电电路报警。检查 LED

FBAL：产生了一个断线报警（引起 4n6 号伺服报警）

OFAL：数字伺服内部产生一个溢出报警

- 主轴报警

编号	含义	内容和相应措施
408	SPINDLE SERIAL LINK START FAULT	当带串行主轴的系统中的电源接通、而主轴放大器没有准备好不能正确启动时，会产生该报警。 可以考虑以下几种原因 1．光缆连接不合适或者主轴放大器的电源断开 2．当 NC 电源在除 SU－01 或 AL－24（显示在主轴放大器的 LED 上）以外的其他报警条件下接通时。在这种情况下将主轴放大器电源断开一次然后再进行启动 3．其他原因（硬件配置不恰当）。在系统（含主轴控制单元）被启动后，不会发生该报警

续表

编号	含义	内容和相应措施
409	SPINDLE ALARM DETECTION	在带有串行主轴的系统中放置了主轴放大器。该报警以“AL－XX”（其中 XX 为一个数字）的形式被显示在主轴放大器的显示器上。详情参见交流主轴（串行接口）（B－65045E）的维修手册。设置 0397 号参数的第 7 位会使主轴放大器报警号出现在界面上

- 超程报警

编号	含义	内容和相应措施
5n0	OVER TRAVEL：＋n	超出第 n 轴＋侧的存储行程检查 1、2
5n1	OVER TRAVEL：－n	超出第 n 轴－侧的存储行程检查 1、2
5n2	OVER TRAVEL：＋n	超出第 n 轴＋侧的存储行程检查 3
5n3	OVER TRAVEL：－n	超出第 n 轴－侧的存储行程检查 3
5n4	OVER TRAVEL：＋n	在第 n 轴上的正向出现硬件超程（M 系列）
5n5	OVER TRAVEL：　n	在第 n 轴上的负向出现硬件超程（M 系列）
5n4	OVER TRAVEL：＋n	超出第 n 轴＋侧的存储行程检查 4（T 系列）
5n5	OVER TRAVEL：－n	超出第 n 轴－侧的存储行程检查 4（T 系列）
520	OVERTRAVEL：＋z	在 z 轴上的正向出现硬件超程（T 系列）
590	刀架干涉报警：＋X 轴	在 X 轴向正向移动中出现刀架干涉报警
591	刀架干涉报警：－X 轴	在 X 轴向负向移动中出现刀架干涉报警
592	刀架干涉报警：＋Z 轴	在 Z 轴向正向移动中出现刀架干涉报警
593	刀架干涉报警：－Z 轴	在 Z 轴向负向移动中出现刀架干涉报警

- 宏程序报警

编号	含义	内容和相应措施
500～590	MACRO ALARM	该报警与用户宏程序、宏程序执行器或定制型宏程序（包括会话式程序输入）有关。详情参见相关手册（宏程序报警号可能与超程报警号相同，它们可以被彼此清楚地区分开，因为超程报警号显示报警说明）

- PMC 报警

编号	含义	内容和相应措施
600	PMC ALARM：INVALID INSTRUCTION	在 PMC 中出现非法指令中断
601	PMC ALARM：RAM PARITY	出现 PMC RAM 奇偶性错误
602	PMC ALARM TRANSFER：SERIAL	出现 PMC 串行传输错误
603	PMC ALARM：WATCHDOG	出现 PMC 监控定时器报警

续表

编号	含义	内容和相应措施
604	PMC ALARM：ROM PARITY	出现 PMC ROM 奇偶性错误
605	PMC ALARM：OVER STEP	超出允许的最大 PMC 梯形图步数
606	PMC ALARM：I/O MODULE ASSIGNMENT	I/O 模块信号的分配不正确
607	PMC ALARM：I/O LINK	出现 I/O 链错误。详情见下表

编号	PMC 报警（607 号）细节
010	*通信错误 SLC 主内部寄存器错误
020	*出现一个 SLC RAM 位错误检验错误
030	*出现一个 SLC RAM 位错误检验错误
040	没有连接 I/O 单元
050	连接了 32 个或更多的 I/O 单元
060	*数据传输错误从属设备没有响应
070	*通信错误从属设备没有响应
080	*通信错误从属设备没有响应
090	出现一个 NMI 除 110～160 以外报警代码的 NMI
130	*出现一个 SLC 主硬件检测到的 RAM 奇偶性错误
140	*出现一个 SLC 从硬件检测到的 RAM 奇偶性错误
160	*SLC（从属设备）通信错误 *AL0：监控定时器 接收到 DO 清零信号 *IR1：CRC 或成帧错误 监控定时器报警 奇偶性错误

显示硬件故障时带有 *。

- 过热报警

编号	含义	内容和相应措施
700	OVERHEAT：CONTROL UNIT	控制单元过热 查看风扇电动机是否正常运行，并清理空气过滤器
704	OVERHEAT：SPINDLE	在主轴波动检测过程中，主轴过热。检查切削条件（T 系列）

- M－NET 报警

编号	含义	内容和相应措施
899	M－NET INTERFACE ALARM	该报警与外部 PLC 的串行接口有关。详情如下：

续表

编号	M－NET 报警（899 号）的详细情况
0001	接收到异常字符（传输代码以外的字符）
0002	“EXT”代码错误
0003	时间监控器连接错误（参数号 0464）
0004	查询时间监控器错误（参数号 0465）
0005	检测到垂直奇偶性或成帧错误
0257	传输超时错误（参数号 0466）
0258	ROM 奇偶性错误
0259	检测到超程错误
其他	检测到 CPU 中断

- 系统报警（这些报警不能用复位健进行复位）

编号	含义	内容和相应措施
910	MAIN RAM PARITY	主 RAM 奇偶性错误（低位字节）。更换存储器 PC 板
911	MAIN RAM PARITY	土 RAM 奇偶性错误（高位字节）。更换存储器 PC 板
912	SHARED RAM PARITY	该奇偶性错误与数字伺服电路共享的 RAM 的低位字节有关，更换轴控制 PC 板
913	SHARED RAM PARITY	该奇偶性错误与数字伺服电路共享的 RAM 的高位字节有关。更换轴控制 PC 板
914	SERVO RAM PARITY	这是一个数字伺服电路中的局部 RAM 奇偶性错误。更换轴控制 PC 板
915	LADDER EDITING CASSETTE RAM PARITY	该 RAM 奇偶性错误与梯形图编辑卡的低位字节有关。更换梯形图编辑卡
916	LADDER EDITING CASSETTE RAM PARITY	该 RAM 奇偶性错误与梯形图编辑卡的高位字节有关。更换梯形
920	WATCHDOG ALARM	这是第 1～第 4 轴的监控定时器报警或伺服系统报警。更换主 PC 板或轴控制 PC 板
921	SUB CPU WATCHDOG ALARM	这是与子 CPU 板相关的监控定时器报警或第 5 或第 6 轴的伺服系统报警。更换子 CPU 板或第 5/6 轴控制 PC 板
922	7/8 AXIS SERVO SYSTEM ALARM	这是第 7 或第 8 轴的伺服系统报警。更换第 7/8 轴控制 PC 板
930	CPU ERROR	这是一个 CPU 错误。更换主 CPU 板
940	PC BOARD INSTALLATION ERROR	PC 板安装不正确。检查 PC 板的规格
941	MEMORY PC BOARD CONNECTION ERROR	存储 PC 板连接不良。确保 PC 板连接牢固
945	SERIAL SPINDLE COMMUNICATION ERROR	串行主轴的硬件配置不正确或发生了一次通信报警。检查主轴的硬件配置，还要确保串行主轴的硬件被牢固连接好

续表

编号	含义	内容和相应措施
946	SECOND SERIAL SPINDLE COMMUNICATION ERROR	无法与第二个串行主轴进行通信。确保第二个串行主轴被牢固连接好
950	FUSE BLOWN ALARM	熔丝被熔断。更换熔丝（+24E：F14）
960	SUB CPU ERROR	这是一个子 CPU 错误。更换子 CPU 板
998	ROM PARITY	这是一个 ROM 奇偶性错误。更换发生错误的 ROM

- 外部报警

编号	含义	内容和相应措施
1000	EXTERNAL ALARM	该报警由 PMC 梯形图检测到，详细情况参见机床制造厂家提供的有关手册

附录 2　PMC 功能指令一览表

PMC 功能指令一览表

功能名	命令号	处理内容
定时器		
TMR	SUB3	延时定时器（上升沿触发）
TMRB	SUB24	固定延时定时器（上升沿触发）
TMRC	SUB54	延时定时器（上升沿触发）
TMRBF	SUB77	固定延时定时器（下降沿触发）
计数器		
CTR	SUB5	计数器
CTRB	SUB56	追加计数器
CTRC	SUB55	追加计数器
数据传送		
MOVB	SUB43	1 字节数据传送
MOVW	SUB44	2 字节数据传送
MOVD	SUB47	4 字节数据传送
MOVN	SUB45	任意字节数据传送
MOVE	SUBB	逻辑乘后数据传送
MOVOR	SUB28	逻辑加后数据传送
XMOVB	SUB35	二进制变址修改数据传送
XMOV	SUB18	BCD 变址修改数据传送
数值比较		
COMPB	SUB32	二进制数据比较
COMP	SUB15	BCD 数据比较
COIN	SUB16	BCD 一致性判断
EQB	SUB200	1 字节长二进制比较（=）
EQW	SUB201	2 字节长二进制比较（=）
EQD	SUB202	4 字节长二进制比较（=）
NEB	SUB203	1 字节长二进制比较（≠）
NEW	SUB204	2 字节长二进制比较（≠）
NED	SUB205	4 字节长二进制比较（≠）
GTB	SUB206	1 字节长二进制比较（>）

附录

续表

功能名	命令号	处理内容
数值比较		
GTW	SUB207	2 字节长二进制比较（>）
GTD	SUB208	4 字节长二进制比较（>）
LTB	SUB209	1 字节长二进制比较（<）
LTW	SUB210	2 字节长二进制比较（<）
LTD	SUB211	4 字节长二进制比较（<）
GEB	SUB212	1 字节长二进制比较（≥）
GEW	SUB213	2 字节长二进制比较（≥）
GED	SUB214	4 字节长二进制比较（≥）
LEB	SUB215	1 字节长二进制比较（≤）
LEW	SUB216	2 字节长二进制比较（≤）
LED	SUB217	4 字节长二进制比较（≤）
RNGB	SUB218	1 字节长二进制比较（范围）
RNGW	SUB219	2 字节长二进制比较（范围）
RNGD	SUB220	4 字节长二进制比较（范围）
数据处理		
DSCHB	SUB34	二进制数据检索
DSCH	SUB17	BCD 数据检索
DIFU	SUB57	上升沿输出
DIFD	SUB58	下降沿输出
EOR	SUB59	异或
AND	SUB60	逻辑乘
OR	SUB61	逻辑和
NOT	SUB62	逻辑非
PARI	SUB11	奇偶校验
SFT	SUB33	移位寄存器
COD	SUB7	BCD 码变换
CODB	SUB27	二进制码变换
DCNV	SUB14	数据转换
DCNVB	SUB31	扩展数据转换
DEC	SUB4	BCD 译码
DECB	SUB25	二进制译码
演算命令		
ADDB	SUB36	二进制加法运算
SUBB	SUB37	二进制减法运算

续表

功能名	命令号	处理内容
演算命令		
MULB	SUB38	二进制乘法运算
DIVB	SUB39	二进制除法运算
ADD	SUB19	BCD 加法运算
SUB	SUB20	BCD 减法运算
MUL	SUB21	BCD 乘法运算
DIV	SUB22	BCD 除法运算
NUMEB	SUB40	二进制常数赋值
NUME	SUB23	BCD 常数赋值
CNC 相关		
DISPB	SUB41	信息显示
EXIN	SUB42	外部数据输入
WINDR	SUB51	CNC 数据读取
WINDW	SUB52	CNC 数据写入
AXCTL	SUB53	PMC 轴控制指令
PSGNL	SUB50	位置信号
PSGN2	SUB63	位置信号
程序控制		
COM	SUB9	公共线控制开始
COME	SUB29	公共线控制结束
JMP	SUB10	跳转
JMPE	SUB30	跳转结束
JMPB	SUB68	标号跳转 1
JMPC	SUB73	标号跳转 2
LBL	SUB69	标号
CALL	SUB65	有条件子程序调用
CALLU	SUB66	无条件子程序调用
CS	SUB74	选择调用开始
CM	SUB75	选择子程序调用
CE	SUB76	选择调用结束
SP	SUB71	子程序开始
SPE	SUB72	子程序结束
END1	SUB1	第 1 级程序结束
END2	SUB2	第 2 级程序结束
END3	SUB48	第 3 级程序结束

续表

功能名	命令号	处理内容
程序控制		
END	SUB64	程序结束
NOP	SUB	无操作
回转控制		
ROT	SUB6	BCD 回转控制
ROTB	SUB26	二进制回转控制

注：上述功能指令仅为 FANUC 0i - D 系统的部分常用功能指令，且均为 FANUC 0i - D 系统和 FANUC 0i - Mate D 系统的标准功能，其余的功能指令详见相关说明书。

附录 3 标准面板 PMC 示例

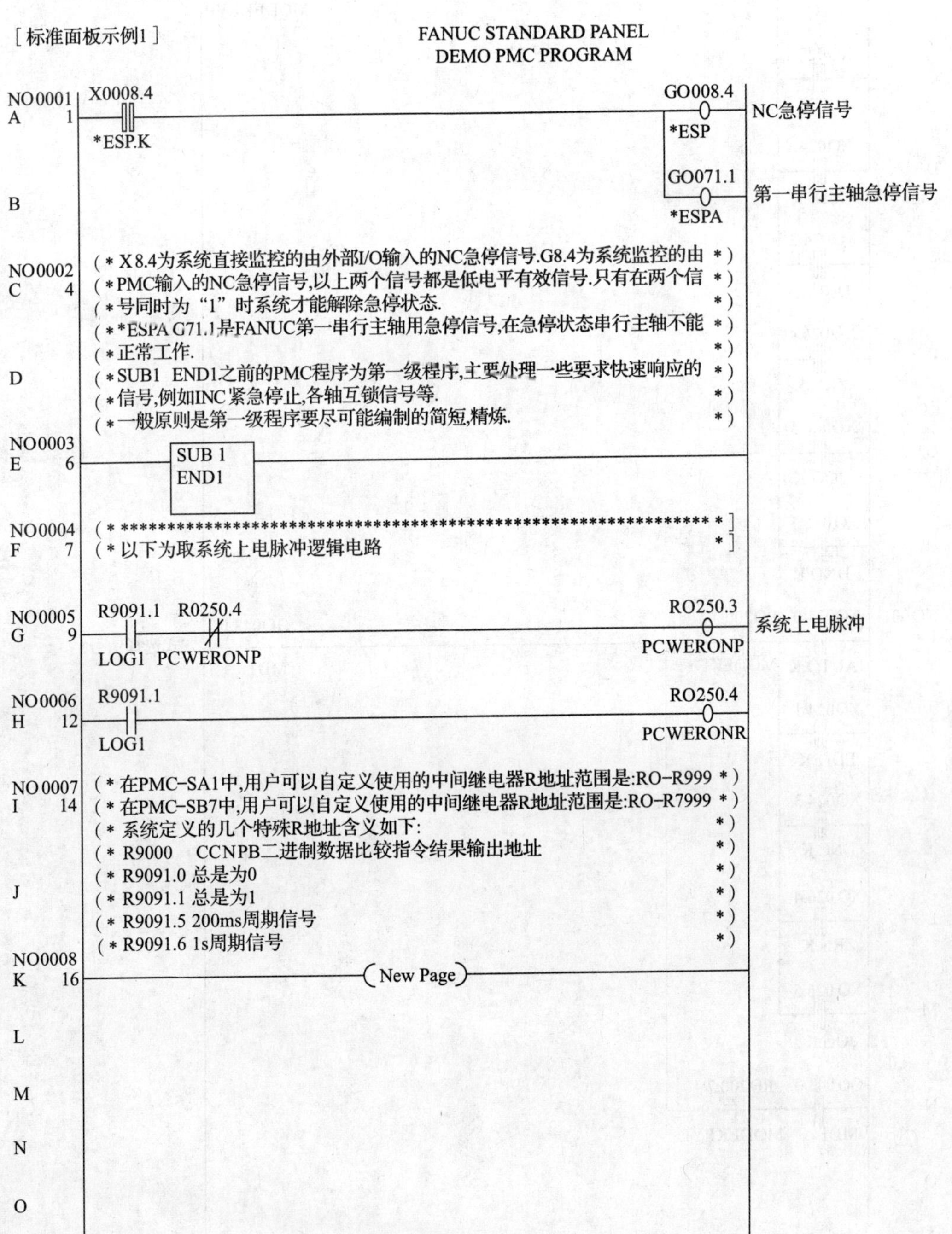

附录

［标准面板示例2］

FANUC STANDARD PANEL
DEMO PMC PROGRAM
NO0009 A 18
(* ** *)
(* 以下为系统方式选择部分逻辑电路 *)
NO0010 B 20
XO024.0 AUTO.K
RO200.7 MODEKEYP
任意方式选择键被按下
C XO024.1 EDIT.K
D XO024.2 MDI.K
E XO024.3 DNC.K
F XO026.4 ZRN.K
G XO026.5 JOG.K
H XO026.7 HND.K
NO0011 I 28
XO024.0 AUTO.K
RO200.7 MODEKEYP
GO043.0 MD1
方式选择信号1
J XO024.1 EDIT.K
K XO024.3 DNC.K
L XO 026.4 ZRN.K
M XO 026.5 JOG.K
N GO043.0 MD1
RO200.7 MODEKEYP
O

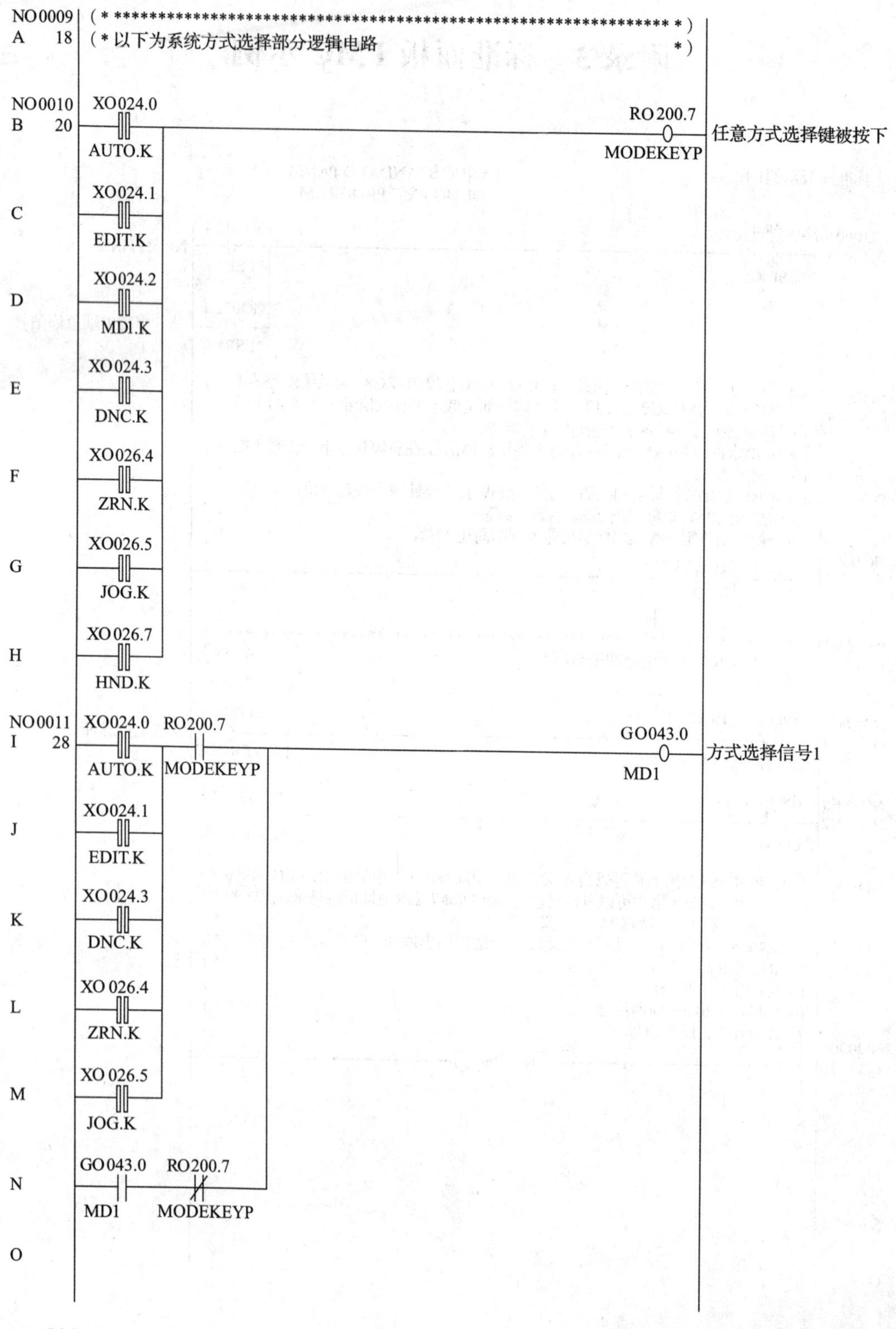

附录

[标准面板示例3]

FANUC STANDARD PANEL
DEMO PMC PROGRAM

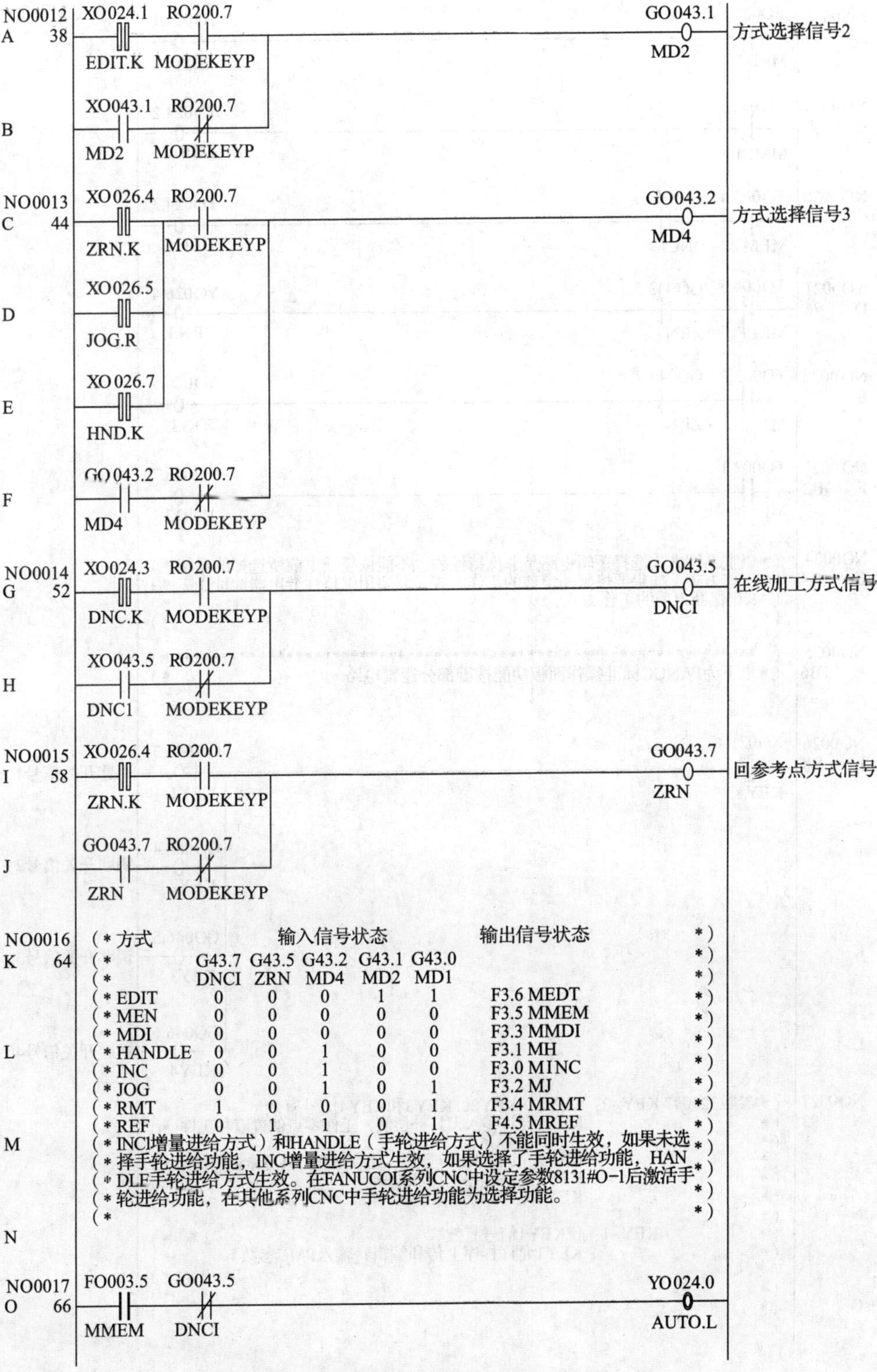

［标准面板示例4］

FANUC STANDARD PANEL
DEMO PMC PROGRAM

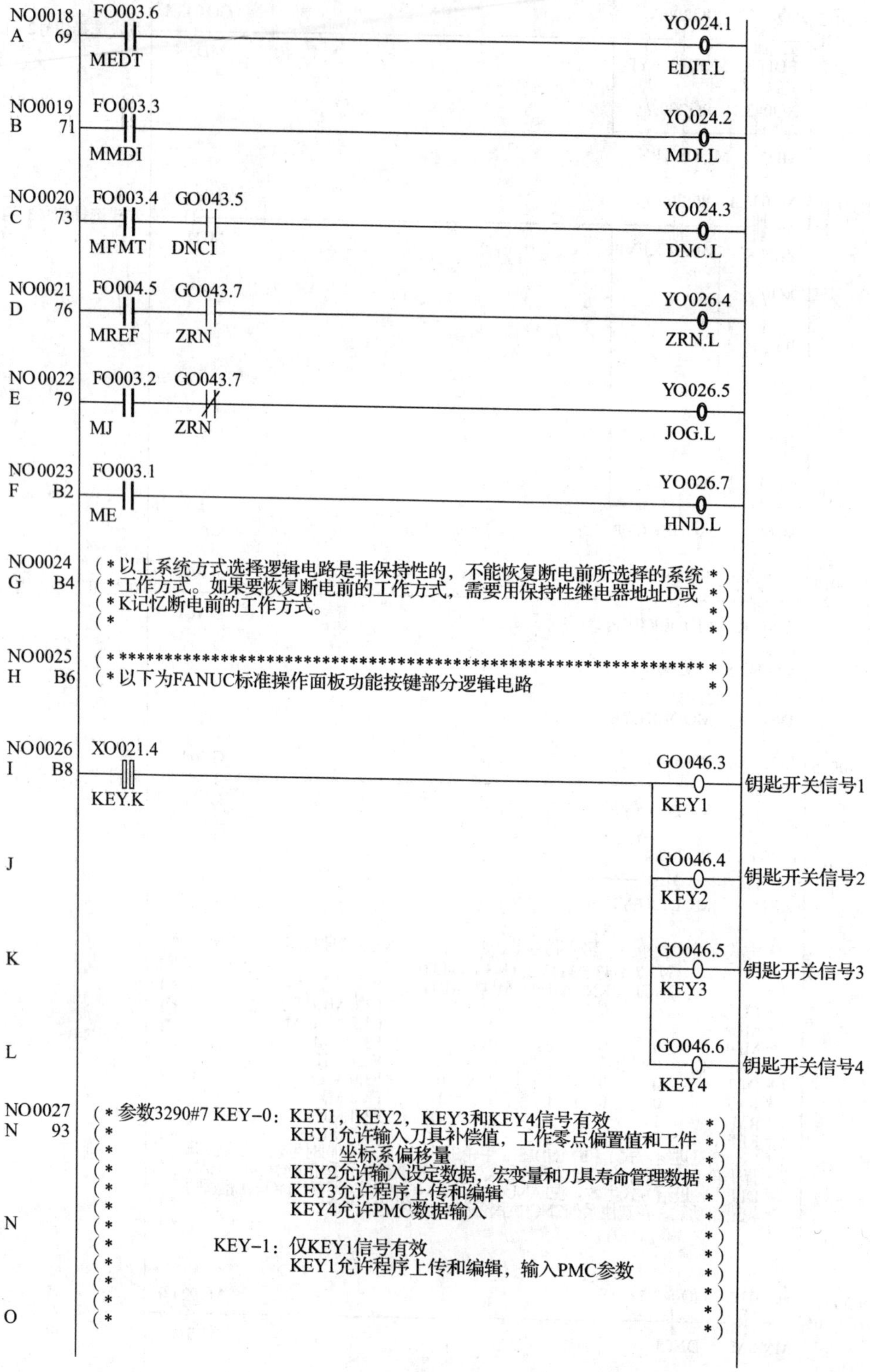

NO0018 A 69: FO003.6 MEDT — YO024.1 EDIT.L

NO0019 B 71: FO003.3 MMDI — YO024.2 MDI.L

NO0020 C 73: FO003.4 MFMT, GO043.5 DNCI — YO024.3 DNC.L

NO0021 D 76: FO004.5 MREF, GO043.7 ZRN — YO026.4 ZRN.L

NO0022 E 79: FO003.2 MJ, GO043.7 ZRN — YO026.5 JOG.L

NO0023 F B2: FO003.1 ME — YO026.7 HND.L

NO0024 G B4:
（＊以上系统方式选择逻辑电路是非保持性的，不能恢复断电前所选择的系统＊）
（＊工作方式。如果要恢复断电前的工作方式，需要用保持性继电器地址D或＊）
（＊K记忆断电前的工作方式。＊）
（＊＊）

NO0025 H B6:
（＊＊）
（＊以下为FANUC标准操作面板功能按键部分逻辑电路＊）

NO0026 I B8: XO021.4 KEY.K — GO046.3 KEY1 钥匙开关信号1
J — GO046.4 KEY2 钥匙开关信号2
K — GO046.5 KEY3 钥匙开关信号3
L — GO046.6 KEY4 钥匙开关信号4

NO0027 N 93:
（＊参数3290#7 KEY-0：KEY1，KEY2，KEY3和KEY4信号有效＊）
（＊ KEY1允许输入刀具补偿值，工作零点偏置值和工件＊）
（＊ 坐标系偏移量＊）
（＊ KEY2允许输入设定数据，宏变量和刀具寿命管理数据＊）
（＊ KEY3允许程序上传和编辑＊）
（＊ KEY4允许PMC数据输入＊）
N
（＊＊）
（＊ KEY-1：仅KEY1信号有效＊）
（＊ KEY1允许程序上传和编辑，输入PMC参数＊）
（＊＊）
（＊＊）
O
（＊＊）

［标准面板示例5］ FANUC STANDARD PANEL DEMO PMC PROGRAM

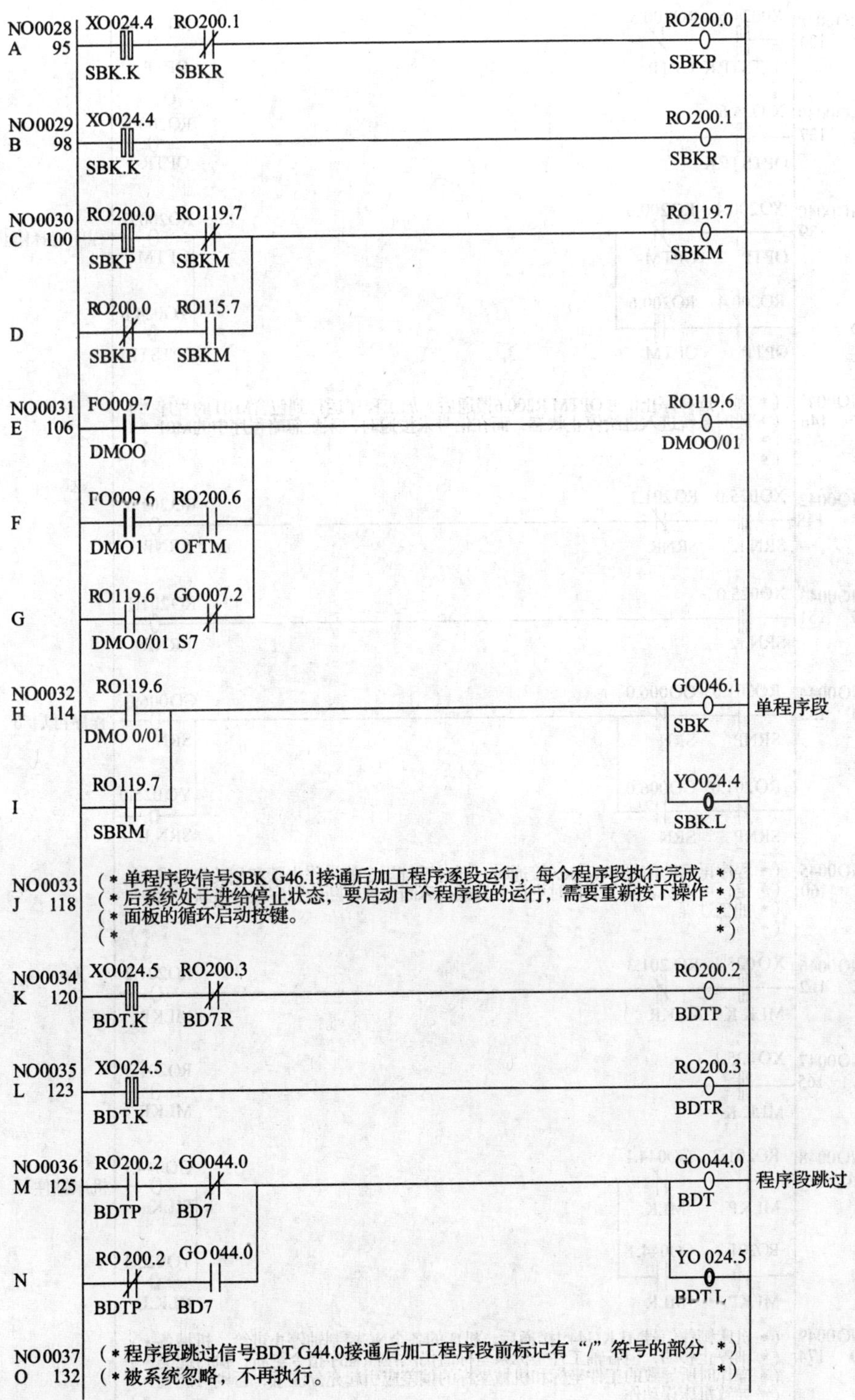

［标准面板示例6］

FANUC STANDARD PANEL
DEMO PMC PROGRAM

NO0038 A 134 X0024.6 OPTSTP.K ／ RO200.5 OPTR → RO200.4 OPTP

NO0039 B 137 X0024.6 OPTSTP.K → RO200.5 OPTR

NO0040 C 139 XO200.4 OPTP ／ RO200.6 OPTM → RO200.6 OFTM 程序选择停止

D RO200.4 OPTP ／ RO200.6 OPTM → YO024.6 OPTSTP.L

NO0041 E 146
（＊程序选择停止信号OPTM R200.6接通后，加工程序运行到包含M01的程序＊）
（＊段时系统进入进给停止状态，而在信号未接通时，系统忽略程序中的M01＊）
（＊代码＊）
（＊＊）

NO0042 F 148 XO025.0 SRN.K ／ RO201.1 SRNR → RO201.0 SRNP

NO0043 G 151 XO025.0 SRN.K → RO201.1 SRNR

NO0044 H 153 RO201.0 SRNP ／ GO006.0 SRN → GO006.0 SRN 程序再启动

I RO201.0 SRNP ／ GO006.0 SRN → YO025.0 SRN.L

NO0045 J 160
（＊程序再启动信号SRN G6.0接通时，通过系统规定的操作步骤和相关参数设＊）
（＊定，可以从之前由于临时更换刀具或机床断电被中断的程序段处重新开始＊）
（＊加工过程。＊）
（＊＊）

NO0046 K 162 XO025.1 MLK.K ／ RO201.3 MLKR → RO201.2 MLKP

NO0047 L 165 XO025.1 MLK.K → RO201.3 MLKR

NO0048 M 167 RO201.2 MLKP ／ GO044.1 MLK → GO044.1 MLK 机床锁住

N RO201.2 MLKP ／ GO044.1 MLR → YO025.1 NLK.L

NO0049 O 174
（＊机床锁住信号MLKG44.1接通后，机床的各个NC控制轴停止进给，机械各＊）
（＊轴停止移动，但各轴工件坐标系坐标值仍然按照程序指令更新，执行此类＊）
（＊操作时所导致的工件坐标和机械坐标的偏差应引起充分注意，否则可能会＊）
（＊导致机床误动作。＊）

附录

［标准面板示例7］

FANUC STANDARD PANEL
DEMO PMC PROGRAM

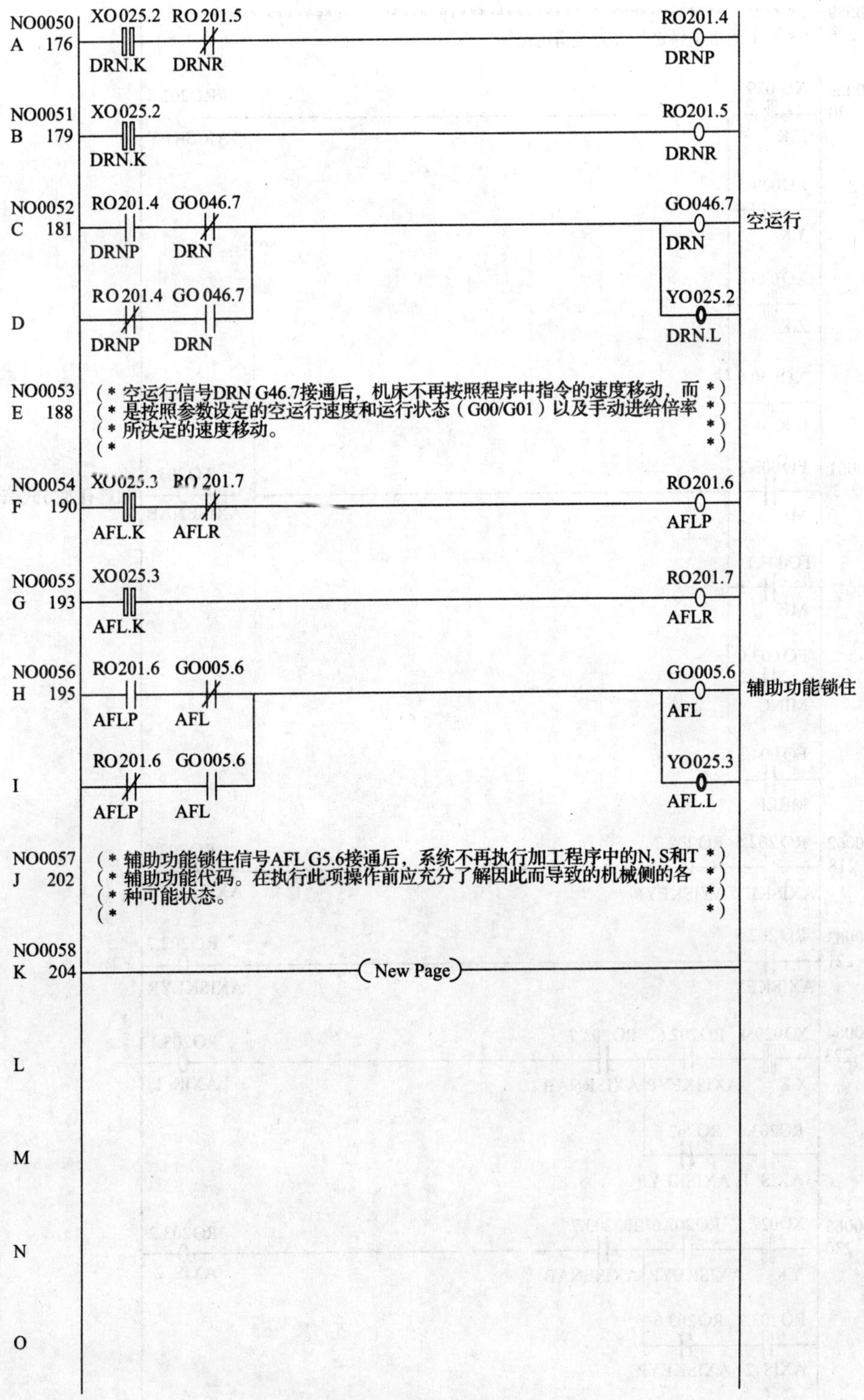

［标准面板示例8］

FANUC STANDARD PANEL
DEMO PMC PROGRAM
NO0059 A 206
(* ** *)
(* 以下为进给轴选择部分逻辑电路 *)
NO0060 B 80
XO 029.4
X.K
RO202.5
AXISKEY
C
XO029.5
Y.K
D
XO 029.6
Z.K
E
XO030.0
C.K
NO0061 F 213
FO 003.2
MJ
R O203.7
AXISENAB
轴选有效方式信号
G
FO003.1
ME
H
FO 003.0
MINC
I
FO 004.5
MREF
NO0062 J 218
RO 202.5
AXISKEY
RO 202.7
AXISKEYR
RO202.6
AXISKEYP
NO0063 K 221
RO 202.5
AXISKEY
RO202.7
AXISKEYR
NO0064 L 223
XO029.4
X.K
RO202.6
AXISKEYP
RO 203.7
AXISRNAB
RO203.1
AXIS 1
M
RO203.1
AXIS 1
RO202.6
AXISKEYP
NO0065 N 230
XO029.5
Y.K
RO202.6
AXISKEYP
RO203.7
AXISENAB
RO203.2
AXIS 2
O
RO203.2
AXIS 2
RO 203.6
AXISKEYP

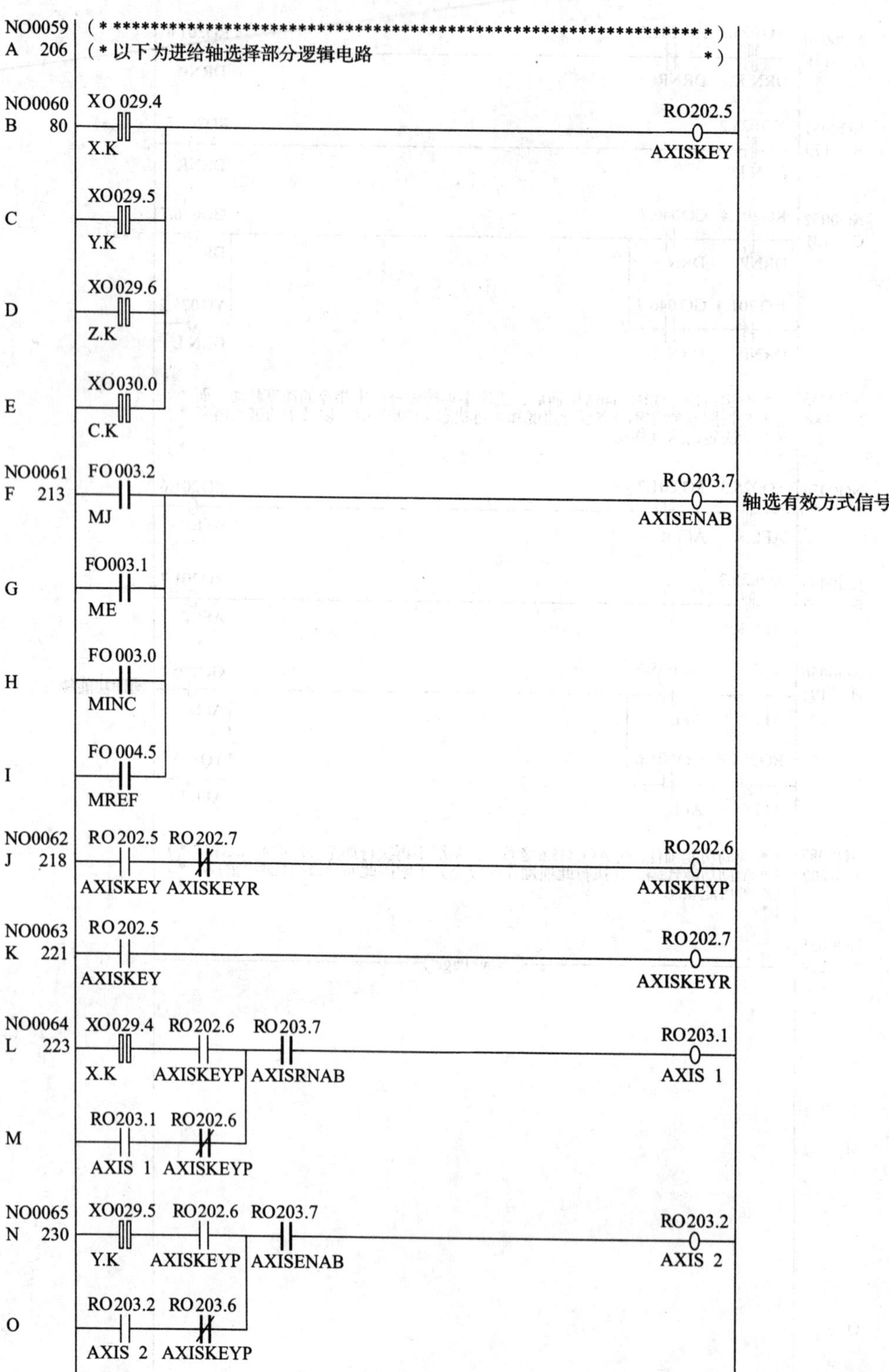

［标准面板示例9］

FANUC STANDARD PANEL
DEMO PMC PROGRAM
NO0066
A 237
XO029.6
Z.K
RO202.6
AXISKEYP
RO203.7
AXISENAB
RO203.3
AXIS 3
B
RO203.3
AXIS 3
RO202.6
AXISKEYP
NO0067
C 244
XO030.0
C.K
RO202.6
AXISKEYP
RO203.7
AXISENAB
RO203.4
AXIS 4
D
RO203.4
AXIS 4
RO202.6
AXISKEYP
NO0068
E 251
FO003.2
MJ
RO203.1
AXIS 1
XO030.4
+.K
GO100.0
+J1
第一轴正方向选择信号
F
FO003.0
MINC
G
XO029.4
X.K
FO094.0
ZPX
KO010.1
1AXISZD
FO004.5
MREF
H
GO100.0
+J1
NO0069
I 262
FO003.2
MJ
RO203.1
AXIS 1
XO030.6
-.K
GO102.0
-J1
第一轴负方向选择信号
J
FO003.0
MINC
K
XO029.4
X.K
FO094.0
ZPX
KO010.1
1AXISZD
FO004.5
MREF
L
GO102.0
-J1
M
N
O

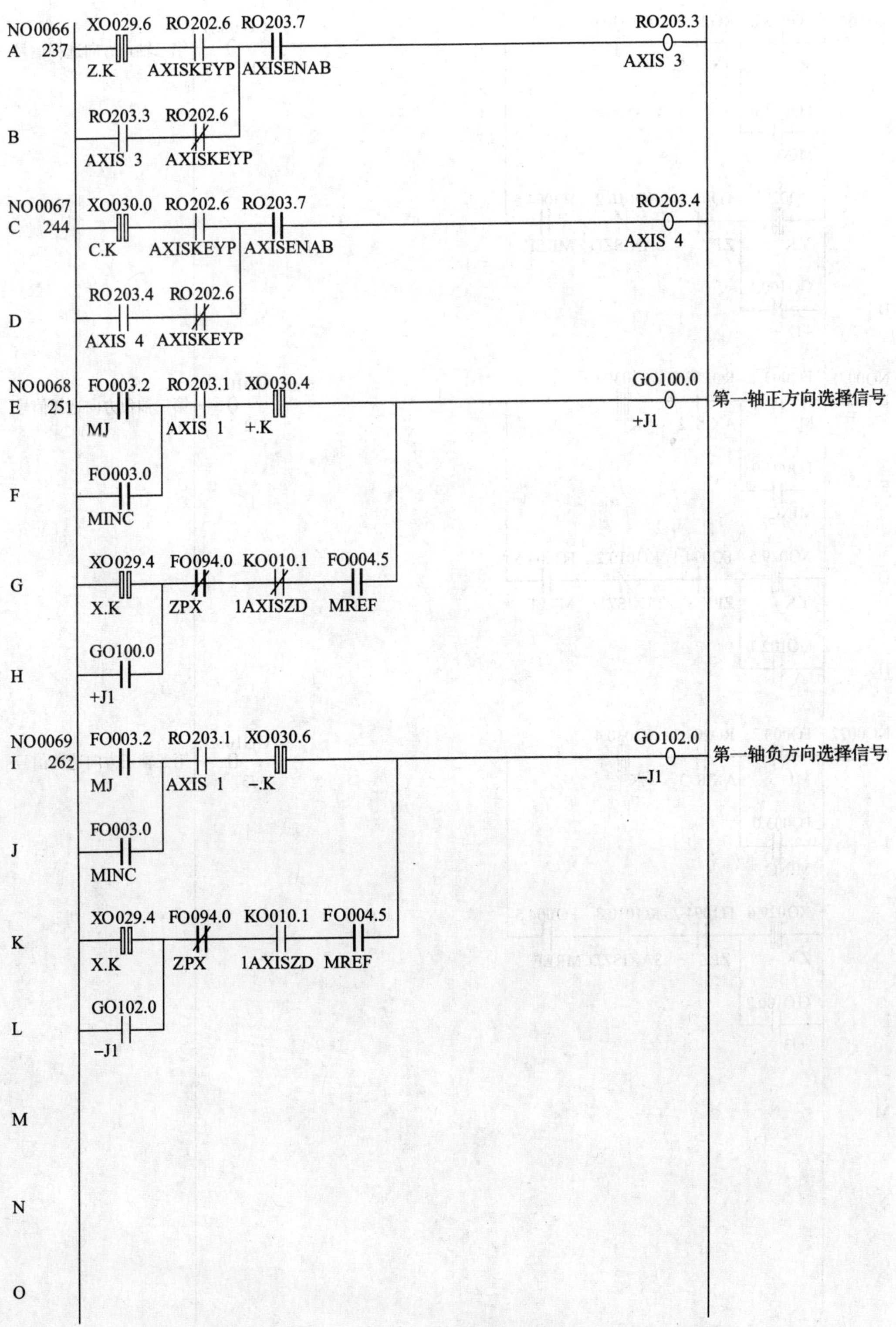

附录

［标准面板示例10］

FANUC STANDARD PANEL
DEMO PMC PROGRAM
NO0070
A 273
FO003.2
MJ
RO203.2
AXIS 2
XO030.4
+.K
GO100.1
+J2
第二轴正方向选择信号
B
FO003.0
MINC
C
XO029.5
Y.K
FO094.1
ZPY
KO010.2
2AXISZD
FO004.5
MREF
D
GO100.1
+J2
NO0071
E 284
FO003.2
MJ
RO203.2
AXIS 2
XO030.6
–.K
GO102.1
J2
第二轴负方向选择信号
F
FO003.0
MINC
G
XO029.5
Y.K
FO094.1
ZPY
KO010.2
2AXISZD
FO004.5
MREF
H
GO102.1
+J2
NO0072
I 295
FO003.2
MJ
RO203.3
AXIS 3
XO030.4
+.K
GO100.2
+J3
第三轴正方向选择信号
J
FO003.0
MINC
K
XO029.6
Z.K
FO094.2
ZPZ
KO010.3
3AXISZD
FO004.5
MREF
L
GO100.2
+J3
M
N
O

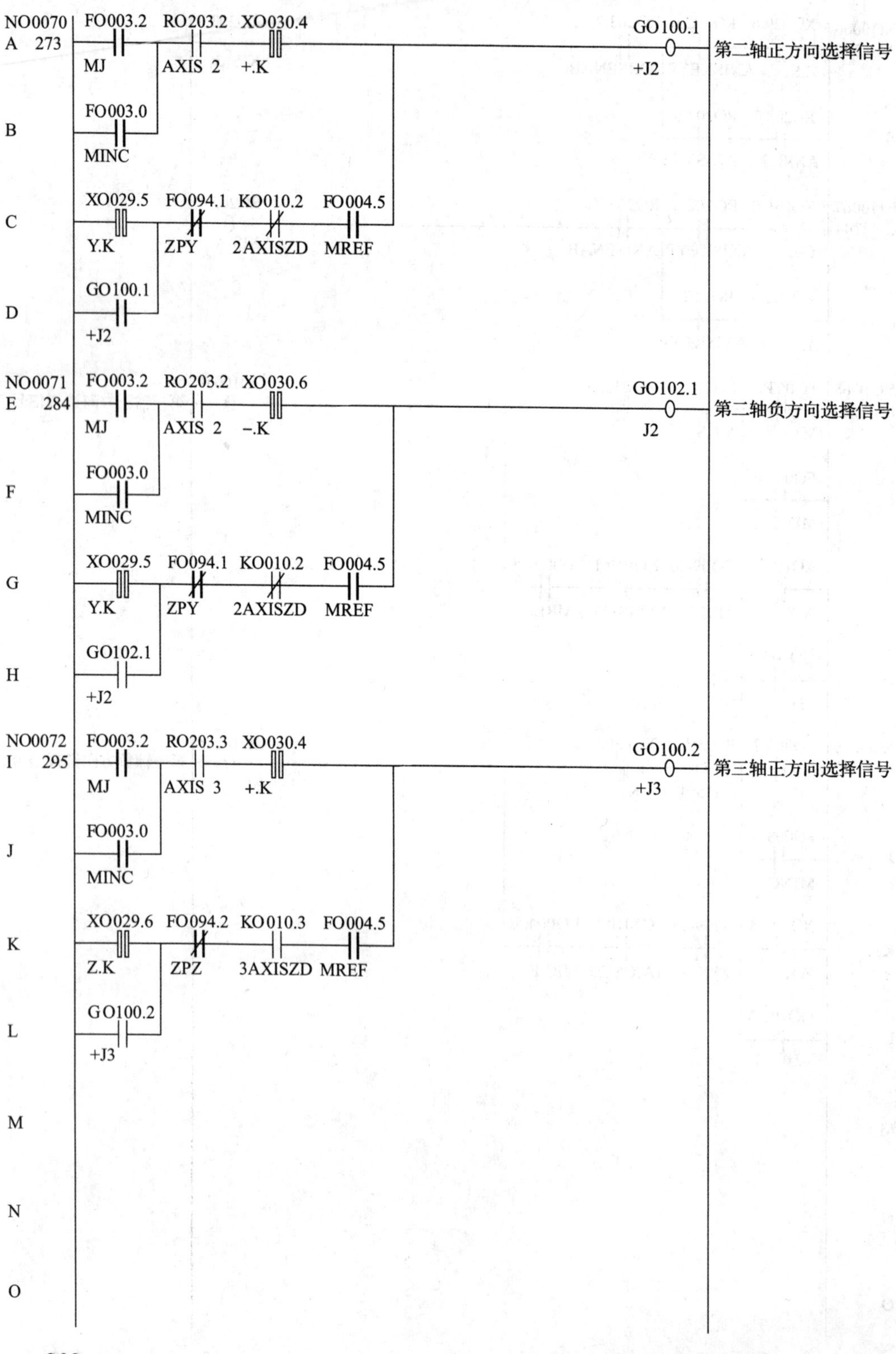

附录

［标准面板示例11］

FANUC STANDARD PANEL
DEMO PMC PROGRAM

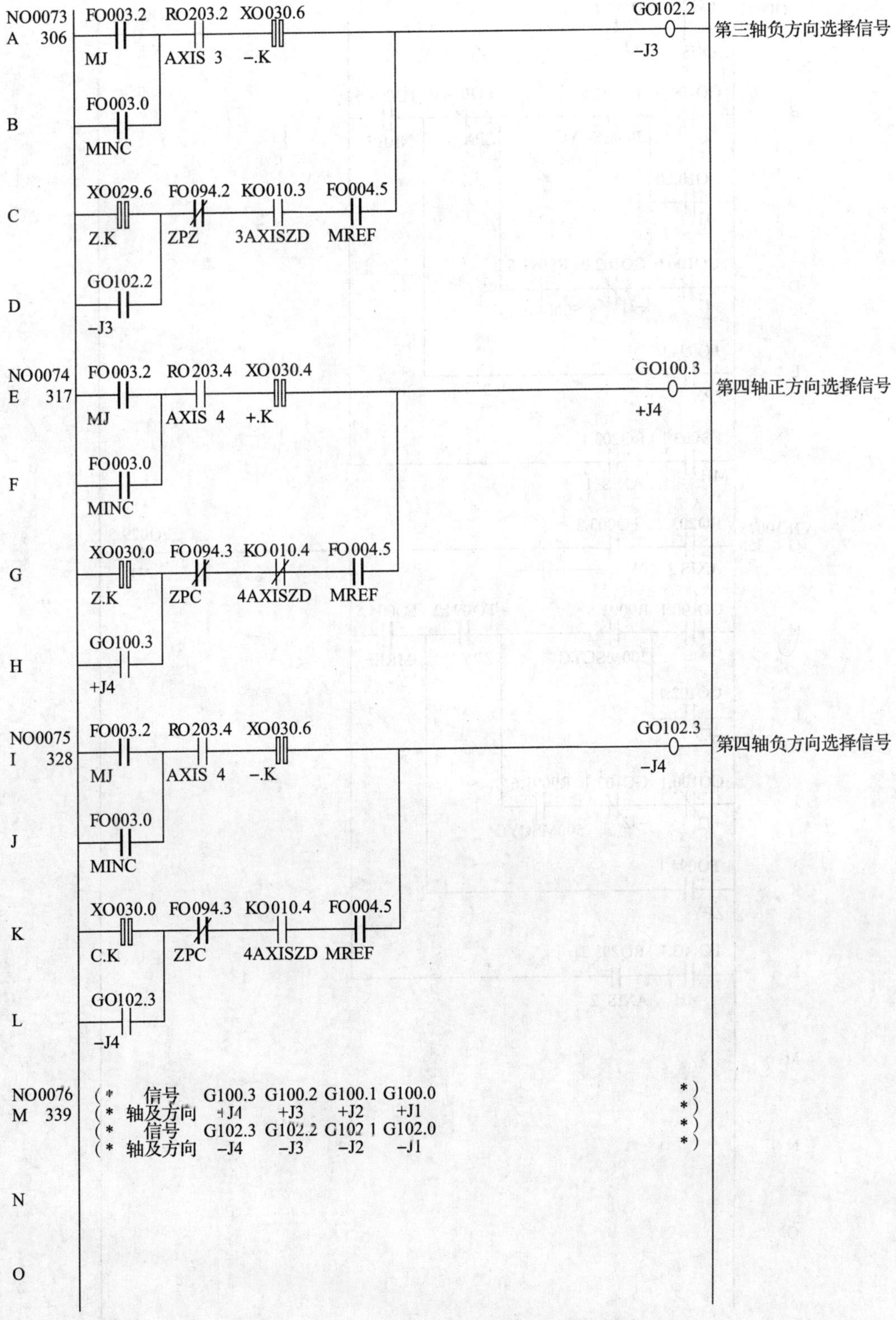

［标准面板示例12］

FANUC STANDARD PANEL
DEMO PMC PROGRAM
NO0077
A 341
RO203.1
AXIS 1
FO003.2
MJ
GO029.4
X.L
B
GO100.0
+J1
R9091.5
200MSCYC
FO094.0
ZPX
FO004.5
NREF
C
GO102.0
–J1
D
GO100.0
+J1
GO102.0
–J1
R9091.6
500MSCYC
E
FO094.0
ZPX
F
FO003.1
MH
RO203.1
AXIS 1
NO0078
G 358
RO203.2
AXIS 2
FO003.2
MJ
YO029.5
Y.L
H
GO100.1
+J2
R9091.5
200MSCYC
FO094.1
ZPY
FO004.5
MREF
I
GO102.1
–J2
J
GO100.1
+J2
GO102.1
–J2
R9091.6
500MSCYC
K
FO094.1
ZPY
L
FO003.1
MH
RO203.2
AXIS 2
M
N
O

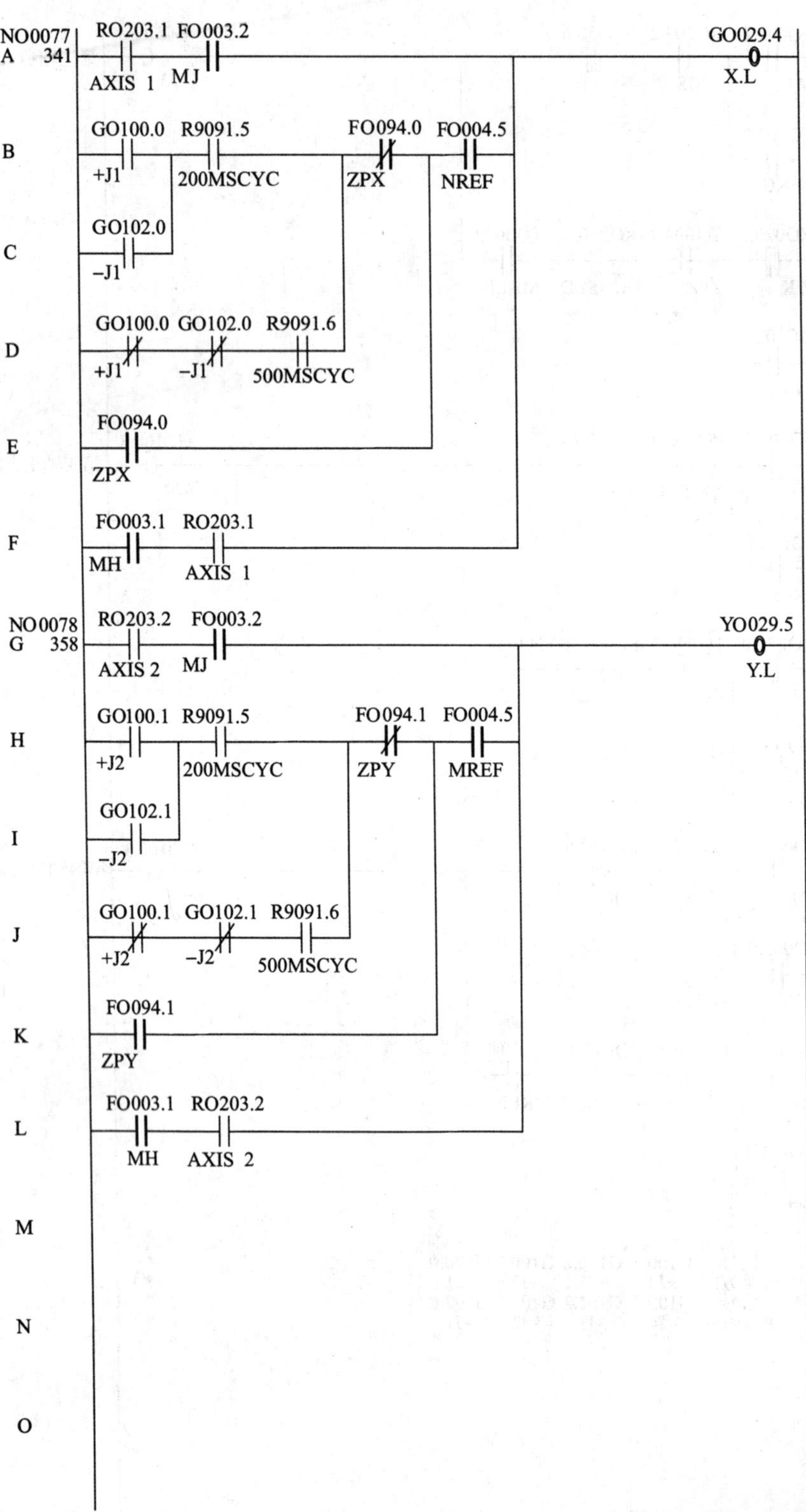

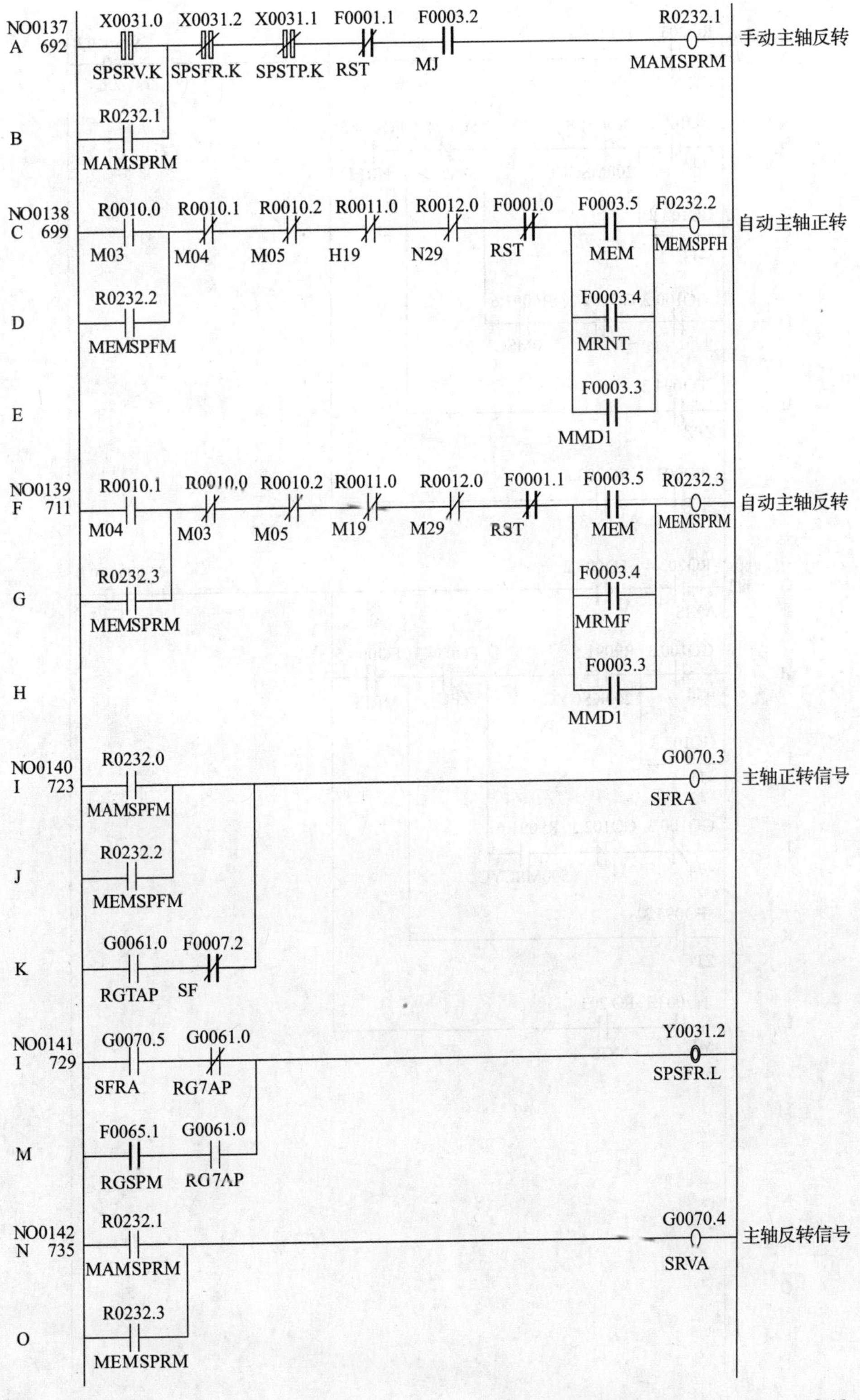
[标准面板示例13]
FANUC STANDARD PANEL
DEMO PMC PROGRAM
NO0137
A 692
X0031.0
SPSRV.K
X0031.2
SPSFR.K
X0031.1
SPSTP.K
F0001.1
RST
F0003.2
MJ
R0232.1
MAMSPRM
手动主轴反转
B
R0232.1
MAMSPRM
NO0138
C 699
R0010.0
M03
R0010.1
M04
R0010.2
M05
R0011.0
H19
R0012.0
N29
F0001.0
RST
F0003.5
MEM
F0232.2
MEMSPFH
自动主轴正转
D
R0232.2
MEMSPFM
F0003.4
MRNT
E
F0003.3
MMD1
NO0139
F 711
R0010.1
M04
R0010.0
M03
R0010.2
M05
R0011.0
M19
R0012.0
M29
F0001.1
RST
F0003.5
MEM
R0232.3
MEMSPRM
自动主轴反转
G
R0232.3
MEMSPRM
F0003.4
MRMF
H
F0003.3
MMD1
NO0140
I 723
R0232.0
MAMSPFM
G0070.3
SFRA
主轴正转信号
J
R0232.2
MEMSPFM
K
G0061.0
RGTAP
F0007.2
SF
NO0141
I 729
G0070.5
SFRA
G0061.0
RG7AP
Y0031.2
SPSFR.L
M
F0065.1
RGSPM
G0061.0
RG7AP
NO0142
N 735
R0232.1
MAMSPRM
G0070.4
SRVA
主轴反转信号
O
R0232.3
MEMSPRM

［标准面板示例14］

FANUC STANDARD PANEL
DEMO PMC PROGRAM
NO0079
A 375
RO203.3
AXIS 3
FO003.2
MJ
YO029.6
2.L
B
RO100.2
+J3
R9091.5
200MSCYC
FO094.2
ZPZ
FO004.5
NREF
C
GO102.2
–J3
D
GO100.2
+J3
GO102.2
–J3
R9091.6
500MSCYC
E
FO094.2
ZPZ
F
FO003.1
ME
RO203.3
AXIS 3
NO0080
G 392
RO203.4
AXIS 4
FO003.2
MJ
YO030.0
C.L
H
GO100.3
+J4
R9091.5
200KSCYC
FO034.3
ZPC
FO004.5
MREF
I
GO102.3
–J4
J
GO100.3
+J4
GO102.3
–J4
R9091.6
500MSCYC
K
FO094.3
ZPC
L
FO003.1
ME
RO 203.4
AXIS 4
M
N
O

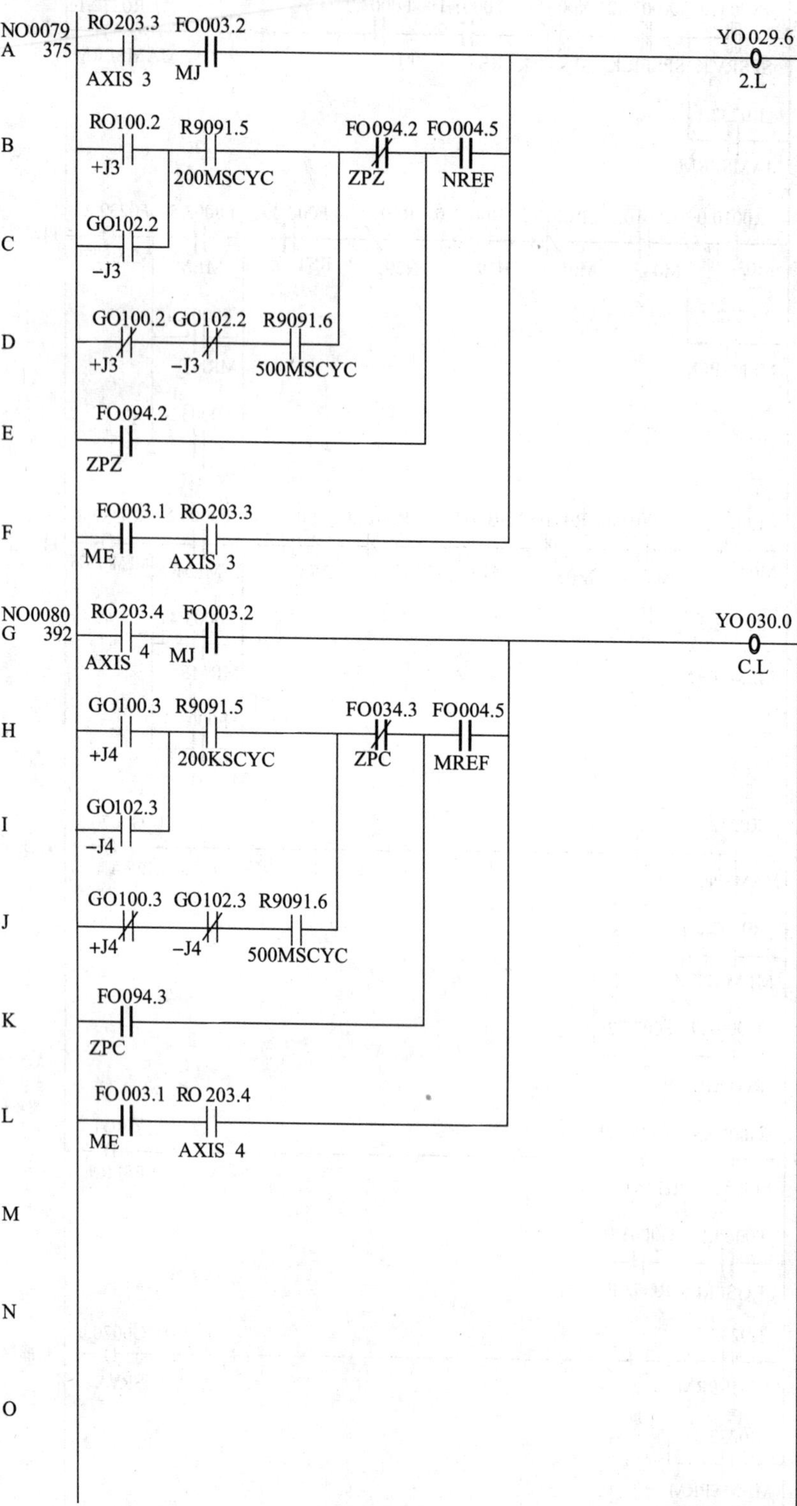

附录

[标准面板示例15]

FANUC STANDARD PANEL
DEMO PMC PROGRAM

NO0081 A 409
GO100.0 +J1
B GO100.1 +J2
C GO100.2 +J3
D GO100.3 +J4
YO 030.4 +.L

NO0082 E 414
GO102.0 –J1
F GO102.1 –J2
G GO102.2 –J3
H GO102.3 –J4
YO 030.6 –.L

NO0083 I 419
(*以上逻辑电路在选择手动进给轴时只能有一个轴工作，不能实现二轴同 *)
(*时工作或以上轴同时工作。各进给轴回参考点时由K10.1–K10.4选择对应 *)
(*轴的回参考点方向。回参考点动作是自保持型的，即按下轴选信号后即 *)
(*可松开，不必持续按住轴选信号，回参考点动作正常结束后自动打断自 *)
(*保持逻辑电路，轴选指示灯在切换到回参考点方式后慢闪，选择对应轴 *)
J (*后指示灯快闪，回参考点结束后一直点亮。 *)

NO0084 K 421
(New Page)

L

M

N

O

［标准面板示例16］ FANUC STANDARD PANEL DEMO PMC PROGRAM

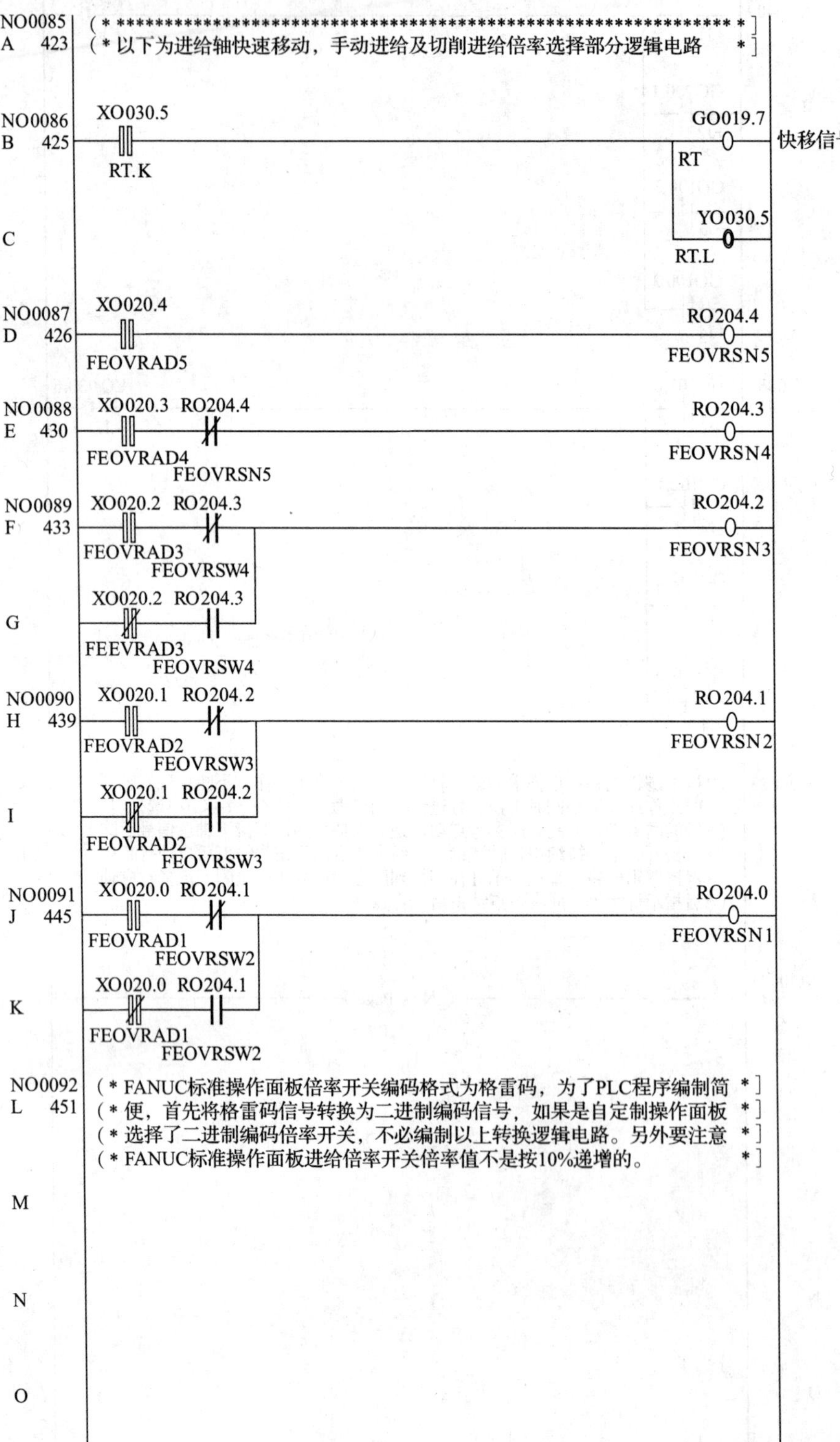

［标准面板示例17］

FANUC STANDARD PANEL
DEMO PMC PROGRAM

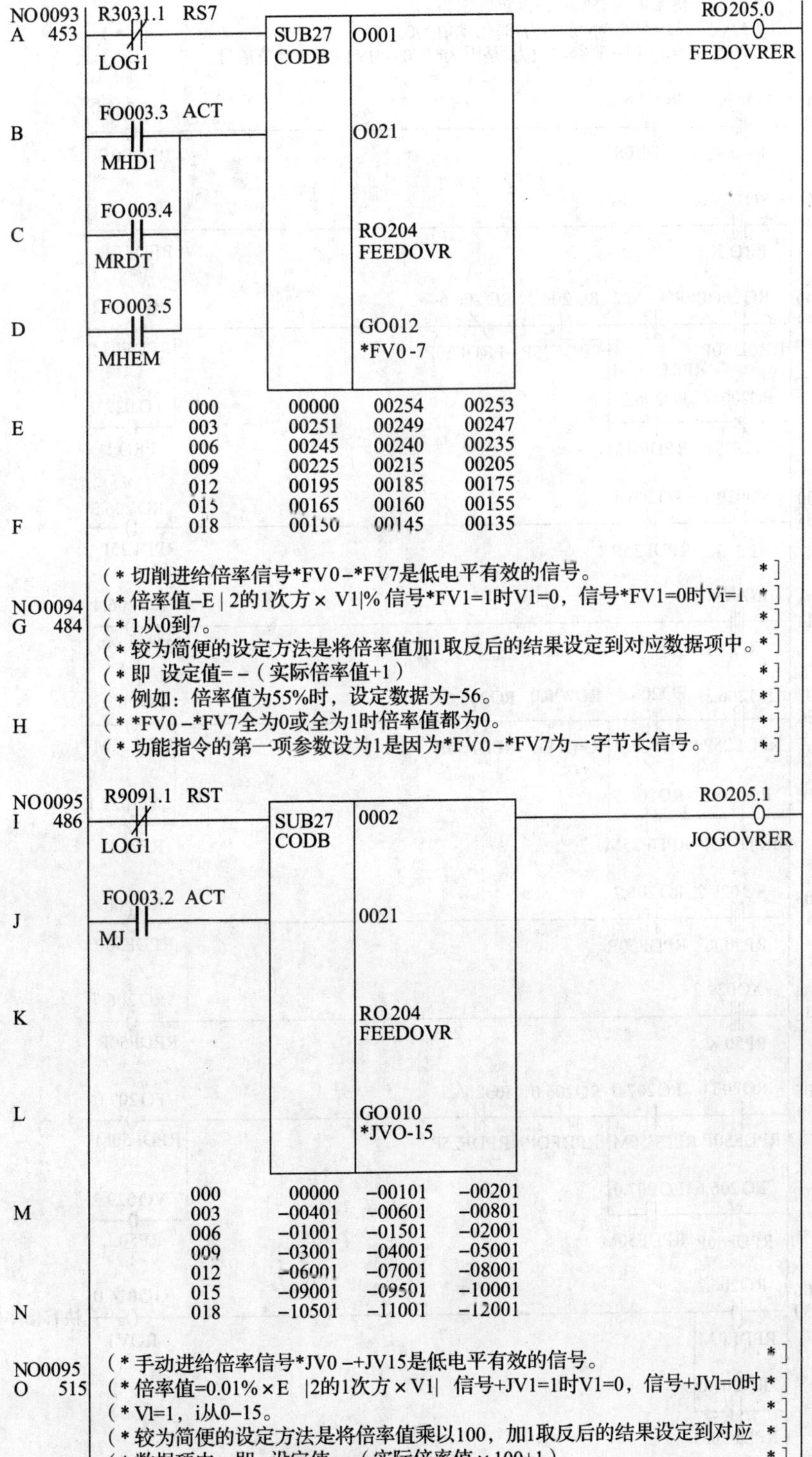

附录

[标准面板示例18]

FANUC STANDARD PANEL
DEMO PMC PROGRAM

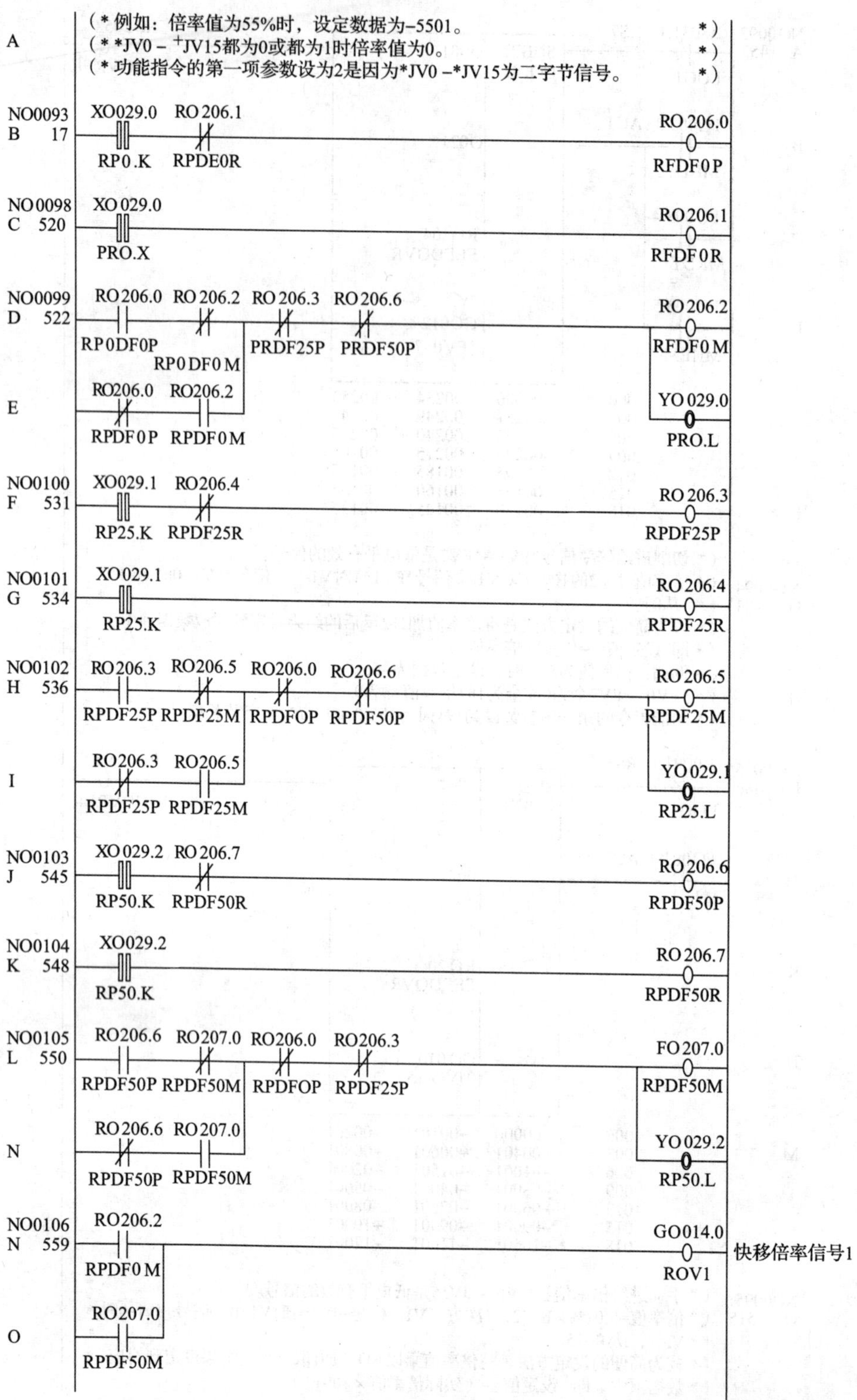

[标准面板示例19]

FANUC STANDARD PANEL
DEMO PMC PROGRAM

```
NO0107  RO206.2                                                  G0D14.1
A  562  --| |--+--------------------------------------------------( )--  快移倍率信号2
        RPDF0M |                                                  ROV2
        R0206.5|
B       --| |--+
        RPDF25M
        ( *        倍率信号                                         *)
NO0108  ( *        G14.1  G14.0                                     *)
C  565  ( *倍率值  ROV2   ROV1                                      *)
        ( *100%     0      0                                        *)
        ( *50%      0      1                                        *)
        ( *25%      1      0                                        *)
        ( *F0       1      1                                        *)
D       ( *F0速度在参数1421中设定。                                  *)
        ( *参数1420：各轴快速移动速度。                               *)
        ( *参数1424：各轴手动快移动速度。                             *)
        ( *                                                         *)
E       ( *                                                         *)
        ( *                                                         *)
        ( *                                                         *)
NO0109  ( * ******************************************************* *)
F  567  ( * 以下为手播轴选择及手摇倍率选择部分逻辑电路                   *)

NO0110  RO203.1   FO003.1                                        G001B.0
G  569  --| |--+----| |-------------------------------------------( )--  手轮轴选择信号1
        AXIS1  |  MH                                              HS1A
        R0203.3|
H       --| |--+
        AXIS 3

NO0111  RO203.2   FO003.1                                        G001B.1
I  573  --| |--+----| |-------------------------------------------( )--  手轮轴选择信号2
        AXTS 2 |  NH                                              HS1B
        RO203.3|
J       --| |--+
        AXTS 3

NO0112  RO203.4   FO003.1                                        G0018.2
K  577  --| |-------| |-------------------------------------------( )--  手轮轴选择信号3
        AXTS 4    MH                                              HS1C

NO0113  ( *所选轴  第一手轮轴选信号                                  *)
L  560  ( *      G18.2   G18.1   G18.0                              *)
        ( *      HS1C    HS1B    HS1A                               *)
        ( *未选轴 0       0       0                                  *)
        ( *第一轴 0       0       1                                  *)
        ( *第二轴 0       1       0                                  *)
M       ( *第三轴 0       1       1                                  *)
        ( *第四轴 1       0       0                                  *)
        ( *关于第二手轮轴选信号和第三手轮轴选信号(仅M系统有效)请参考相关  *)
        ( *说明书。                                                  *)
N       ( *                                                         *)
        ( *                                                         *)

O
```


附
录

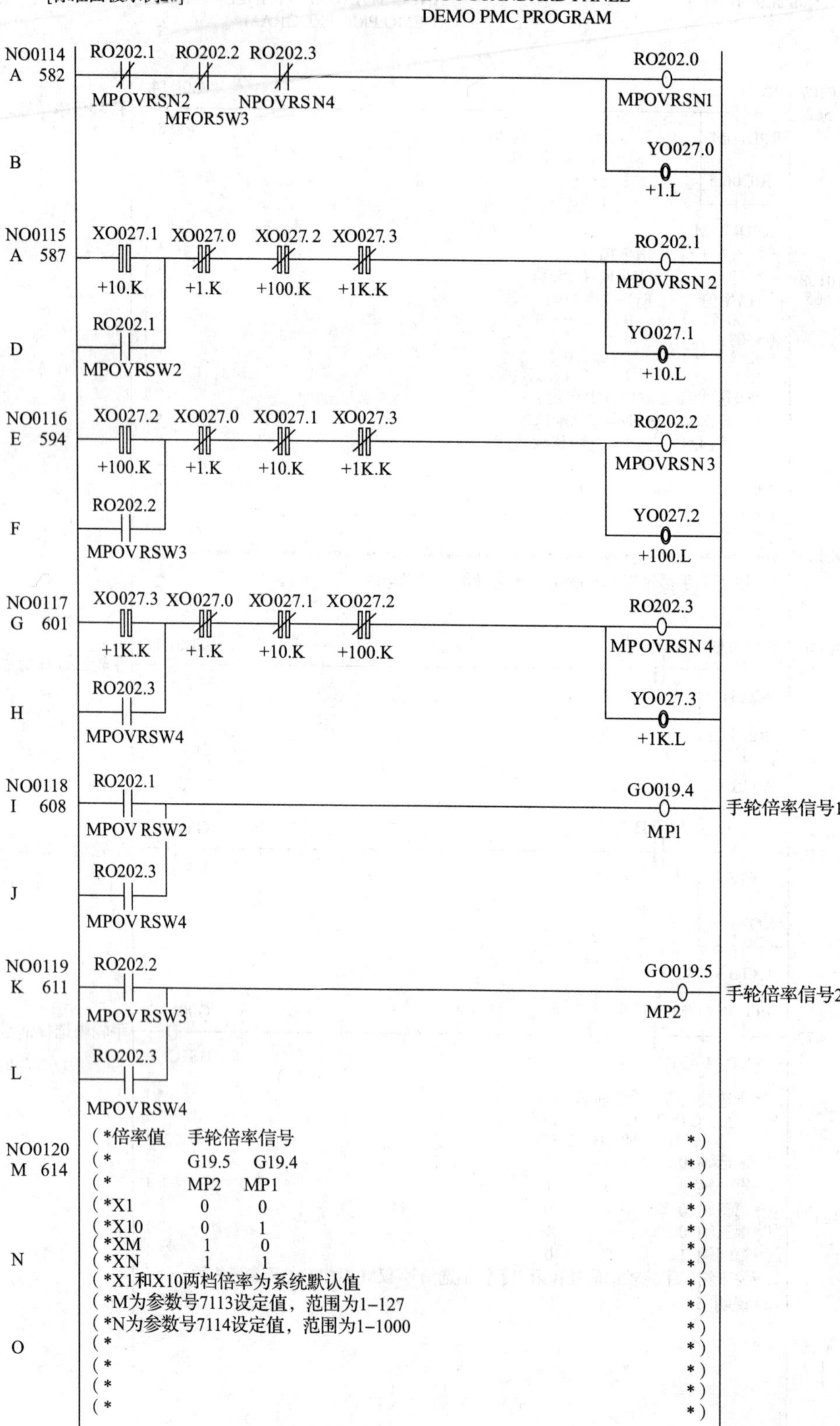
[标准面板示例20]
FANUC STANDARD PANEL
DEMO PMC PROGRAM
NO0114
A 582
RO202.1 RO202.2 RO202.3
MPOVRSN2 MFOR5W3 NPOVRSN4
RO202.0
MPOVRSN1
B
YO027.0
+1.L
NO0115
A 587
XO027.1 XO027.0 XO027.2 XO027.3
+10.K +1.K +100.K +1K.K
RO202.1
MPOVRSN2
D
RO202.1
MPOVRSW2
YO027.1
+10.L
NO0116
E 594
XO027.2 XO027.0 XO027.1 XO027.3
+100.K +1.K +10.K +1K.K
RO202.2
MPOVRSN3
F
RO202.2
MPOVRSW3
YO027.2
+100.L
NO0117
G 601
XO027.3 XO027.0 XO027.1 XO027.2
+1K.K +1.K +10.K +100.K
RO202.3
MPOVRSN4
H
RO202.3
MPOVRSW4
YO027.3
+1K.L
NO0118
I 608
RO202.1
MPOVRSW2
GO019.4
MP1
手轮倍率信号1
J
RO202.3
MPOVRSW4
NO0119
K 611
RO202.2
MPOVRSW3
GO019.5
MP2
手轮倍率信号2
L
RO202.3
MPOVRSW4
NO0120
M 614
(*倍率值 手轮倍率信号 *)
(* G19.5 G19.4 *)
(* MP2 MP1 *)
(*X1 0 0 *)
(*X10 0 1 *)
(*XM 1 0 *)
(*XN 1 1 *)
N
(*X1和X10两档倍率为系统默认值 *)
(*M为参数号7113设定值，范围为1-127 *)
(*N为参数号7114设定值，范围为1-1000 *)
O
(* *)
(* *)
(* *)
(* *)

[标准面板示例21]

FANUC STANDARD PANEL
DEMO PMC PROGRAM

NO0121 A 616
(* *** *)
(* 以下为M代码译码部分逻辑电路 *)

NO0122 B 618
F0007.0 AC7 MF — SUB25 DECB 0001
C F0010 M CODE
D 0000000003
E R0010 M03–10

NO0123 F 624
F0007.0 AC7 MF — SUB25 DECB 0001
G F0010 M CODE
H 00000000019
I R0011 M13–26

NO0124 J 630
F0007.0 AC7 MF — SUB25 DECB 0001
K F0010 M CODE
L 00000000029
M R0012 M29–36

NO0125 N 636
(* 二进制译码指令DECB: *)
(* 第一项参数设定译码数据字节长度。 *)
(* 0001：1字节长　0002：2字节长　0004：4字节长 *)
(* 第二项参数设定译码地址。 *)
(* 第三项参数设定目标码起始数值。 *)
O
(* 第四项参数设定译码结果输出地址 *)
(* 本例中未使用扩展型二进制译码指令是考虑与PMC–SA1的兼容性。 *)
(* *)
(*M代码译码地址：F7.0 *)
(*S代码译码地址：F7.2 *)

[标准面板示例22]

FANUC STANDARD PANEL
DEMO PMC PROGRAM

```
  (*  T代码译码地址：F7.3                                        *)
A (* M代码存储地址                                               *)
  (*      #7   #6   #5   #4   #3   #2   #1   #0                 *)
  (* F10 M07  M06  M05  M04  M03  M02  M01  M00                  *)
  (* F11 M15  M14  M13  M12  M11  M10  M09  M08                  *)
  (* F12 M23  M22  M21  M20  M19  M18  M17  M16                  *)
B (* F13 M31  M30  M29  M28  M27  M26  M25  M24                  *)
  (*                                                             *)
  (*S代码存储地址                                                *)
  (*      #7   #6   #5   #4   #3   #2   #1   #0                 *)
  (* F22  S07  S06  S05  S04  S03  S02  S01  S00                 *)
C (* F23  S15  S14  S13  S12  S11  S10  S09  S08                 *)
  (* F24  S23  S22  S21  S20  S19  S18  S17  S16                 *)
  (* F25  S31  S30  S29  S28  S27  S26  S25  S24                 *)
  (*                                                             *)
D (*T代码存储地址                                                *)
  (*      #7   #6   #5   #4   #3   #2   #1   #0                 *)
  (* F26  T07  T06  T05  T04  T03  T02  T01  T00                 *)
  (* F27  T15  T14  T13  T12  T11  T10  T09  T08                 *)
  (* F28  T23  T22  T21  T20  T19  T18  T17  T16                 *)
E (* F29  T31  T30  T29  T28  T27  T26  T25  T24                 *)
  (*                                                             *)
  (*列表中的M00–M31，S00-S31，T00–T31后的数字并不是表示各对应M，S和T代*)
  (*码，而是表示对应位数值是2的几次方，例如主轴正转指令M03，03代码存放 *)
F (*形式为                                                       *)
  (*      #7   #6   #5   #4   #3   #2   #1   #0                 *)
  (* F10  0    0    0    0    0    0    1    1                   *)
  (* 即F10#0和F10#1为1，2的0次方加2的一次方等于3，而非F10#2为1。   *)
  (* S代码和T代码与此类似。                                      *)
G (* 以上译码指令中的第一项参数设定1是因为F10#0–F10#7的数值范围是0– *)
  (* 255，是可以涵盖一般机床所需要的M代码范围                     *)
  (*                                                             *)
NO0126
H 638 (* ************************************************************ *)
      (* 以下为FANUC串行主轴速度控制，定向及刚性攻螺纹部分逻辑电路       *)
```

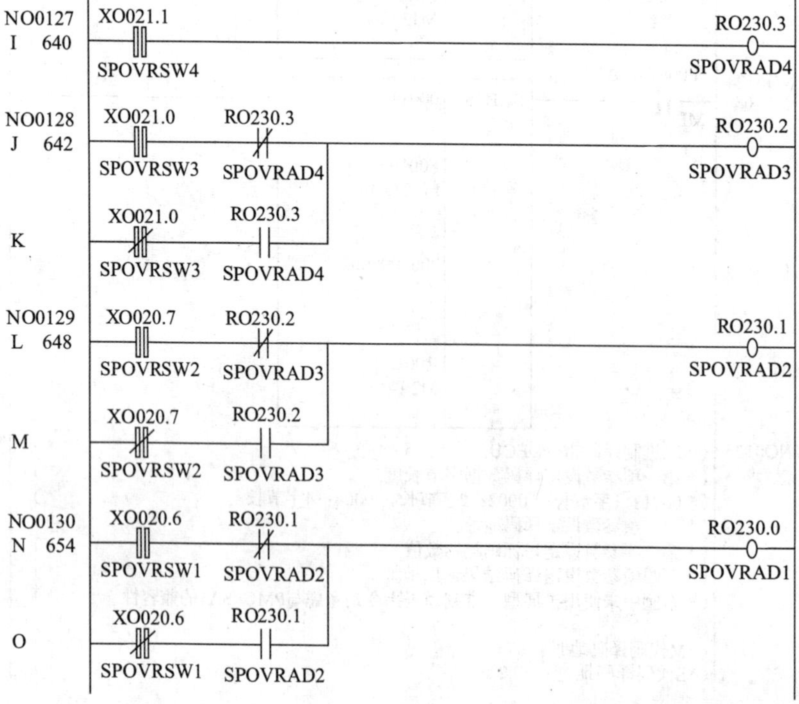

NO0127 I 640
XO021.1 (SPOVRSW4) —| |— ……— ( ) RO230.3 SPOVRAD4

NO0128 J 642
XO021.0 (SPOVRSW3) —| |— RO230.3 (SPOVRAD4) —|/|— ……— ( ) RO230.2 SPOVRAD3

K
XO021.0 (SPOVRSW3) —|/|— RO230.3 (SPOVRAD4) —| |—

NO0129 L 648
XO020.7 (SPOVRSW2) —| |— RO230.2 (SPOVRAD3) —|/|— ……— ( ) RO230.1 SPOVRAD2

M
XO020.7 (SPOVRSW2) —|/|— RO230.2 (SPOVRAD3) —| |—

NO0130 N 654
XO020.6 (SPOVRSW1) —| |— RO230.1 (SPOVRAD2) —|/|— ……— ( ) RO230.0 SPOVRAD1

O
XO020.6 (SPOVRSW1) —|/|— RO230.1 (SPOVRAD2) —| |—

附录

[标准面板示例23]

FANUC STANDARD PANEL
DEMO PMC PROGRAM

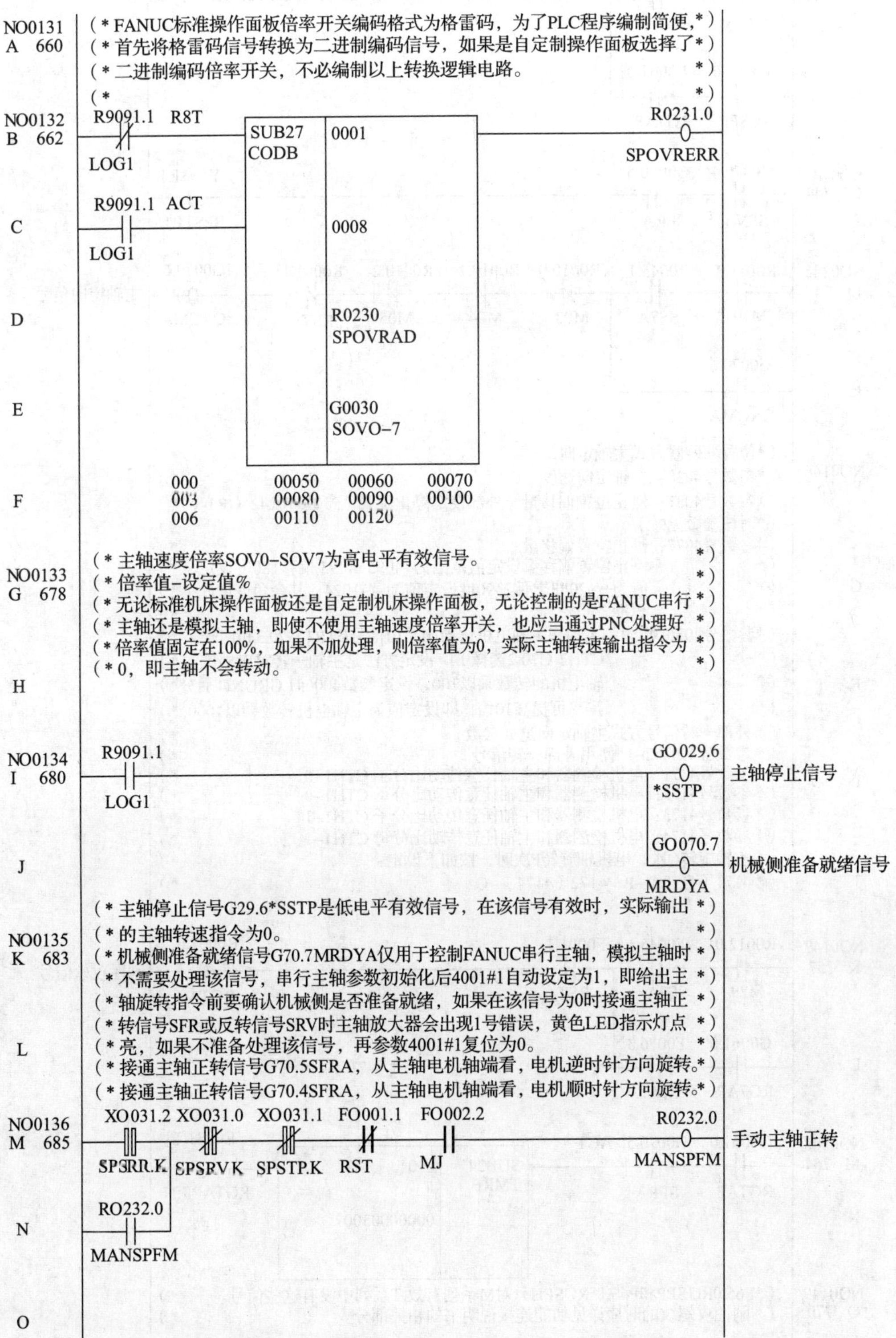

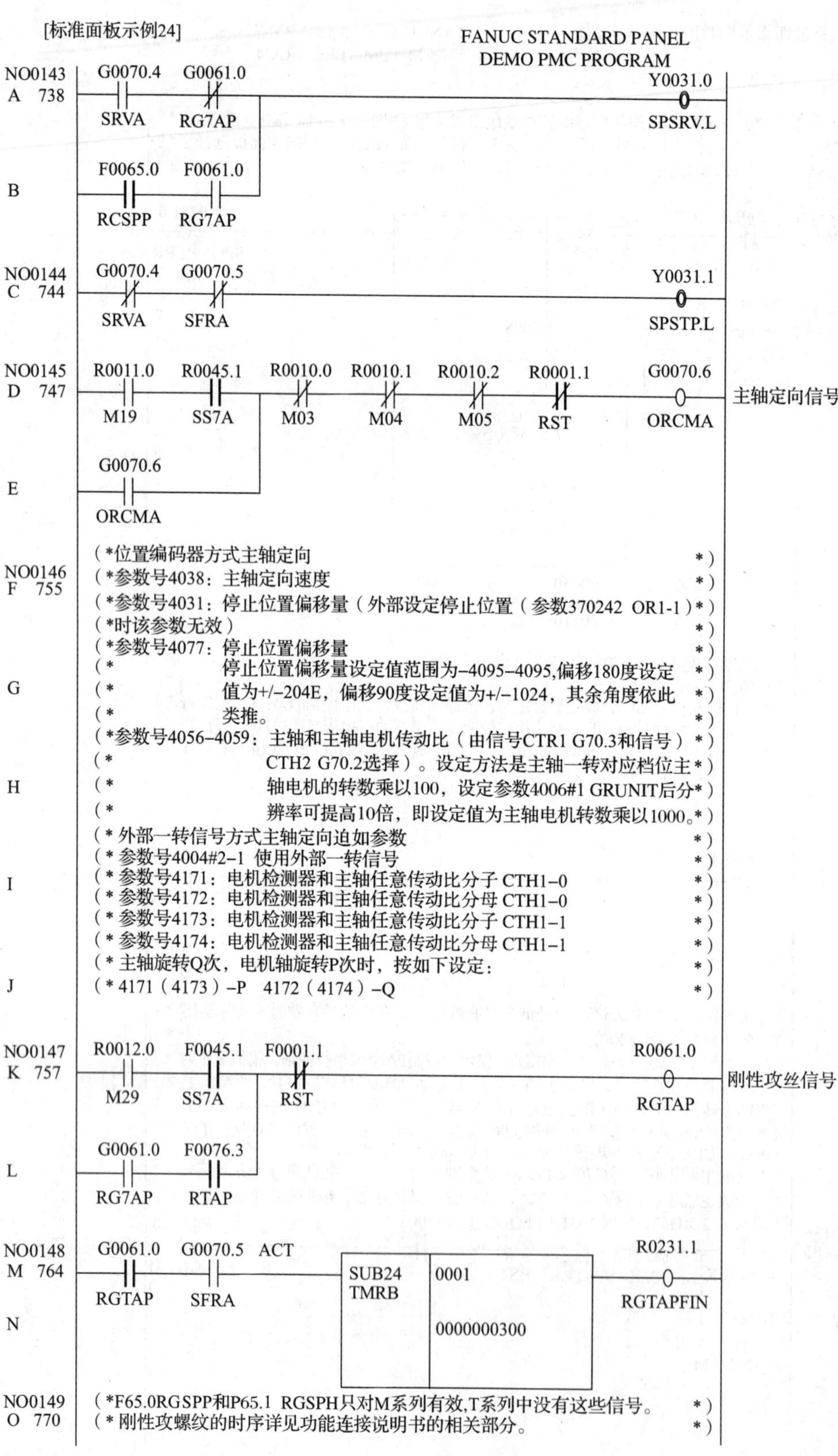
[标准面板示例24]
FANUC STANDARD PANEL
DEMO PMC PROGRAM
NO0143
A 738
G0070.4 SRVA
G0061.0 RG7AP
Y0031.0 SPSRV.L
B
F0065.0 RCSPP
F0061.0 RG7AP
NO0144
C 744
G0070.4 SRVA
G0070.5 SFRA
Y0031.1 SPSTP.L
NO0145
D 747
R0011.0 M19
R0045.1 SS7A
R0010.0 M03
R0010.1 M04
R0010.2 M05
R0001.1 RST
G0070.6 ORCMA
主轴定向信号
E
G0070.6 ORCMA
NO0146
F 755
（*位置编码器方式主轴定向 *）
（*参数号4038：主轴定向速度 *）
（*参数号4031：停止位置偏移量（外部设定停止位置（参数370242 OR1-1）*）
（*时该参数无效） *）
（*参数号4077：停止位置偏移量 *）
G
（* 停止位置偏移量设定值范围为-4095-4095,偏移180度设定 *）
（* 值为+/-204E，偏移90度设定值为+/-1024，其余角度依此 *）
（* 类推。 *）
（*参数号4056-4059：主轴和主轴电机传动比（由信号CTR1 G70.3和信号）*）
H
（* CTH2 G70.2选择）。设定方法是主轴一转对应档位主*）
（* 轴电机的转数乘以100，设定参数4006#1 GRUNIT后分*）
（* 辨率可提高10倍，即设定值为主轴电机转数乘以1000。*）
（* 外部一转信号方式主轴定向追如参数 *）
（* 参数号4004#2-1 使用外部一转信号 *）
I
（* 参数号4171：电机检测器和主轴任意传动比分子 CTH1-0 *）
（* 参数号4172：电机检测器和主轴任意传动比分母 CTH1-0 *）
（* 参数号4173：电机检测器和主轴任意传动比分子 CTH1-1 *）
（* 参数号4174：电机检测器和主轴任意传动比分母 CTH1-1 *）
（* 主轴旋转Q次，电机轴旋转P次时，按如下设定： *）
J
（* 4171（4173）-P 4172（4174）-Q *）
NO0147
K 757
R0012.0 M29
F0045.1 SS7A
F0001.1 RST
R0061.0 RGTAP
刚性攻丝信号
L
G0061.0 RG7AP
F0076.3 RTAP
NO0148
M 764
G0061.0 RGTAP
G0070.5 SFRA
ACT
SUB24 TMRB
0001
N
0000000300
R0231.1 RGTAPFIN
NO0149
O 770
（*F65.0RGSPP和P65.1 RGSPH只对M系列有效,T系列中没有这些信号。 *）
（* 刚性攻螺纹的时序详见功能连接说明书的相关部分。 *）

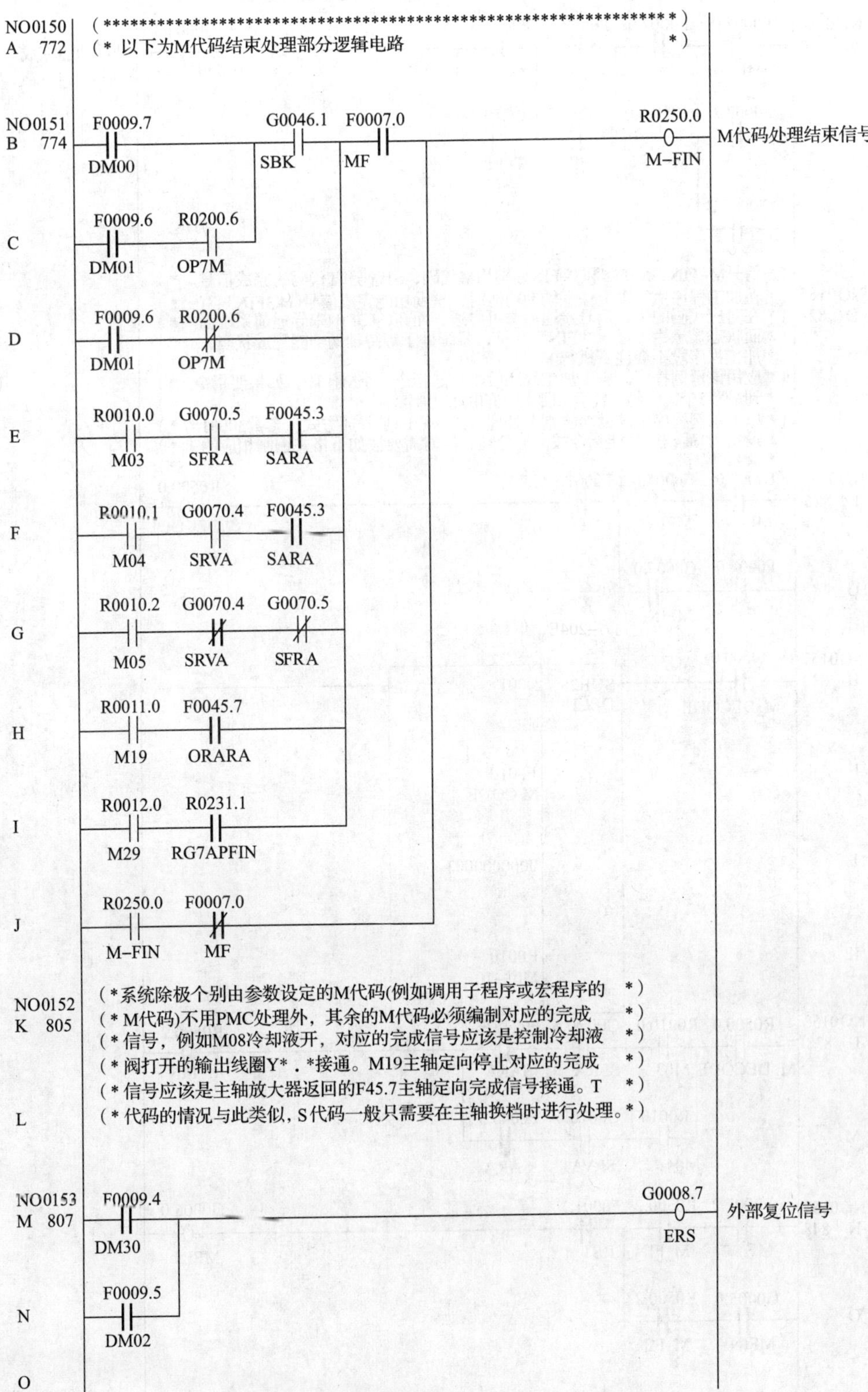
[标准面板示例25]
FANUC STANDARD PANEL
DEMO PMC PROGRAM
NO0150
A 772
(***)
(* 以下为M代码结束处理部分逻辑电路 *)
NO0151
B 774
F0009.7
DM00
G0046.1
SBK
F0007.0
MF
R0250.0
M-FIN
M代码处理结束信号
C
F0009.6
DM01
R0200.6
OP7M
D
F0009.6
DM01
R0200.6
OP7M
E
R0010.0
M03
G0070.5
SFRA
F0045.3
SARA
F
R0010.1
M04
G0070.4
SRVA
F0045.3
SARA
G
R0010.2
M05
G0070.4
SRVA
G0070.5
SFRA
H
R0011.0
M19
F0045.7
ORARA
I
R0012.0
M29
R0231.1
RG7APFIN
J
R0250.0
M-FIN
F0007.0
MF
NO0152
K 805
(*系统除极个别由参数设定的M代码(例如调用子程序或宏程序的 *)
(*M代码)不用PMC处理外，其余的M代码必须编制对应的完成 *)
(*信号，例如M08冷却液开，对应的完成信号应该是控制冷却液 *)
(*阀打开的输出线圈Y*．*接通。M19主轴定向停止对应的完成 *)
(*信号应该是主轴放大器返回的F45.7主轴定向完成信号接通。T *)
L
(*代码的情况与此类似，S代码一般只需要在主轴换档时进行处理。*)
NO0153
M 807
F0009.4
DM30
G0008.7
ERS
外部复位信号
N
F0009.5
DM02
O

[标准面板示例26]

FANUC STANDARD PANEL
DEMO PMC PROGRAM
NO0154
A 810
P0007.0
MF
P0007.0
MF
P0007.2
SF
P0007.3
TF
G0004.3
FIN
辅助功能完成
B
F0007.2
SF
R0250.0
M-FIN
R0250.1
S-FIN
R0250.2
T-FIN
C
F0007.3
TF
(＊信号M-FIN，S-FIN和T-FIN分别为M代码，S代码和T代码的完成信号。＊)
NO0155
D 823
(＊在加工程序执行以上任意辅助功能时，辅助功能完成信号G4.3FIN只有 ＊)
(＊在对应代码的完成信号接通后方可导通，而在G4.3FIN未导通前系统面 ＊)
(＊面状态显示栏中显示“FIN”字符，系统处于等待辅助功能完成状态， ＊)
(＊加工程序段不会往下执行。 ＊)
(＊应用该示例程序，一个加工程序段中只能指令一个M代码，如果要指令 ＊)
E
(＊到最多3个M代码，需要编制相应的PMC程序。 ＊)
(＊以上示例程序中辅助功能指令处理形式采取的是普通方式，参数30001#7 ＊)
(＊设定为1后辅助功能指令按高速处理，同时需要按如下格式编制相应的 ＊)
(＊ PMC程序。 ＊)
NO0156
F 825
F0007.0
MF
G0005.0
MFIN
F0001.1
RST
R0500.0
M_DECODE
G
F0007.0
MF
G0005.0
MFIN
NO0157
H 832
R0500.0
M_DECODE
AC7
SUB25
DECB
0001
I
F0010
M CODE
J
0000000003
K
R0010
M03-10
NO0158
L 838
R0500.0
M_DECODE
R0010.0
M03
G0070.5
SFRA
F0045.3
SARA
R0500.2
M_FIN
M
R0010.1
M04
G0070.4
SRVA
F0045.3
SARA
NO0159
N 848
F0007.0
MF
R0500.2
M_FIN
F0001.1
RST
G0005.0
MFIN
O
G0005.0
MFIN
R0500.2
M_FIN

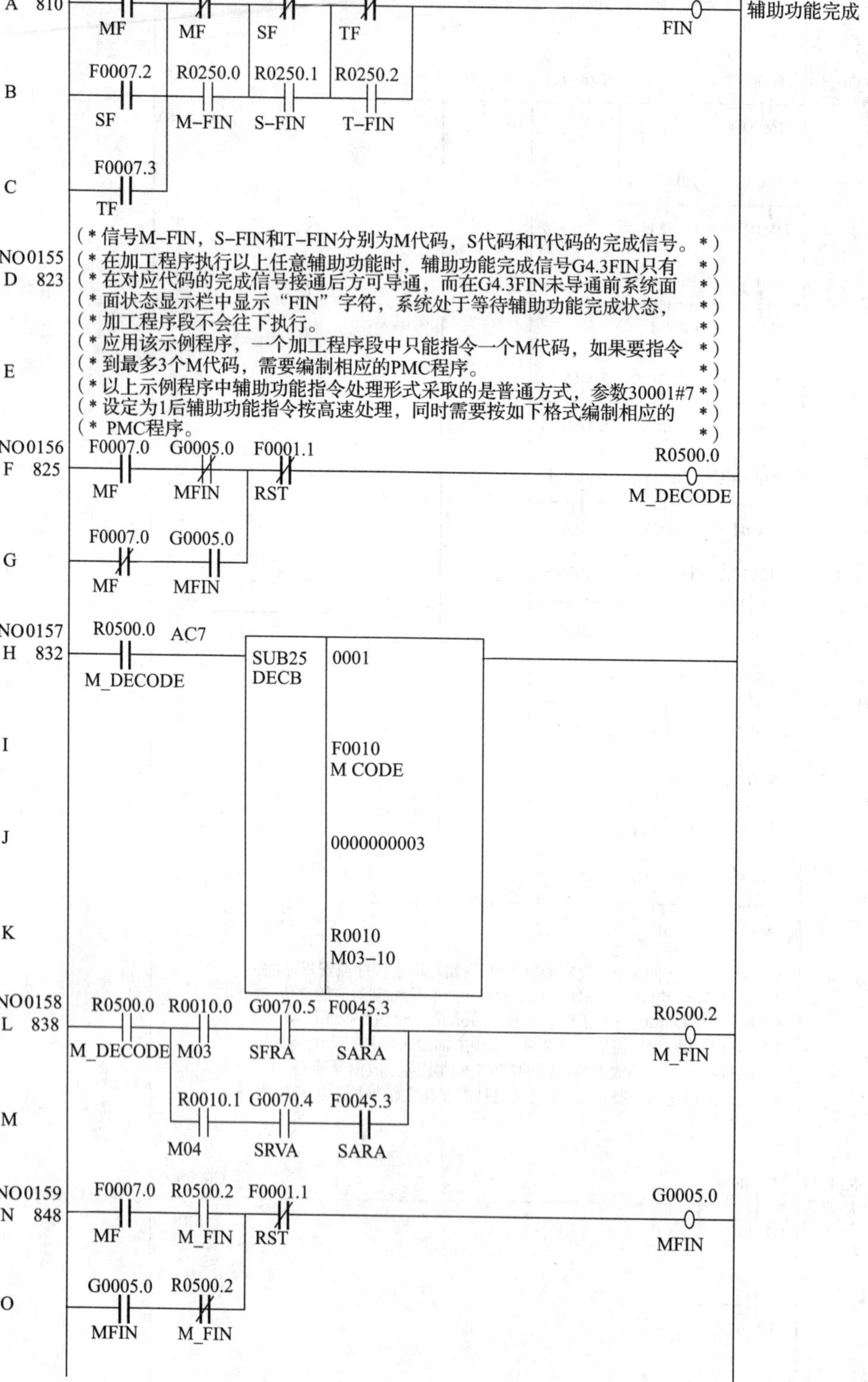

附录

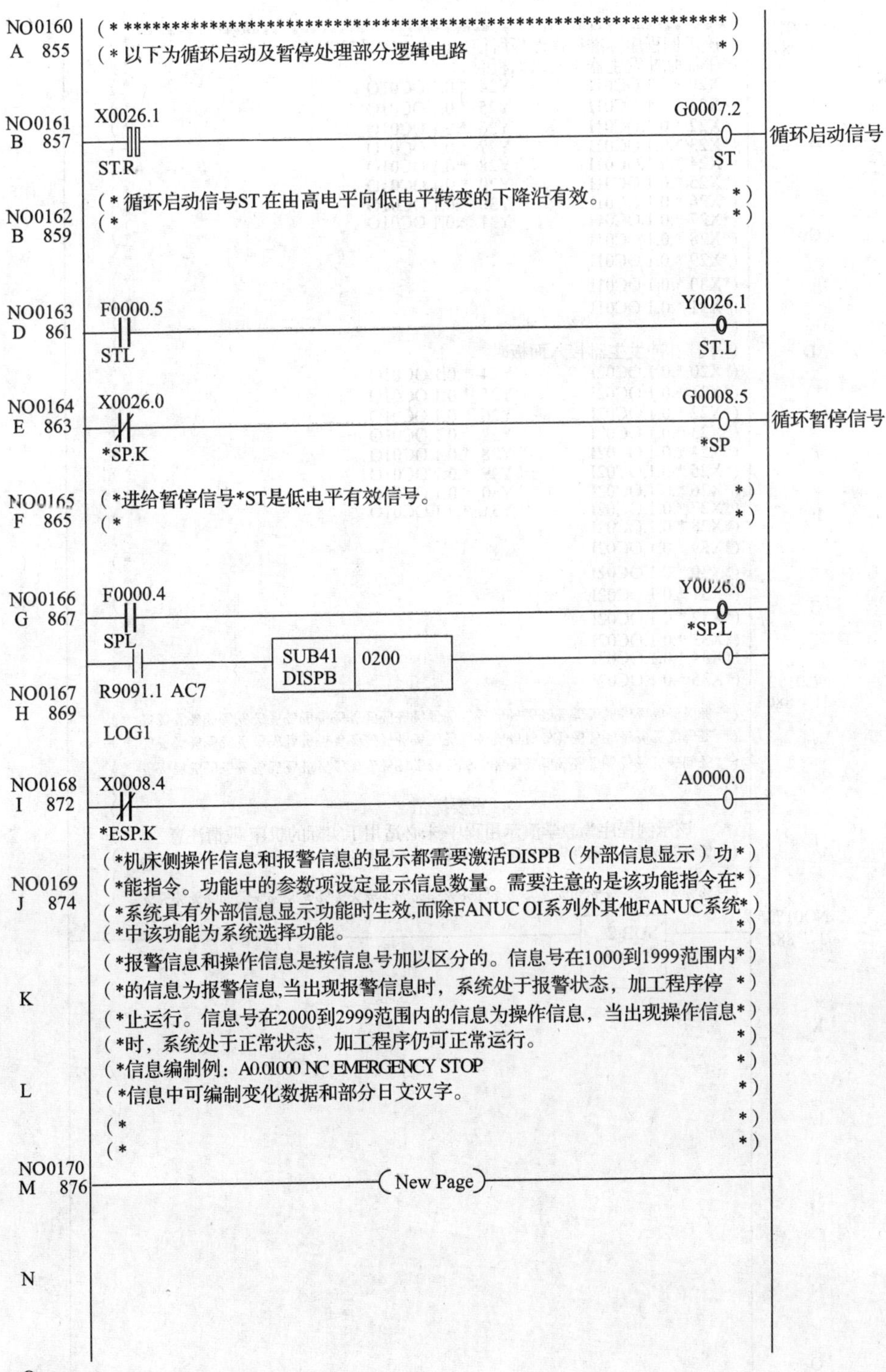
[标准面板示例27]
FANUC STANDARD PANEL
DEMO PMC PROGRAM
NO0160
A 855
(**)
(*以下为循环启动及暂停处理部分逻辑电路 *)
NO0161
B 857
X0026.1
ST.R
G0007.2
ST
循环启动信号
(*循环启动信号ST在由高电平向低电平转变的下降沿有效。 *)
NO0162
B 859
(* *)
NO0163
D 861
F0000.5
STL
Y0026.1
ST.L
NO0164
E 863
X0026.0
*SP.K
G0008.5
*SP
循环暂停信号
NO0165
F 865
(*进给暂停信号*ST是低电平有效信号。 *)
(* *)
NO0166
G 867
F0000.4
SPL
Y0026.0
*SP.L
SUB41
DISPB
0200
NO0167
H 869
R9091.1 AC7
LOG1
NO0168
I 872
X0008.4
*ESP.K
A0000.0
NO0169
J 874
(*机床侧操作信息和报警信息的显示都需要激活DISPB（外部信息显示）功*)
(*能指令。功能中的参数项设定显示信息数量。需要注意的是该功能指令在*)
(*系统具有外部信息显示功能时生效,而除FANUC OI系列外其他FANUC系统*)
(*中该功能为系统选择功能。 *)
(*报警信息和操作信息是按信息号加以区分的。信息号在1000到1999范围内*)
K
(*的信息为报警信息,当出现报警信息时，系统处于报警状态，加工程序停 *)
(*止运行。信息号在2000到2999范围内的信息为操作信息，当出现操作信息*)
(*时，系统处于正常状态，加工程序仍可正常运行。 *)
(*信息编制例：A0.01000 NC EMERGENCY STOP *)
L
(*信息中可编制变化数据和部分日文汉字。 *)
(* *)
(* *)
NO0170
M 876
New Page
N
O

附录

［标准面板示例28］　　FANUC STANDARD PANEL
DEMO PMC PROGRAM

```
NO0171 (* ************************************************************
A  878 (*该示例程序标准操作面板所使用I/O LINK地址为:                    *)
       (*手摇脉冲发生器未接入面板时                                    *)
       (*X20 *.0.1.OC01I        Y24 *.0.1.OC01O                       *)
       (*X21 *.0.1.OC01I        Y25 *.0.1.OC01O                       *)
       (*X22 *.0.1.OC01I        Y26 *.0.1.OC01O                       *)
B      (*X23 *.0.1.OC01I        Y27 *.0.1.OC01O                       *)
       (*X24 *.0.1.OC01I        Y28 *.0.1.OC01O                       *)
       (*X25 *.0.1.OC01I        Y29 *.0.1.OC01O                       *)
       (*X26 *.0.1.OC01I        Y30 *.0.1.OC01O                       *)
       (*X27 *.0.1.OC01I        Y31 *.0.1.OC01O                       *)
C      (*X28 *.0.1.OC01I                                              *)
       (*X29 *.0.1.OC01I                                              *)
       (*X30 *.0.1.OC01I                                              *)
       (*X31 *.0.1.OC01I                                              *)
       (*                                                             *)
D      (*手摇脉冲发生器接入面板时                                      *)
       (*X20 *.0.1.OC02I        Y24 *.0.1.OC01O                       *)
       (*X21 *.0.1.OC02I        Y25 *.0.1.OC01O                       *)
E      (*X22 *.0.1.OC02I        Y26 *.0.1.OC01O                       *)
       (*X23 *.0.1.OC02I        Y27 *.0.1.OC01O                       *)
       (*X24 *.0.1.OC02I        Y28 *.0.1.OC01O                       *)
       (*X25 *.0.1.OC02I        Y29 *.0.1.OC01O                       *)
       (*X26 *.0.1.OC02I        Y30 *.0.1.OC01O                       *)
F      (*X27 *.0.1.OC02I        Y31 *.0.1.OC01O                       *)
       (*X28 *.0.1.OC02I                                              *)
       (*X29 *.0.1.OC02I                                              *)
       (*X30 *.0.1.OC02I                                              *)
       (*X31 *.0.1.OC02I                                              *)
G      (*X32 *.0.1.OC02I                                              *)
       (*X33 *.0.1.OC02I                                              *)
       (*X34 *.0.1.OC02I                                              *)
NO0172 (*X35 *.0.1.OC02I                                              *)
H  880                                                                *)
       (* %%%%%%%%%%%%%%%%%%%%%%%%%%%%%%%%%%%%%%%%%%%%%%%%%%%%%%%%%%%% *)
       (* %%%%%%%%%%%%%%%%%%%%%%%%%%%%%%%%%%%%%%%%%%%%%%%%%%%%%%%%%%%% *)
       (* %%%%%%%%%%%%%%%%%%%%%%%%%%%%%%%%%%%%%%%%%%%%%%%%%%%%%%%%%%%% *)
       (*                                                             *)
       (*                        重要提示                              *)
I      (*  该示例程序为教学演示用程序,未必适用于实际的机床,敬请注意。   *)
       (* %%%%%%%%%%%%%%%%%%%%%%%%%%%%%%%%%%%%%%%%%%%%%%%%%%%%%%%%%%%% *)
       (*                                                             *)
       (* %%%%%%%%%%%%%%%%%%%%%%%%%%%%%%%%%%%%%%%%%%%%%%%%%%%%%%%%%%%% *)
NO0173
J  882  ──[ SUB 2 / END 2 ]──
K
L
M
N
O
```